U0120268

山川纪行

—— 臧穆野外日记 ——

臧穆　著

江苏凤凰科学技术出版社·南京

总顾问

黎兴江

编委会

陈卫春　傅　梅　胡宗刚　刘培贵　王立松　王　鸣　王幼芳　杨祝良　郁宝平
余思敏　张大成　张　力　左晓红

审读

方瑞征　刘屹立　宋　平

目录

臧穆野外日记部分手稿

当代中国科学界的"徐霞客游记"

王文采

植物学家、中国科学院植物研究所研究员、中国科学院院士

臧穆

　　臧穆教授是我的故友。我曾与他的夫人、苔藓植物学家黎兴江教授共事。与臧穆伉俪虽然往来并不算频繁，然其二人对学术事业的执着，淡泊名利、仁义率性的性情，至今仍令人印象深刻。

　　臧穆是国际知名的真菌学家，在苔藓植物学领域也有诸多建树，其被子植物分类学的功底亦颇深厚。自 20 世纪 70 年代初开始，臧穆带领研究团队，从零开始，对我国西南各地及青藏高原的真菌、地衣和苔藓进行了全面的野外考察和采集，收集了大量的第一手资料和标本，创建了中国科学院昆明植物研究所隐花植物标本馆，开创了我国西南高等真菌综合研究的先河，取得了一批重要成果，先后获国家自然科学二等奖、国家科学技术进步二等奖等，对我国真菌学研究做出了令人钦佩的突出贡献。

　　臧穆英文极佳，据我所知，中国科学院昆明植物研究所当年的诸多外事接待工作曾一度主要由他负责。他对书法、绘画、集邮、京剧等充满热忱。凡其所好，莫不虔心研习，造诣皆高。他对于郑板桥的书法及人格尤为钦慕，其板桥体书法深得郑板桥骨法精神，这其中，也是臧穆自我的精神写照。这种博学的才华，无论放在哪一个时代来看，都是极为难得的。

兴江教授生前嘱我为臧穆先生的这部遗著作序，我得以览阅其多年野外日记《山川纪行》的手稿。臧穆的博学多才我早已知晓，他赠予我的山水画至今仍挂在我的卧室之中，然而这部野外日记带给我的惊叹仍是巨大的，我对臧穆更为由衷地钦佩。臧穆是中国科学界的一位奇才，是一位博学家，他的野外日记更加印证了我的这一看法。我个人认为，臧穆的野外日记《山川纪行》堪称当代中国科学界的"徐霞客游记"，是独一无二的，是极为宝贵的文化财富，展现了一个有着高尚家国情怀的知识分子美好、丰富、高贵的精神世界，展示了一位优秀的科学家眼中的美丽祖国，壮美河山。

臧穆野外日记记录了诸多植物、真菌物种，是科考的第一手资料，对植物学、生态学、生物地理学乃至博物学研究具有重要的历史参考价值。日记中的大量写生彩图，不仅仅记录了各种植物，还将植物和真菌所处的生境一并绘出，这为理解"第三极"植物的生存和适应性进化提供了参考，具有很高的科学与艺术价值，是了解植物和真菌分类及生物地理学发展历史的一扇窗户。对学人来说，这是一本难得的案头读物。

臧穆野外日记还详尽描绘了横断山脉、喜马拉雅山脉、梵净山，雅鲁藏布江、怒江、金沙江、独龙江等名山大川的自然风貌、人文风情，如民俗、建筑、历史等，对了解和研究当时的自然和社会面貌具有很大的参考价值，是社会学研究的有益补充。这些科考日记，充分体现了臧穆鲜明的个人风格。读其文，一位爱好广泛、勤于观察、乐于思考、多才多艺的学者形象跃然纸上，对读者，亦是一种正直向上的引导力量。

我们还可以从这些野外日记中，管窥到当年的科考工作者面对恶劣多变的自然环境和艰苦简陋的科考条件时保持的乐观无畏和严谨治学的崇高精神。对后人，这乃是一笔宝贵的精神财富。

我期待有更多的读者，特别是年轻的读者，能够读到臧穆教授的这部日记。我相信，这部日记，不仅能够激励年轻一代的野外生物学科研工作者不断努力勇攀科学高峰；书中所记录的祖国的美好河山，所洋溢的质朴深情，所讲述的生动故事，一定会让更广大的读者，更了解何谓中国山河之美，何谓中国人自强之精神。阅读其图、其文，我相信，对所有读者，都将是一次愉悦的精神洗礼！

王文采

2021 年 9 月

导言

臧穆在做真菌室内研究

　　臧穆（1930—2011），山东烟台人，晚号穆翁，毕业于东吴大学生物系。历任江苏师范学院助教、南京师范学院生物系学术秘书、中国科学院昆明植物研究所研究员，是享有国际声誉的真菌学家。臧穆的开拓性研究，奠定了我国西南高等真菌综合研究的基础。他对国际真菌学界公认的最为复杂的牛肝菌目进行了深入研究，完成了《中国真菌志·第二十二卷·牛肝菌科（Ⅰ）》和《中国真菌志·第四十四卷·牛肝菌科（Ⅱ）》的编研工作。他在重要经济树种云南松和桉树的菌根育苗方面取得丰硕成果，为我国西南地区荒山造林、植被修复和退耕还林开辟了新途径。他参加、主编或联合主编的《西藏真菌》《横断山区真菌》《西南地区大型经济真菌》《中国食用菌志》等，有效地促进了我国真菌资源的利用。晚年，他还与黎兴江教授共同主编了《中国隐花（孢子）植物科属辞典》，填补了这一领域的空白。臧穆一生命名发表了140余个新种、3个新属的高等真菌，其中包括具有重要食用价值的干巴菌、金耳和多种牛肝菌等。

　　臧穆主要从事真菌研究，兼做苔藓研究和教学工作。为了研究真菌苔藓，必须开展大量野外工作。没有野外工作，科研就成了无源之水和无本之木。为获得尽可能多的第一手科研资料和信息，除了采集、记录和整理标本外，还需要对研究对象的生态环境信息有清楚的认识和记录。将野外考察中观察到的信息记录下来，以便日后参考，是野外科考的一项重要工作。正是科研工作的所需，使臧穆养成了在野外写日记的习惯，这也是老一代科学家的优良传统。

1973 年，臧穆从南京师范学院（现南京师范大学）调入中国科学院昆明植物研究所，在吴征镒院士的建议下从苔藓植物学研究转向真菌学研究。当时，臧穆要开展真菌方面的研究工作，却一无所有，没有同行，没有助手，没有设备，没有专业资料，甚至没有一份标本，一切从零开始。臧穆要做的第一件事，就是走出家门，离开城市，跋山涉水，到人迹罕至的密林深处考察采集。20 世纪后半叶在我国西南地区进行野外工作，山陡险峻，路窄泥泞，缺乏基本的交通工具，缺乏必要的野外装备，甚至连一部照相机都没有，吃、住、行的条件都十分有限。曾多次跟随臧穆到野外考察的助手对于当年艰苦的科考工作记忆犹新："当时，所里为野外科学考察所能提供的后勤支持就是派一辆大卡车，把 4 条木凳固定在车厢里。山区道路弯急崎岖，路面坑坑洼洼，长时间的颠簸，屁股上都磨出了水泡，久而久之形成血泡，渗出血来。先生把衣服脱下来，垫在木凳上让我们坐，但绝对不容许我们使用标本纸（土纸）和标本袋来垫坐。为了记录考察路线，先生随时都把速写本放在手边。每当车子随着道路或者河流拐弯，他就会即刻在速写本上画出路线。白天，在深山老林采集标本；夜晚，到达宿营地，先生带着我们围着火塘，挑灯整理标本，详细记录、绘图，烘烤、制作标本。"

大型真菌考察须在雨季进行，冒雨考察采集是家常便饭。采集到手的标本处理与制作极其烦琐，工序复杂，稍有懈怠，标本就会被虫蛀或霉烂，加之烤干了的标本会变色变形，故而臧穆总是边考察、采集标本，边速写绘图。晚上回到住处，即便一身泥一身汗，饿着肚子他也先要烘烤标本，一边烘烤，一边在煤油灯、蜡烛光下整理野外记录，直到深夜，甚至晨曦已露之时才能处理完。雨季烘干的标本第二天会返潮，须经过第二次、第三次烘烤以及密封保藏才能达到研究之用的标本质量。就这样，从无到有，日复一日，年复一年，臧穆创建了中国科学院昆明植物所隐花植物标本馆。在他去世时，馆藏真菌、苔藓、地衣标本已达 30 多万号。其中，他亲自采集的真菌标本 13 800 余号，苔藓标本 24 500 余号，地衣标本 1 200 余号。臧穆亲任首任隐花植物标本馆馆长，为海内外专家学者研究、开发利用我国西南地区丰富而独特的隐花植物资源，起到了积极而重要的垂范作用。

这些日积月累的野外日记，形成一幅幅科学达人的考察画面。臧穆不但学识渊博，而且通今达古，对国内外历史与现代真菌学家和古籍中记载的酷爱真菌的圣者达人的资料均有收集和记载。他不拘形式地记录了当时生动、活泼、真实的科学考察活动的诸多细节，既记录了自然实景，又描写了内心感受。臧穆亲手绘图染色，即兴配诗撰文，对所采集获得的标本形态特征作了详尽的文字描述，并绘制了彩色线条图，鉴定到属种，记载了拉丁学名或英文名称，尤为可贵的是，其中还记录了采集时的内心感受。臧穆的同事、中国科学院昆明植物研究所的方瑞征研究员对这些日记非常熟悉，她说："一页页生动鲜活的野外考察真菌写生，一幅幅生态景观、人文地理的画面，记录了他所见所闻的原始资料，也渗透了他对艺术的情趣和对周围事物的关注与热情，实在令人叹为观止。"

中国科学院昆明分院的高级编审刘增羽先生认为："在中国大陆的高级知识分子群体中，特别是老一辈知识分子当中，不乏'文理兼通'的高才、奇才和怪才。中国科学院、中国工程院、中国社会科学院以及国内一些知名高等院校和科研院所，更是中国大陆高级知识分子扎堆、人才荟萃的'窝子'。我认为，臧穆理应归于此类'文理兼通'的高才、奇才、怪才。"臧穆之好友、曾就职于中国科学院昆明植物研究所的李南在回忆文章中曾写道："我曾在昆明植物所做过一年多的科研管理服务工作。晚上，我常常到臧穆的工作室，去看他的野外工作日记，以及他采集真菌标本过程中对生物形态、生态环境和风土人情的素描，并听取他对科研管理服务工作的意见和要求。……科学大师钱学森、李政道、杨振宁均提倡'科学与艺术融合'，认为艺术是激发科研创造力的重要途径。我认为，臧穆在真菌学科研究中有不少创新思想，有多项突破性的成果，与他文理兼通、一定程度上做到了科学与艺术融合不无关系。"

臧穆是一位真菌学大家，除此之外，学生时期的他是公认的体育健将。他热爱收藏，书画兼善；爱好京剧，曾粉墨登场；还是一位集邮大家。在友人和学生们的心中，他是一位良师，更是一位有着高贵、有趣灵魂的益友。上海自然历史博物馆前副馆长刘仲苓曾这样回忆臧穆："尽管在云南大学求学期间就耳闻臧穆先生的名声，但我初识臧穆先生，是到华东师大攻读研究生后。1980年先师胡人亮教授带我到昆明，随同臧穆先生赴滇西考察。历时3周的野外生活，让我见识了臧穆先生渊博深厚的知识积累、严谨客观的治学精神、乐观豁达的人生态度，以及对后学晚辈宽容仁厚、诲人不倦的长者胸怀。1993年与日本东京科学博物馆的合作，又让我有机会前后追随臧穆先生2个月，先在云南，后到华东。多日的野外考察，每每见到臧穆先生一身泥一身汗，边采集标本边做野外速写，晚上回到宿营地后，还在篝火旁或煤油灯下烘烤标本、整理野外记录，直至深夜。其一丝不苟的工作态度，令我们后学晚辈汗颜，从而激励我们更加努力学习、努力实践。臧穆先生这一代人，在我国自然科学研究历史上，是承前启后的一代人。不仅我们这一批较早进入这一领域的后学晚辈深深受惠于他们，中国自然科学的发展和繁荣也得益于他们。当年物质条件极为贫乏，交通不便，器材短缺，食物简单，但是人们的精神世界是丰富的，是积极的，是有理想、有抱负的。我非常怀念这一段经历。"

2020年12月江苏凤凰科学技术出版社出版的国家出版基金项目图书《山川纪行：第三极发现之旅——臧穆科学考察手记》（以下简称"基金版"）为臧穆1975—2008年野外科学考察日记国内部分的总集。这部一卷三册的鸿篇巨制总计840万字，1 528页；采用了日记手稿影印图居中，经过校勘的整理文字分居图片两侧的方式，完整地呈现了臧穆33年间国内野外科考日记的全貌。虽然图书面世之后，受到专家读者的高度评价，但是囿于篇幅太大，定价相应提高。为了让广大读者，特别是青少年读者能够领略臧穆野外科考日记的精华，编委会在经过审慎讨论之后，决定将臧穆参加第一次青藏综合科学考察期间记录的西藏及横断山区的科考日记精选结集，经过一年的编选，始成本书。

青藏高原被称为"世界屋脊""亚洲水塔""地球第三极"，对全球生态环境有着重要影响，是我国重要的生态安全屏障，是中华民族特色文化的重要保护地。20世纪70年代始，中国科学院组织国内相关部门50多个专业2 000多名科技人员，历经30年，完成了第一次青藏高原综合科学考察研究，取得了一系列重大发现和丰硕的研究成果，为青藏高原的经济社会发展提供了有力支撑。随着我国进入中国特色社会主义新时代，根据国家建设美丽高原、推进国家生态文明建设等的新布局，2017年6月，我国第二次青藏高原综合科学考察活动正式启动。第一次青藏高原综合科考以"发现"为总目标，第二次青藏高原综合科考以"变化"为总目标。研究"变化"离不开对比。臧穆参加了第一次青藏高原综合科考中西藏东南部和横断山区的科考工作。他的野外日记是第一手的文献，包含了大量科学专著无法呈现的原始材料，对于对比研究50年来青藏高原的生态变化，有着重要参考价值。

臧穆的野外科考日记持续时间长达33年。许多科考地区当年是老少边穷之地，他在日记中对33年间这些地区的发展变化予以记录。对于当地人民的生产、生活发展，他有着严肃认真的思考，许多观点，在当下依然不失借鉴意义。可以说，臧穆日记是中国社会进步、生态文明发展的生动见证。

臧穆一生精勤不倦，治学严谨，强调学以致用，本书正是他科学精神的真实写照。难能可贵的是，臧穆将个人深厚的人文艺术素养与科学研究工作完美融合，用艺术之美，呈现科学之真，让严肃的学术内容充满趣味与魅力。

臧穆早期的青藏科考野外日记，物种采集记录占据了很大篇幅与比重，对于一般读者而言专业性过强。从内容的通俗性出发，编者对这部分内容进行了较大幅度的删减。同时，本书在图文编排体例上，为避免与"基金版"重复，增加有限篇幅内的内容含量，采取了将日记中富有代表性、欣赏价值较高的绘图以插图的形式与文字穿插并排，并保留了少量日记手稿的原貌图，以便读者了解臧穆野外科考日记手稿的原始面貌。

本书的体例基本依从"基金版"，但亦有不同：（1）每年日记开篇简要介绍该册（年）科考的背景与意义，以便读者理解日记内容。（2）全书统一为日记体格式。（3）手稿中物种科、属、种的名称多直接记录为拉丁名，本书直接译为中文名并予以审定，除为照顾上下文意思完整而必须保留的，其余的拉丁名则予以省略。少数未能确认的拉丁名右上角加"*"予以标识。（4）书中脚注、图题、图注皆为编者所加。（5）日记文字尽量保持原貌，对某些使用发生变化的单位、地名等基本不作更改，酌情加以注释。（6）手稿中的错字、漏字或文义不顺之处，本书有所校改，但不加以校注。原稿遗漏之处，难以辨识之字，以□代之。部分内容在"基金版"的基础上有所改写、删节或调整，文中不再逐一备注。

　　我们希望能够通过此书，向广大读者如实展现一位善于思考、治学严谨、幽默风趣、思想深邃的科学大家之治学精神与人格风范，鼓励后人学习和继承老一辈科学家求真务实、开拓创新之科学精神以及不畏艰难、勇攀高峰的奋斗精神，将我国的科学事业不断推向新的高度！

本书编委会

2021 年 9 月

山川纪行 1975（西藏 泸定）臧穆

山川纪行 1975（西藏 泸定）臧穆

速写本

1975 年

西藏日喀则、山南、林芝[1]

（我）用铅笔画现场素描，晚上在蜡烛下填颜色。每天都记，一方面是采标本的需要，不记录的话，到哪里采的标本的生境都不知道；一方面采集地的风光十分秀丽迷人。路上就靠脑子记颜色。所以我都是出发前买一点颜料，晚上整理材料时，再根据回忆把颜色填补上。晚上回来我总是先整理标本、烤标本，就是烧一些炭，放一块铁板来烤，干了就赶紧包起来，然后写日记、填颜色，所以一般都是半夜一两点钟我才能睡觉，早晨起来就要走。那时我睡觉很少。[2]

臧穆于 1975 年开始参加第一次青藏高原综合科学考察。这一年考察的重点是西藏山南地区。他的野外日记《山川纪行》的写作，也始于这一年。臧穆入藏主要是进行真菌学的考察和研究，但基于此次科考的整体部署和总体目标，他也有意识地对真菌学之外的植物类群、植物地理、植被生态进行了较为详尽的记录。

1 臧穆的野外日记以年为册并自拟了标题（如左页图）。为了更为准确地反映日记内容，编者为每年的日记重新拟定了标题。
2 见《我的青藏真菌情结》一文，引自《青藏高原科考访谈录（1973—1992）》，湖南教育出版社 2010 年版。

布达拉宫背面观

此系布达拉宫之背面观。宫顶褐色者系由金蜡梅的根和部分茎干压扁于檐下，有透水和美观之效。其学名是金露梅。宫下仅有互叶醉鱼草。墙上苔藓为扭口藓，及石黄衣属地衣。以茎干截齐、染黑、束捆，在建筑中作为檐下垫料者，尚有伏毛金露梅，实为金露梅之异名。（约在 1975 年 5 月 25 日——编者注）

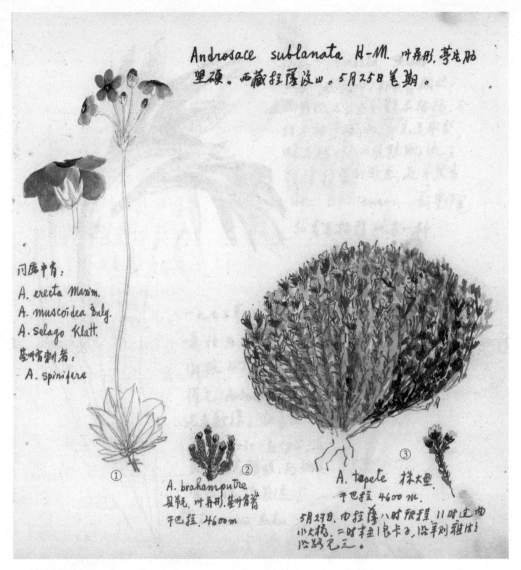

Androsace sublanata H-M. 叶异形. 茎先端
里硬。西藏拉萨汶山。5月25日花期。

同属中有:
A. erecta Maxim.
A. muscoidea Duly.
A. selago Klatt.
茎叶密刺者:
A. spinifere

① A. brahamputre
具毛. 叶异形. 垫叶密者
干巴拉. 4600m

②

③ A. tapete 株大型
干巴拉 4600m

5月27日. 由拉萨八时限程 11时过曲
水大桥. 二时半至浪卡子, 沿羊则雍错
沿路见三。

至浪卡子沿路所见植物
①绵毛点地梅
②昌都点地梅
③垫状点地梅

1 羊则雍湖:即羊卓雍错,喜马
拉雅山北麓最大的内陆湖,主要
位于浪卡子县境内,与纳木错、
玛旁雍错并称西藏三大"圣湖"。

1975 年 5 月 27 日

　　8时由拉萨启程,11时过曲水大桥,下午2时半至浪卡子,
沿羊则雍湖[1],沿路见之。

Iris ensata Thunb.
西藏习见野草种。柱头花瓣状。
为野地方开发的指示植物，为
指示非壤碱化，有毛毛水分，
略正酸性，土质较肥沃。
该种按其的形态，近乎或多
种，I. iliensis，新疆伊犁
和喜马拉雅的另一种：

一九七五年五月廿八日由
嘎拉至大喜马拉雅途中，
海拔4700米左右，沿路
仅见 Artamesia dessertorum
尚未转绿。在多庆湖附
近有 Iris loczii，在
地表有花初放，而地下
茎和根极发达。
另有 I. rossi Baker

1975年5月28日

　　由嘎拉[1]至大喜马拉雅途中，海拔4 700米左右，沿途仅见沙蒿，尚未转绿。在多庆湖[2]附近有天山鸢尾，在地表有花初放，而地下茎和根极发达。另有长尾鸢尾。

　　玉蝉花，西藏习见野草，柱头花瓣状，为野地可开发的指示植物。

1 嘎拉：日喀则市康马县辖乡。
2 多庆湖：即多庆错，位于亚东县堆纳乡与康马县交界处。

大丝膜菌标本采集卡

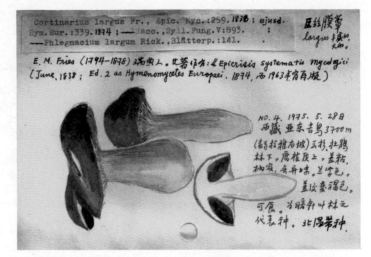

紫绒丝膜菌标本采集卡

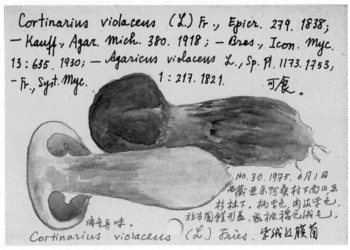

大丝膜菌 *Cortinarius largus* Fr.

No.4，1975年5月28日，西藏亚东吉马（海拔3 700米，喜马拉雅南坡）云杉、杜鹃林下，腐殖质上。盖黏，柄实，无异味；盖蓝紫色，后变褐色；可食；为暗针叶林之代表种（北温带种）。"largus"意为"丰盛的、大的"。E. M. Fries（1794—1878），瑞典人，著有 *Epicrisis Systematis Mycloogici*（1838年6月初版；1874年第二版名 *Hymenomycetes Europaei*；1963年再版）。

紫绒丝膜菌 *Cortinarius violaceus* (L.) Fr.

No.30，1975年6月1日。西藏亚东阿桑村下面山云杉林下。柄紫色，肉淡紫色。初为圆锥形盖，密被褐色绒毛。肉无异味。

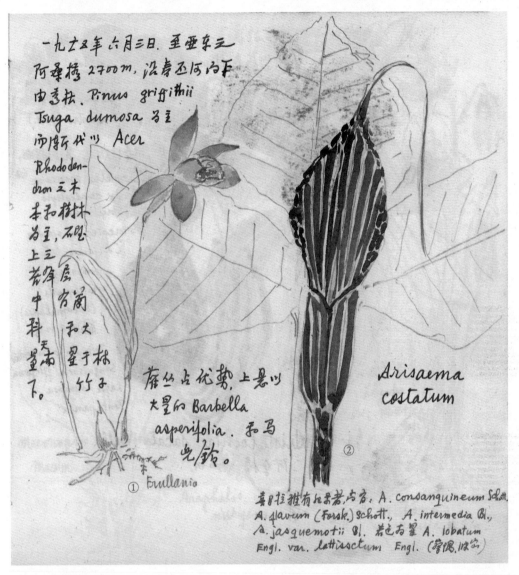

一九七五年六月三日. 至亚东之
阿桑桥 2700m, 沿春丕河向下
由乔松. Pinus grifithii
Tsuga dumosa 为主
而渐代以 Acer

Rhododen-
dron 之木
本和樹林
为主, 石壁
上三
苔蘚层
中 天南
科 草
下。

和大
量于林
竹子

藓丛占优势, 上悬以
大量的 Barbella
asperifolia. 和马
兜铃。

① Frullania

Arisaema
costatum

②

喜8柱雅有紅呆者占方. A. consanguineum Schott.
A. flavum (Forsk.) Schott., A. intermedia Bl.,
A. jasquemotii Bl. 若也有星 A. lobatum
Engl. var. lattissctum Engl. (穿穴, 118公)

亚东春丕河沿岸所见
①兰科植物与耳叶苔
②某种马兜铃

1975 年 6 月 3 日

至亚东之阿桑桥（海拔 2 700 米），沿春丕河向下，以
乔松、云南铁杉为主而渐代以槭属、杜鹃花属之木本和树木
为主。林下石壁之上的苔藓层中有兰花和大量天南星科植物。
竹子灌丛占优势，上悬以大量的大悬藓和马兜铃。

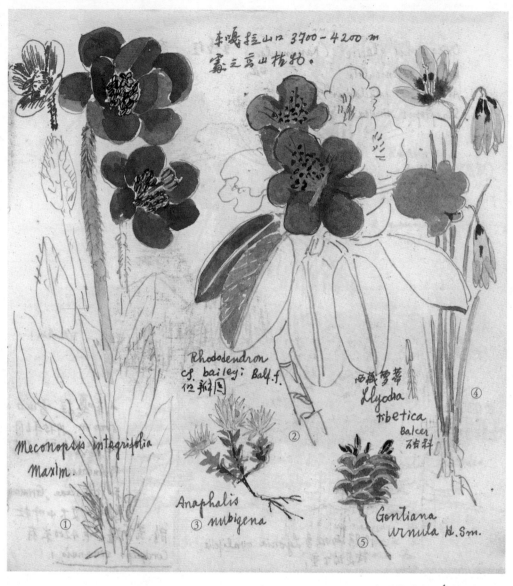

东嘎拉山口 3700-4200 m
霉之高山植物。

Meconopsis integrifolia
Maxim.

①

Rhododendron
cf. baileyi Balf.f.
位辦图

②

Anaphalis
③ nubigena

西藏萝蒂
Llyodia
tibetica
Balcer
石省科

④

Gentiana
urnula H.Sm.
⑤

东嘎拉雪山口 [1] 高山植物

1 东嘎拉雪山口：亚东县边境
山口之一，位于中印边境线上。

（约）1975.6.6

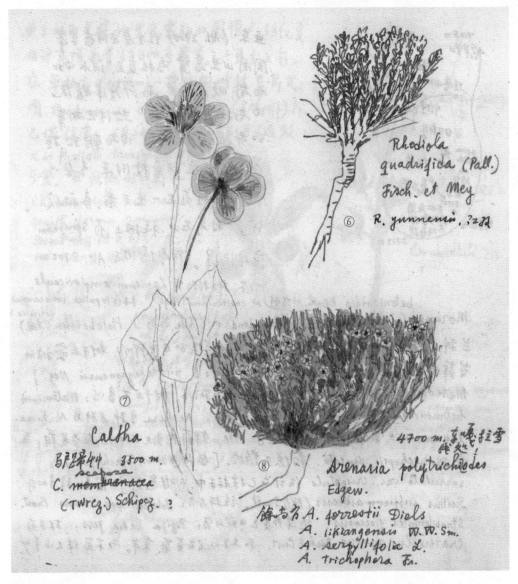

Rhodiola
quadrifida (Pall.)
Fisch. et Mey

⑥ R. yunnensis. 汇82

⑦

Caltha

驴蹄44   3500 m.
scaposa
C. membranacea
(Twrez.) Schipcz. ?

4700 m. 靠峰狂雪
         处?

⑧ Arenaria polytrichoides
Edgew.

铸5名 A. forrestii Diels
A. likiangensis W. W. Sm.
A. serpyllifolia L.
A. trichophora Fr.

①全缘叶绿绒蒿
②辐花杜鹃近似种，但瓣圆
③尼泊尔香青
④西藏萝蒂（西藏洼瓣花）
⑤乌奴龙胆

⑥四裂红景天
⑦花葶驴蹄草
⑧团状福禄草

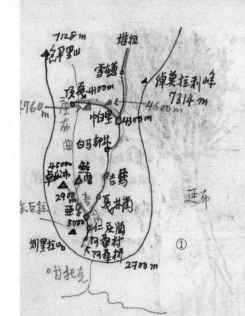

亚东 (Alt. 2900) 位于春丕河右车岸,
周围山峦高峻, 雪松直立。河水由北
而南, 顺流而下, 而印度洋暖流
由南而北, 逆河而上, 汩汩之两岸
的乔松多呈旗型, 由南朝北, 挺
为奇观。至阿桑村附近, 多易以
铁杉, 下径有达一米三者, 多被砍
伐。村河右山, 徒坡上, 有 Sphagnum
厚住很厚。乃桑撬附近, Alt. 2700 m

以下, 种子植物有 Lamium amplexicaule,
betonicoides Benth. 叶苍利) M. coulteriana Royl. 木本有 Populus lasiocarpus
Morina (Dipstrac.) 李莊. Rhododendron (羊花"菜马") Haleboellia latifolia N
兰科之白及属 (右图) 有连珠的茎。由于暖流的日夜影响, 树干上密被的
苔藓有: Barbella asperifolia Card., [不丹: B. niitaKayamensis Nog.]
Meteoriopsis reclinata (Mitt) Fl.,] 垂挂飘浮, 树干上尤多以: Meteorium
helminthocladulum, M. helminthocladum; Nechera 多种, 3种为 N. hima-
layana Mitt, 和 N. bhutanensis Nog. m.sp., 锦藓科多达 5 种以上, 且多具鞘; 並
有 Pilotrichopsis dentata. 朝隐于鞘内。[澳洲亚科的 Trachypodopsis
serrulata var. crispatula 估计在已採样本中, 不难见到] 菌类: 较多的有
Suillus subflavoaureus (Pk.) Snell, 该科尚有: Boletus speciosus Frost.
Strobilomyces floccopus. 挝紫和麦已出现的有: Pezjza badia pers; 林下有
Craterellus aureus Berk & Curt. 不木生的硫黄菌, 黄色, 而木耳 体大而呈尤

亚东考察笔记
①亚东县考察路线图
②山兰属

(约) 1975.6.18

亚东的雨量据帕里气象站的周恒出、胡纪复合计年降雨量约600多毫米。六月分上旬，生卓拉布（4500m）一带的针叶林下昂兑有 Cortinarius caerulescens (Schaff.) Fr. 已供佳肴。6月上旬，在冷杉林下，昂兑有发大的 Pholiota terrigena (Fr.) Karst. 另盒。在该地4500处三 Rhododendron arboreum Smith forma roseum Sweet 州有 榜黄色三 Helodium ? 及错简，

弁荷 Hericium coralloides (Scop. ex Fr.) Pers. ex Gray.

亚东 猪五点的盛花期间

糖芥 Erysimum aurantiacum (Bung.) Maxim. 白亮独活 Heracleum candicans Wall. ex DC.

亚东：plasmodium brassicum Wolf. 12-3月发青。

Oraorchis ②

Chrysomyra expansa Diet. (No.148). on Enkianthus deflexus (Griff) Schneid. (Leaves dorsal face) 3500m. 亚东 我卓布.

编者按

亚东县，西藏自治区日喀则市辖县，地处喜马拉雅山脉中段，与印度、不丹接壤，是我国的边境重镇。卓木拉日雪山山脉横亘于县境中部，将亚东划分为两个迥然不同的地貌单元。这则笔记较为详细地记录了亚东南北气候、植被的显著差异和变化。

由亚东上行至帕里，海拔渐高，帕里（4300m）印度洋、孟加拉湾之暖流，渐上渐少，过亚东，过吉马，森林渐少。代之以高山灌丛草甸。帕里年降雨量仅为350毫升，且多集中在7月分。围周程于旱无树木，纯为草原。其围周4500m的高山上，以杜鹃林为主，其中以紫花、紫红花的小叶杜鹃为主（Rhododendron aff. cephalanthum Franch. 生于R. nivale Hook. f. 雪层杜鹃 R. campylocarpum Hook. f. (黄花) ）较高者为白花杜鹃。Cassiope selaginoides Hook. f. wardii Marq. et Airy 除东喜拉，此地也见之。草以莎草为主。Kobresia pusilla ?（4500m处有叶斑病 Cercospora ? 很正核构型，紧密或呈垫状，叶型呈腺状，为 Lamiophlomis rotata (Benth.) Kudo. (独一味) 花序高仅在 3-5 cm上

Thalictrum alpinum 高原花。(Rannu.)
水沟保原 = Kobresia littledalei
P. sibiricum 高原花。
Polygonum hookeri. P. sphaerostachyum 头花蓼。Pedicularis Gederi, 成黄色
Primula pumila 白花，此种有 Kobresia pygmaea , Oreosolon wardii 蓝花
Rhodiola fastigiata 字红主大花，少。Rhodiola euryphylla 大型；primula nagine 红花, Lancea tibetica (Scrophul. 三字花，少州) Thermopsis lanceolata 黄花（豆种）

树状为 Populus daisioca
Salix Souliei. 匍行地面 S. royleri Chrysosplenium griffithi (Saxifrag.) 黄花.

里去顶嘎隆中.凡4200-4800m
......诸迴曲,河往1来拿。挛以 *Bryum*,
......穴中偶有多种 *Jungermannia*,
......成此有 *Rhytidium*
......有 *Tetraplodon*
......*ucalypta alpina*

满山瓷被小叶拉脱,光片空色,近似军蕉.
Philonotis, *Pottiaceae* 极多.
至顶此,唯拉脱枝根都
rugosum, 而绝于是蕉.
mnioides,
荆已成虫.
于降由山
顶东眺见
耸立的绰莫拉
利峰和帕
里区铁厂
在地。

绰莫拉利峰[1]与帕里镇

此系由山顶东眺，见耸立的绰莫拉利峰和帕里镇所在地。

1 绰莫拉利峰：一般称为卓木拉
日峰，位于帕里镇，是喜马拉雅
山南北分界点。

亚东（海拔 2 900 米），位于春丕河谷东岸，周围山峦高耸，乔松直立。河水由北而南，顺流而下，而印度洋暖流由南而北，逆河而上。沿河之两岸的乔松多呈旗形，由南朝北，极为奇观。亚东的雨量据帕里气象站的周恒山、胡纪复估计，年降雨量 600 多毫米。由于暖流的日夜影响，树干上密被苔藓，大悬藓、反叶粗蔓藓垂挂飘浮。

由亚东上行至帕里（海拔 4 300 米），海拔渐高，印度洋、孟加拉湾之暖流渐上渐少。过亚东、吉马，森林渐小，代之以高山灌丛草甸。帕里年降雨量仅为 350 毫米，且多集中在 7 月份。周围极干旱，无树木，纯为草原。其周围海拔 4 500 米的高山上，以杜鹃林为主，其中以紫花、紫红花的小叶杜鹃为主。草以嵩草为主，为高原嵩草。附近植物型紧密或呈垫状，叶明显白化，如唇形科独一味，花序高仅在 3～5 厘米。树状植物有黄花垫柳，爬行于地面。

从帕里去顶嘎的途中，海拔 4 200～4 800 米处，满山密被小叶杜鹃，片片紫色。近沼泽处，溪流回曲，河径 1 米余，杂以真藓、泽藓，丛藓极多。阴穴中偶有多种叶苔属植物。至山顶，在杜鹃枝根部，有成片的垂枝藓，而绝无悬藓。

帕里西行，50公里，至顶峰。AH. 4200m. 石缝中，广布 电归。
Podophyllum emodii Wall.   var. chinensis
    Spragne.

产山名: Gentiana straminea
    Maxim. 大叶秦艽。
G. tibetica King
Oreosolen tibitica 藏玄参

丁嘎三牧场有高树处有
Thermopsis lanceolata R.Br.
黄芪，有味。

桃儿七

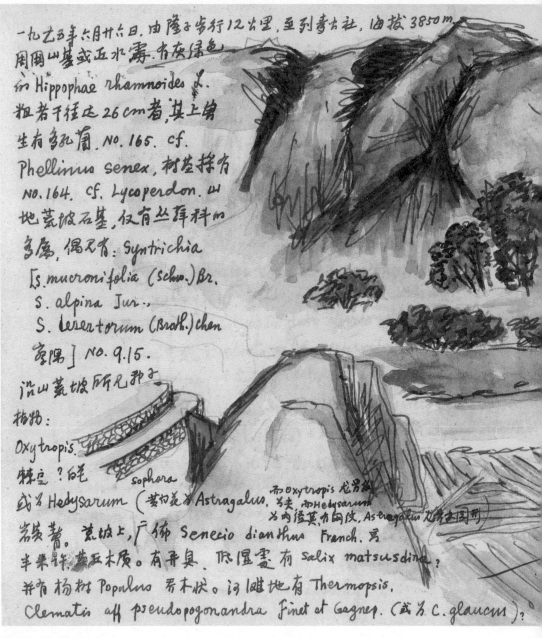

一九九三年六月廿六日，由隆子出发行12公里，至列麦古社，海拔3850m。
周围山基或近水灞，有灰绿色
的 Hippophae rhamnoides L.
粗者干径达26cm者，其上寄
生有多孔菌. No. 165. cf.
Phellinus senex, 树姦採有
No. 164. cf. Lycoperdon. 山
地荒坡石基，仅有丛藓科的
多属，偶见有: Syntrichia
[S. mucronifolia (Schw.) Br.
S. alpina Jur.,
S. desertorum (Broth.) Chen
等隅] No. 9.15.
沿山荒坡所见那子
植物:
Oxytropis.
棘豆? 白花 sophora
或为 Hedysarum (黄刈花为 Astragalus. 而 Oxytropis 龙骨瓣
为夹. 而Hedysarum
为内陷其为凹纹. Astragalus 龙骨无圆钝)
岩质薔, 荒坡上，广佈 Senecio dianthus Franch. 另
半乗莽, 茎近木质。有异臭。低湿处有 Salix matsudana;
并有杨树 Populus 另木状。凹湿地有 Thermopsis,
Clematis aff. pseudopogonandra Finet et Gagnep. (或为 C. glaucus);

隆子县列麦雄曲河谷

列麦位于雄曲河岸，沿河谷为良田。水
沿山至加玉。[1]

1 加玉、列麦皆为山南市隆子县
辖乡。

及 Iris. ensata / Gentiana straminea Maxim. 及稀见 in Arisaema flavum schoot ▲ Sophora moocrofitiana 满山坡。

农田中:小麦参与种已抽穗,菜花正黄,尚有三种小麦病毒病,由加玉传来,甚有影响,(待考)据红省的选种,和多种试出,立待解决。

列麦住于雄曲河旁,两面右为良田○水,冷山至加玉。

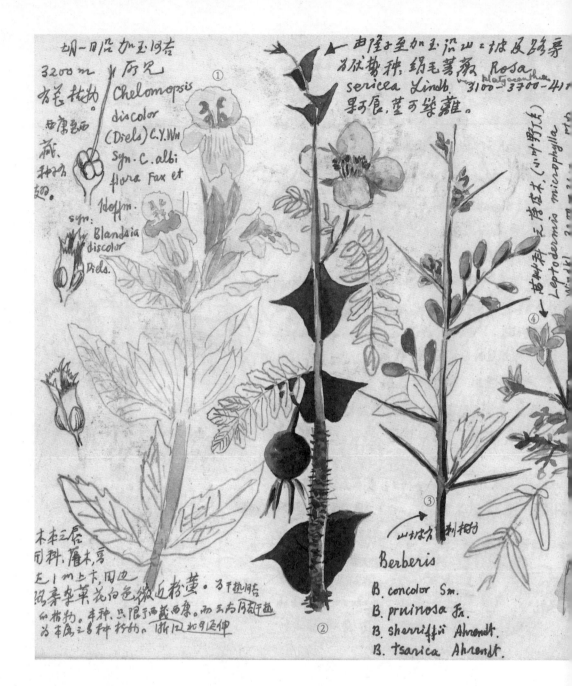

①异色铃子香（白花铃子香）。西康至西藏有分布，种子有翅。木本之唇形科灌木。高1米上下，田边路旁杂草。花白色，微近粉黄，为干热河谷的植物。本种只限于西藏西康，而云南干热河谷为本属之多种植物，北可延伸至浙江。

②绢毛蔷薇。由隆子至加玉河沿山山坡及路旁为优势种，果可食，茎可筑篱。

③山坡有刺植物：同色小檗、粉叶小檗、短苞小檗、隐脉小檗。

④茜草科之薄皮木、小叶野丁香、川滇野丁香，叶小，如六月雪状。有刺灌丛中之近有刺植物，加玉后山多见。

加玉河谷有花植物

⑤木犀科素馨属植物有密毛矮探春、素方花，小黄素馨（矮探春）在加玉河谷两岸呈缠绕型，可高达3米，花粉红，有异香，奇数羽状复叶（箭头所指为素方花——编者注）。

⑥秦艽（龙胆科）。蓝玉簪龙胆或为西藏秦艽。

⑦火烧兰。为建群种，分布区域从欧洲至我国喜马拉雅。

1975年7月2日

由加玉沿加玉河东行 30 公里, 或绝壁, 或深壑, 经 5 小时许至准巴[1]。由河谷而行, 绢毛蔷薇果正熟, 可食。在野丁香属灌丛下密布锦丝藓、拟垂枝藓、垂枝藓。加玉河北岸, 准巴对面山呈"达"字形状, (是) 三队地。在海拔 3 500 米或 3 400 米处, 有农田, 青稞正熟。地表为不规则的片页岩, 极易冲刷。在河沟处, 杂以高山柏, 较加玉为普遍。至海拔 3 500 米左右, 有残存的云杉树, 干径达 0.7 米, 周围有泽藓成片生长, 蛇苔、石地钱雌托正盛, 发育良好。特有现象是有高达 2 米多、粗达 2.5 厘米之木本牡丹, 花已谢, 据云是黄瓣, 有毒。沿山较干旱, 不见杜鹃。村周围有大叶杨、柳树、枫树、胡桃, 均成乔木。此地是干中有湿, 而亚东之吉马为湿中有干。

黄牡丹

黄牡丹
Paeonia lutea
Franch.⊗
P. emodii
喜马拉雅牡丹

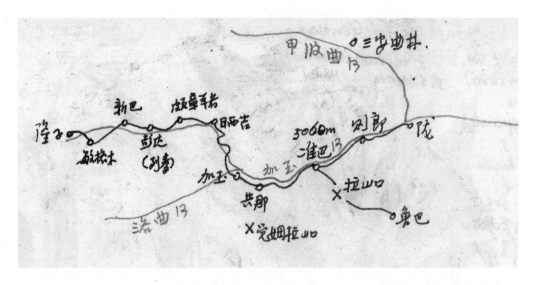

隆子—准巴—三安曲林路线图

1975年7月3日

由达拉北面观，山顶为云杉林，远处为雪山，对面为隆作拉山口，山立如屏。背后为迈雪山，云遮未见。海拔3 500米处之达拉为大寨田。加玉河顺谷而上。

1975.7.3

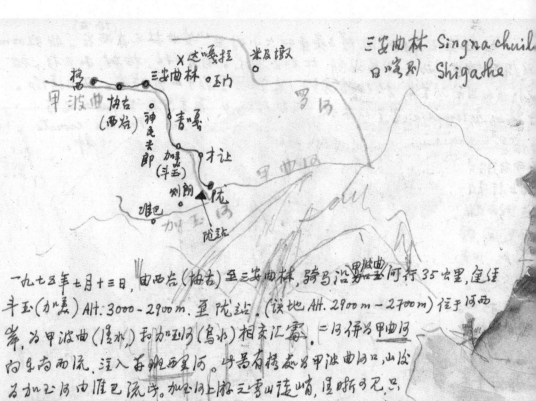

三安曲林 Singnachuil...
日喀则 Shigathe

一九七五年七月十三日，由西谷（协古）至三安曲林，骑马沿甲波曲河行35公里，途经斗玉（加美）AH. 3000-2900m. 至陇站。（该地 AH. 2900m-2700m）位于河西岸，为甲波曲（清水）和加玉河（乌水）相交汇处。二河併为甲曲河向东南而流，注入苏班西里河。步昌有桥处为甲波曲河口，山後名加玉河由唯巴流来。加玉河上游之雪山甚峭，虽晴多见，只相隔两道河去。雪线下，密布云杉林。沿陇站附近山岩多为高山栎。养有云杉、高山栎，及榜树尚有不少乔木被保留。凡被砍伐的半林地，均为 Pteridium aquilinum 所复盖，潮湿处有大量 Equisetum。白圆高山岩石，较坚硬，不似冰纪的紊乱堆积的成风蚀屑状态。净地雨量较多，五月底至十月中，每天几乎均有雨连。菜地生长良好，玉米不良，但可结实。林下，黄精甚多。故有黄精遍地之称。冬季有雪，然低地易融，少有积雪状态。此地也为罗巴族来交换物资的要道。

甲波曲河口

1 罗巴族：应为珞巴族，我国的少数民族之一，主要分布在西藏珞渝地区，有自己民族的语言，但基本使用藏文。

1975 年 7 月 13 日。由西谷至三安曲林，骑马沿甲波曲河岸行 35 公里，途经斗玉（加美），至陇站。陇站位于河西岸，为甲波曲（清水）和加玉河（乌水）相交汇处。两河并为甲曲河向东南而流，注入苏班西里河。此地雨量较多，5 月底至 10 月中，几乎每天均有降雨。菜地生长良好，玉米不良，但可结实。林下黄精甚多，故有黄精遍地之称。冬季有雪，然低地易融，少有积雪状态。此地也为罗巴族[1]来交换物资的要道。

此图有桥处为甲波曲河口，山后为加玉河，由准巴流此。加玉河上游之雪山陡峭，清晰可见，只相隔两道河谷。雪线下，密布云杉林。沿陇站附近山脊多为高山松，杂有云杉、高山栎和杨树，尚有不少乔木被保留。凡被砍伐的平台地，均为蕨所覆盖，潮湿处有大量木贼属植物。四周高山岩石，较坚硬，不似准巴散乱堆积的成片散滑状态。

七月十四日，沿甲波曲附近
採集。十五日正雨，沿甲曲河
一帶採集。十六日越甲曲河
至原来的陇，即从骆站对面
的结巴径山採集。该山
河谷地，溪流纵下，画曲
为阔叶为叶林，山脊为
云杉林和亮山松林。
阴坡或为冷杉林，凡是
三右侧为明显的暗针林。
林下苔藓极多。而 Meteoriaceae
更为丰富，Meteorium 和 Barbella
可与更早相比美。尤多以
Rhodobryum roseum，往往复盖
林下所荐千岩表。为而见其他地方
所少见。凡属于湿湿类型。林下袭
千盘，採有：Suillus luteus (L. ex Fr.) S.F.
Gray，可与云古维西一带相遇时。维西见于
六月底。Ganoderma lucidum, suillus
granulatus (L. ex Fr.) Ktze., Russul
两种。Lactarius deliciosus (L. ex Fr.)
Gray. 及又。　　　　　有辣味。Lycoperdon
潮且炭，简麦辣多；有多种 Marasmius,

甲波曲河口

上图右侧为明显的暗针叶林。

1975 年 7 月 14 日

沿甲波曲附近采集。

1975 年 7 月 15 日

沿甲曲河一带采集。

林下潮湿类型 植物 和 较中性植物

Helwingia japonica, Salvia prezewelskii Maxim.
Polygonatum cirrhifolium (Wall.) Rolf.
Hedera nepalensis K. Koch. var. sinensis (Tob.) Rehd.
Ophiopogon (O. bodinieri Lev.)
Salix sp. Goodyera schlechtenda;
Balanophora polyandra, Roscoea purpurea Sm.
Leycesteria 在林下湿润常见达2m者。 candicans
Polygala (杜杖草科 stillate Heracleum
三七 Panax japonica Meyer, Buch-Ham. ..... (P. 西洋参 pseudoginseng Wall. var. pseudoginseng Wall. var. Hoo.
Malva verticillata, Cyanchum, Philadelphus
十字花科之 Malcolmia (? m. mongolica Maxim, M. africana Rich.) 孕也。
Chieropodium (藜科) Zanthoxylum acanthopodium DC., Cornus
Populus lasiocarpus, Picea, Rosa sericea, Deutzia rubens Rehd?

中旱类型 的种类: Quercus semicarpus, Hipphae rhamnoides,
Corallodiscus flabellatus, 以Q. aquifolioides Rehd. et Wils.
Chenopodium album, Indigofera cinerascens, Pinus densata

(有明显的锈病瘤)
Rubus fragarioides Bentol., Elaegnus umbellata Thumb.
在一些河岸处, 有不少植物与亚东地区有类似之处, 如 开黄花的糖
若 Erysimum, 现已为果期, 美长形; Aristolochia sacata, 已为果期, 果形状为
isqualis 有棱翅。 及一种黄色地衣, 生树枝上。(Cf. Cladonia
对寻载话的树木有 Juglans regia L. var. komaonia C. DC. 和桃属植物。
出铁线莲至三: (Clematis glauca Willd., C. montana Buch.-Ham. ex DC.,
. rehderiana Graib., C. tangutica (Maxim) Korsch., C. tennuifolia Royle, 大谷)F.
. trullifera (Franch.) Finet et Gagnep.
_____

和 Hygrophorus, (有的大型, 达7cm 高)。 在蘑菇科有, 有 Amanitopsis 多种
为 Volvariella volvacea (Fr.) Sing, (黄蘑菇有照片)
Lactarius hysginus Fr. (紫色, 辣味); Agaricus silvicola, Lactarius corrugis PK,
Tricholomataceae 色艳者 三种。 Paxillus involutus (batsch) Fr., Lyvurus
mokusin (L. ex Pers.) Fr., Lycoperdon cylindrica nov. sp., (on Pottiac!) rock,!
Ramaria flava, Arcyria pomiformis, Helvella albipes, cortinarius
sublanatus, Panus torulosus (Pers.) Fr.

1975 年 7 月 16 日

越甲曲河至原来的陇[1]，即陇站对面的结巴拉山采集。该山河谷地，溪流纵下、回曲，为阔叶落叶林；山脊为云杉林和高山松林。阴处或为冷杉林。见图之右侧为明显的暗针叶林。林下苔藓极多，而蔓藓科更为丰富，蔓藓属和悬藓属可与亚东相比美，尤多以大叶藓，往往覆盖林下的整个岩表，为其他地方所少见，可见此类型藓属于寒湿类型。

1 陇：隆子县斗玉珞巴民族乡辖村。

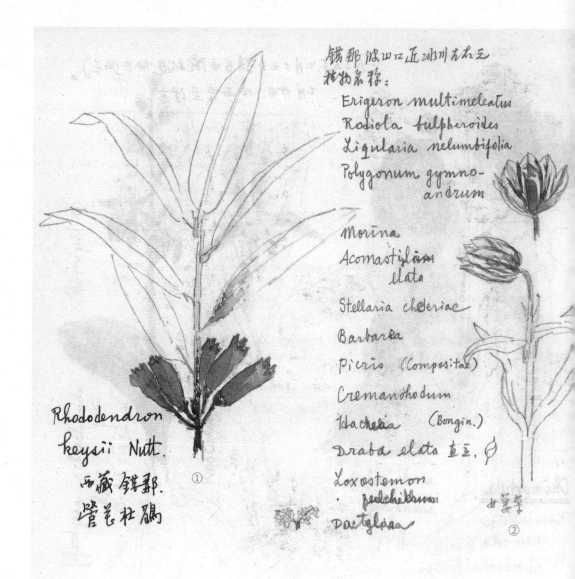

错那波山口正冰川左右三
植物名称：
Erigeron multimeleatus
Rodiola tulpheroides
Ligularia nelumbifolia
Polygonum gymno-
        andrum

Morina
Acomastylum
        elata
Stellaria chleriae
Barbarea
Picris (Compositae)
Cremanthodum
Hachelia (Bongin.)
Draba elata 直立。
Loxostemon
    pedchilanum
Dactyloea

Rhododendron
keysii Nutt.
西藏 错那.
鳞芒杜鹃

错那[1]高山植物

1 错那：山南市辖县。

（约）1975.7.18—22

Saxifraga
imbricata.
the leaf with
Ca glands.

⑤

④

Primula balla
on moss.

③

Kingdom-wardia
codonopsoides
syn. swertia
锡那亮山草本，波山12.

⑥

Diapensia himalaica
Hook. f et Thoms. 岩梅.

⑦

Megacodon
stylophorus
(C.B.Clark) H. Sm.
错拉波山12, 4400m
冰川沟旁。

①管花杜鹃　②女娄菜　③藏獐牙菜　④山丽报春　⑤垫状虎耳草　⑥喜马拉雅岩梅　⑦大钟花

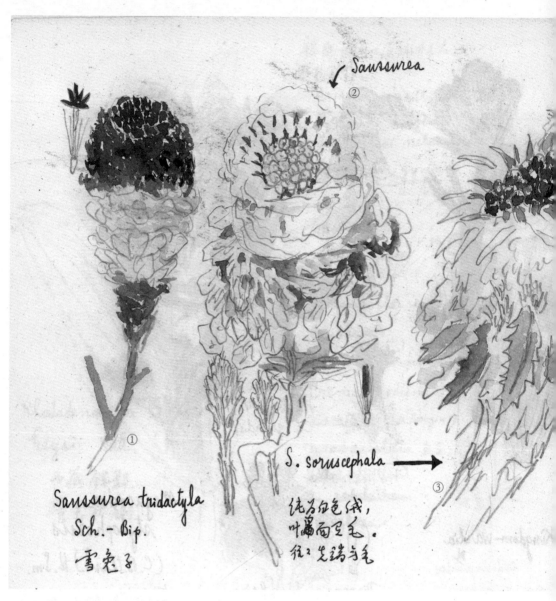

Saussurea

② Saussurea

① Saussurea tridactyla
Sch.-Bip.
雪兔子

S. soruscephala

纯为白色绒,
叶满而足毛。
往:先端为毛

③

错那波山口近冰川风毛菊属植物

（约）1975.7.18—22

Sarssurea gossyphora

雪莲花

④

⑤

Sarssurea obovalata

①三指雪兔子　②某种风毛菊　③鼠麯雪兔子　④雪兔子　⑤雪莲花（苞叶雪莲）

西藏的山岭，一般在河谷地，均为干谷。水分易蒸腾，或受季风影响。而海拔 4 000 米以上的高山为寒干类型，或由于雪线的覆盖，或由于寒风的侵袭，也属于干旱类型。唯中间地带，即海拔 3 000～4 000 米，则属于湿润地带，植物也多在该地带生长，有时甚为丰富。如陇站、准巴在海拔 2 700～3 200 米之林下，多见有马鞍菌属一类肉质真菌。可见潮湿度大，有足够的湿度条件，故有亚热带型真菌生长。

真菌与种子植物根系有密切关系，此所谓共生现象。如羊肚菌或尖顶羊肚菌，在云南昭通一带与蜂斗叶（毛裂蜂斗菜）有密切关系，其花粉红，早春开花（据李治孙所述）。

1975 年 7 月 25 日

顺雅鲁藏布江东行，至朗县[1]一带。河岸为卵石累积，杂以艾蒿。岸上及山脊谷地始见巨柏，主轴分枝或不规则主轴分枝，粗者胸径达 1 米左右。大路沿江右回行，木本菊科植物渐多，景观多杂以灰绿色，山脊森林保护尚好。夜宿甲格[2]师部，青稞正熟待收。

由加查[3]至仲达[4]，途中经邦达（波达拉山口），海拔高达 4 700～5 600 米，出路绕山而行。高山草甸发育良好，在海拔 4 900 米处有膜苞雪莲和梭砂贝母等高山植物。在海拔 4 200 米处为多种杜鹃林。高山草甸上之圆穗蓼为优良的牛饲料植物，花期正盛，斑斑点点，粉红成片。此 7 月 24 日所见，补记。

1 朗县：林芝市辖县。
2 甲格：林芝市米林县辖村。
3 加查：山南市辖县。
4 仲达：林芝市朗县辖镇。

Polygonaceae
Atraphaxis

Ceratostigma

Cupressus gigantea → Cheng et Fu.

一九七五年七月廿五日，顺鸭屋屋盖布12号行，至朗果一带。河牟为卵石果渡。杂以艾蒿。岸上及山脊、左地。此处巨柏，主轴今枝或不规则主轴5株，粗者胸径达一米左右。去路治江右迴行。禾本葡科植物颇多。星现手杂以夜屏色。山脊森林侯菻为好。夜宿甲格邵邨。吾猸云坐得收。

Aster
agyrophega

Aborum. 0.5 m high. fruticosa.

Artemisia, papillosa group.
wilbae.

Arenaria
Calyx
longer
than
Corella

朗县河谷植物

①蓼科木蓼属
②菊科紫菀属
③白花丹科蓝雪花属
④菊科蒿属
⑤巨柏果枝
⑥石竹科无心菜属

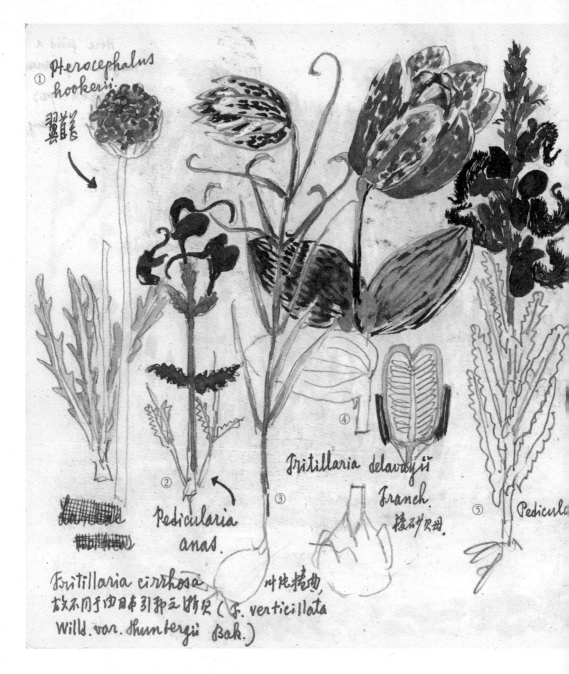

① *Pterocephalus hookeri.*
翼首

② *Pedicularia anas.*

③ *Fritillaria cirrhosa* 叶尖捲曲,
故不同于由日本引种之浙贝 (*F. verticillata*
Willd. var. Shuntergii Bak.)

④ *Fritillaria delavayii Franch.* 棱砂贝母

⑤ *Pedicula...*

①翼首花（匙叶翼首花）
②鸭首马先蒿
③川贝母，叶片卷曲，故不同于由日本引种之浙贝母。
④棱砂贝母
⑤马先蒿属

Phloemis yanghuabandii

⑨

Oreosolen unguiculatus
Wemsl. (O. wardii)

波达拉山口 4900 m尺三。
另帕里、噶拉一带亦见分布。

⑥

⑦   ⑧

rmaenerion
ngustifolium (L.)Sop.
云杉林砍伐后之优
种!

hookeri 青南属我25种
Drasocephalum
tanguticum. 东部至喜拉雅。

邦达高山草甸植物

⑥柳兰，为云杉林砍伐后之优势种。

⑦螃蟹甲

⑧甘青青兰，东部喜马拉雅种，青兰属我国有 25 种。

⑨藏玄参属，种名不详，波达拉山口见之，另嘎啦、帕里一带亦见分布。

1 甲格村属米林县而非朗县，此处为误，下同。

1975 年 7 月 26 日

在朗县之甲格[1]采集。甲格为一河谷台地，周围山林起伏，高山松为优势树种。林下苔藓不太显著，岩石生种类尚较普遍，缩叶藓属、砂藓较紫萼藓为多，湿度较西部渐大，水流充沛，松林保护尚好。云杉林多居于山脊间顶部，附近有大型的木材伐木场。林下黄花粉叶报春渐较显著，渐取代西部之钟花报春，前者花萼、花序轴上有显著黄粉，为优势种。林下大叶藓多有爬到树干可达半米高者，与其南部之陇及米（马）其顿种似较接近。林下种子植物柳兰占优势种，确为云杉林伐后之先驱植物。

1975 年 7 月 27 日

由朗县之甲格至米林。在米林林下有美味牛肝菌，首见毒蝇鹅膏，盖径 5 厘米，个体较少。当地同志云：去年有 2 人食之，食后狂舞，未死。周围植被已近昆明。

由甲格至米林途中，高山松林极好。沿雅鲁藏布江东行，沿路山峦层叠，松杉（冷杉）交杂，山脊云杉密布，麦吊云杉颇为壮观。此地则渐近昆明郊区的景色。但有桃儿七和虎耳草科之鬼灯檠，前者已为果期，后者为花期。

（右）图系由甲格至米林途中所见的松林，林下幼苗茂密，山脊为高山松林，远处为云杉林。河谷为雅鲁藏布江支流。海拔 3 000 米上下（指公路高度）。

1975 年 7 月 29 日

在米林东部的巴嘎采集。生于高山松球果上之耳匙菌（左图）除见于云南尚勇之思茅松上外，今尚见于巴嘎、甲格一带林下之松属球果上；珊瑚菌科的红拟锁瑚菌见于云南之绿寿、勐仑，也首见于巴嘎。此外如多脚枝瑚菌和一种大型金黄色的枝瑚菌，林下均极为美观和普遍。

松果上之耳匙菌

米林途中所见松林

由西藏林芝一路向东返程：林芝—波密—左贡—巴塘—康定

③ 从东久河过东久，
有险境，泥石流1景坡
严重，1973年有一车队豆
淹，连蓬翘石，均陷地下。
山丰服远眺，乃村为 Cupressus
torulosa 乃 Sabina tibetica
下层有 Alnus，Betula，Salix
沿路较为的为 Chamaenerion
angustifolium。

5600·
数拉

m Mitt.!
月8日
1975.

Rhodiola
均为南宽
ulosa D. Don.
与 Aster，
还山为泊
木。

④ 过泄蜜附正，有古村对川，泥石流发重，下方丰盛。
为针叶林下为 Betula．salix，Populus lasiocarpus
旁为的岩江。   八月九日。   为现代二冰川。

1975 年 8 月 8 日

由林芝（向）东北行，在海拔 4 000 米的下雪齐拉（即色季拉[1]——编者注，下同）山口，海拔 4 729 米前为丽江云杉（海拔 3 300 米），干高 30 米，挺拔，林下偶杂有接骨草，适为花期。（如前页①所示——编者注）

至舍季拉（雪齐拉），高山满布蓼、点地梅，其下多种杜鹃，而树形杜鹃均为匍匐型，有大黄叶大如盘，有西藏柏木。路边还有毛蕊花属、黄花粉叶报春，木本之紫菀属、红缨合耳菊，流坡处有安旱苋属植物，远山为帕龙江[2]以东，山峦重叠，均密被暗针叶林。（如前页②所示——编者注）

1975 年 8 月 9 日

沿东久河过东久，有险境，泥石流滑坡严重。1973 年有一车队至此，适逢塌方，均陷地下。山半腰远眺，可能为西藏柏木和大果圆柏，下层有桤木属、桦木属、柳属，沿路较多的有柳兰。（如前页③所示——编者注）

过波密[3]附近，有古村冰川。泥石流严重，下为平坡。针叶林下多为桦木属、柳属、杨属植物。旁为帕龙江，为现代冰川。（如前页④所示——编者注）

1975 年 8 月 10 日

由宗巴泥石流处，9 时半启行，夜宿左贡[4]。途经然乌，有然乌湖。然乌河水流咆哮，然乌湖则水平为镜。高山上有圆柏。在安久拉山下，云杉林遭破坏后，果见大量柳兰，紫红色一片，颇为壮观。在怒江桥（海拔 2 800 米处），天险惊人，利用江中砥柱筑桥其上。周围有紫葳科的一种凌霄，花粉红色，木质草本；还见有猪毛菜。青稞生长线海拔高达 4 200 米，尚未收割。安久拉山[5]海拔 4 320 米、4 350 米处，采有与点地梅属相混生之斑褶菇属（高山皮伞）。业拉山[6]口海拔 4 500～4 600 米，山脊为石灰岩。有杜鹃（小叶型，紫花）、团状福禄草、点地梅属、紫花之飞燕草，毛蕊花、银鳞紫菀（白花）、蒿属。大果圆柏均成垫状。黄花灌丛为金露梅。草甸为禾本科多种和嵩草属，沿路较多者有香薷属灌木及白刺花。

1 色季拉：山脉名，位于林芝市，属念青唐古拉山脉，是林芝东部与中西部的分界带。

2 帕龙江：即帕隆藏布，发源于然乌湖，主要流经波密县，流入雅鲁藏布大峡谷。

3 波密：现林芝市辖县，1975年属昌都地区。县境内海洋型冰川发育极好。

4 左贡：昌都市辖县。

5 安久拉山：属于伯舒拉岭山脉，地处昌都市八宿县然乌镇。

6 业拉山：即怒江山，地处八宿县，附近有著名的怒江"九十九道拐"。

1975年8月11日

夜宿四川巴塘。

在东达拉（海拔5 008米）至芒康[1]（海拔2 700米）途中，有发育极好的高山牧场。菁草一片鲜绿，云杉和圆柏零星杂生于其间，在鲜绿中呈现为黑绿色直立状的乔木，并间有匍匐状生于地表，但又有直立枝的圆柏，状如龙柏，颇为特殊，高3米许。金沙江、澜沧江上游水皆红色。

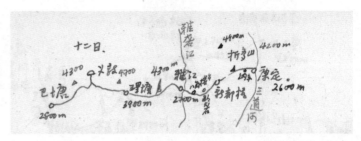

巴塘—康定行程路线

1975年8月12日

西行450公里，夜行车至康定[2]。沿路有两种大黄：一种苞片极发达，黄橙色，甚显；另一种花序高大，叶有刻。另有橐吾属，甚大。

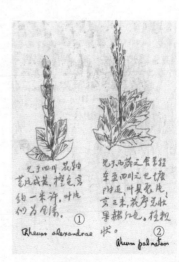

①苞叶大黄
②掌叶大黄

1 芒康：昌都市辖县。
2 康定：四川省甘孜藏族自治州辖市，为甘孜州州府。

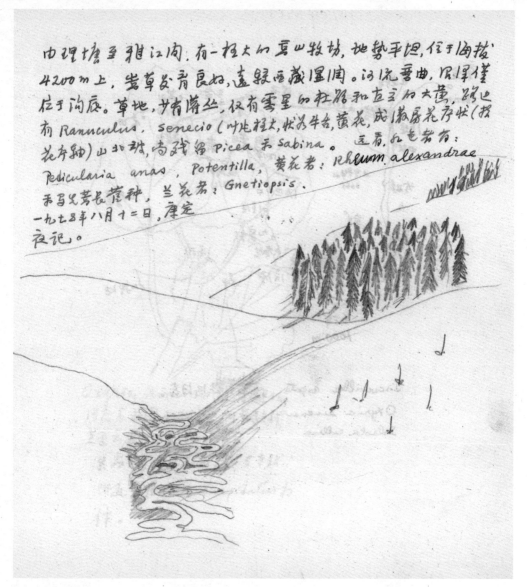

由理塘至雅江间，有一相大的高山牧场，地势平坦，位于海拔
4200m上，牧草发育良好，远胜西藏温周。河流弯曲，沼泽僅
位于沟底。草地，少有灌丛，仅有零星的柏树和左主的大黄。路边
有 Ranunculus, senecio（叶此相大，状为牛舌，黄花，成像房花序状（指
花序轴）山北坡，尚残留 Picea 和 Sabina。 远看，红色者有：
Pedicularia anas，Potentilla，黄花者：Rheum alexandrae
禾马先蒿长管种，兰花者：Gnetiopsis。
一九七五年八月十二日，康定
夜记。

理塘至雅江间的高山牧场　路边有毛茛属茴茴蒜，叶片极大，状如牛舌，黄花，成散房花序状（指花序轴）。山北坡，尚残留云杉和圆柏。远看红色者有鸭首马先蒿、委陵菜；黄花者为苞叶大黄和马先蒿长管种；蓝花者为龙胆科扁蕾。

1 泸定：四川省甘孜藏族自治州
辖县，东接康定，西连石棉。
2 石棉：四川省雅安市辖县。

1975年8月13日

由康定出发至泸定[1]，谒铁索桥，（为）"大渡桥横铁索寒"的胜地。高楼为红军楼纪念馆。桥两端有清康熙时之石碑。桥东有水电站，为新城。两岸山势雄伟，河水咆哮而下。在河谷上部有单刺仙人掌，（与）金沙江下游同种。

←大渡河畔红军纪念馆
→泸定桥

夜至石棉[2]城。沿路约每公里均有塌方或泥石流2～3起。修路工人，沿路不断。石棉城临大渡河之右侧，为产石棉之工业城镇。

山川纪行 1976（元谋 四川 西藏）臧穆

速写本

1976 年

西藏昌都、林芝

1976年，我和吴征镒先生进藏。从昌都北面到类乌齐，看到冷杉变成灌木了，看到了林线。林线以上只是灌木和草原。乔木都是灌木的形状。这是树木生长的极限了。地球的南北两极和青藏高原被称为"三极"，因为南北极终年积雪，无树木生长，而青藏高原位于低纬度、高海拔，也是常年积雪，所以称"第三极"。从（海拔）1 500米到（海拔）4 000米以上，垂直度给了我们不同地带的物种，丰富了生物多样性。高山虫草是中国的特有种。晚上回来看标本，眼前就像放电影，一天走了全世界的几个带。生怕把标本丢掉，时刻想着一定要保护好标本。[1]

1976年，臧穆第二次入藏，随同吴征镒院士进行考察。此行由滇藏路入藏，主要考察西藏昌都地区、喜马拉雅南坡和东南坡的植被。这一年的野外日记，可以明显看出受吴征镒院士植物区系研究的影响。

---

[1] 见《我的青藏真菌情结》一文，引自《青藏高原科考访谈录（1973—1992）》，湖南教育出版社2010年版。

1976年8月2日

由昆明至元谋[1]，车程 216 公里。

白露[2]至元谋途中，海拔 1 700 米处有古地中海南岸植物，我国云南南部红河、雷州半岛、福建有之。沿河谷有桉树、戟叶酸模，林附近有番木瓜、榕树、甘蔗、赤竹属种类、单刺仙人掌、攀枝花。早稻已收。

撒拉箐最高处为海拔 2 860 米，植被情况与宾川鸡足山相似。石栎正花期，满山的火把果已为成熟期。

至元谋，海拔 1 112 米，为热河谷，有黄果茄、龙爪茅，为热带河谷植物。

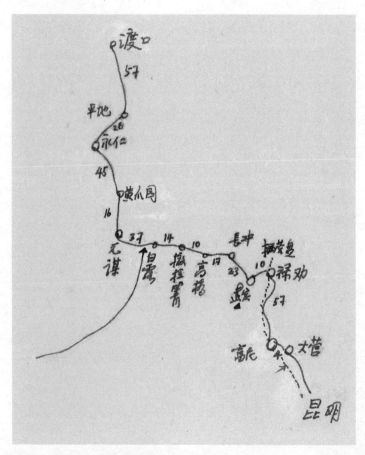

昆明—元谋—渡口考察路线图

1976年8月3日

　　由元谋（海拔1 110米）北上，至黄瓜园镇[1]，沿路均系第四纪冲积红壤，间有紫砂岩。冲刷至巨，土层厚达百余米。稀树以木棉为主，远观主干粗壮，由于割伐，树冠甚少。沿未被冲刷的表层，植物多为羊胡子草、大型的蔗茅、稃草（裂稃茅）。明油子间杂如星散布于禾草丛中。还见有头花猪屎豆、苇谷草和乌头叶豇豆，叶如鸭掌，互生而匍匐。

红壤地貌　　　　　　　　　　　　　　元谋至黄瓜园镇沿路冲积红壤及紫砂岩。

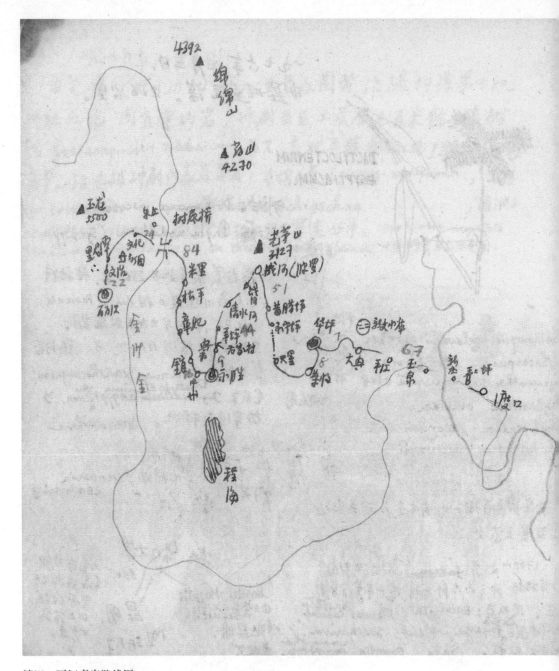

渡口—丽江考察路线图

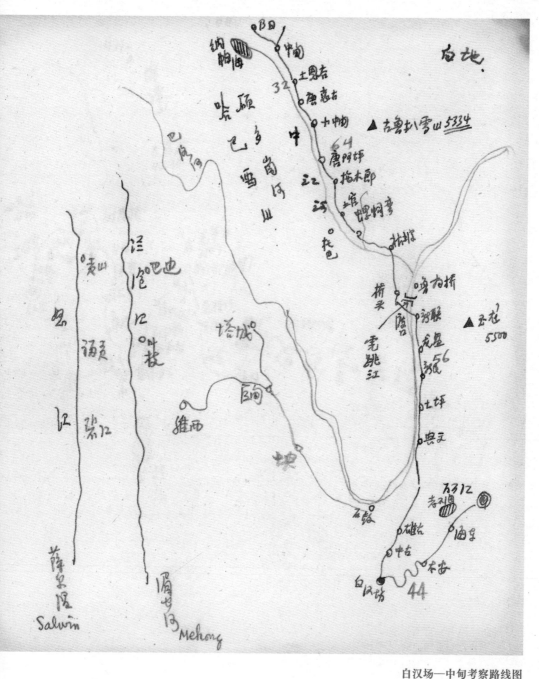

白汉场—中旬考察路线图

三月由元谋越黄瓜园 1700m~2200米
在金沙江支流河岸两岸，山脊造林良好，
除 Pinus yunnanensis 约3-4米高
外，尚见 Quercus franchetiana,
多为乔
Quercus   ，(刺栎类)

←百日菊 Zinnia
为南美热带河谷之
逸生归化
种。Zinnia pauciflora
diphylla 之
谋摩保
撵子
1000m 砂
地

Argemone
mexicana
之为逐为
异型河和我
金沙江河岸石
连续分布种。

种子
已成
熟，根
果有丰
富的生
物碱之
止咳镇痛。

②
Dodonaea viscosa
为古热带地中海南岸
岸之种类，我金沙江
河谷多之，高2-1米，
雄/雌异花。

③
Buchanania
dalavayii 为
金沙江河谷特
有种。

①   ④

金沙江河谷两岸植物

①多花百日菊，为南美热带河谷之逸生归化种。（见于）元谋湾保梁子海拔1000米砂地。

②车桑子，为古热带地中海南岸之种类，我（国）金沙江河谷多之，高1~2米，雌雄异花。

③薄荚羊蹄甲，为金沙江河谷特有种。

④蓟罂粟，原为南美热河和我（国）金沙江河谷不连续分布种。种子已成熟，根果有丰富的生物碱，可止咳镇痛。

⑤牛筋柴（光叶滇榄仁），叶柄上有2个明显腺体。

⑥龙棕，为金沙江流域海拔1700~2100米山脊上习见种，成丛生长，茎干不出地表。

Trachycarpus nana

为金沙江沿线 1700–2100 米
山脊上习见种。成丛状，茎干不
出地表。径市槽营以生名于种
种，实为久已发表的种。

⑤

⑥

茜藤(柴) Terminalia
francheliana，橙煌手

　热月右云 Quercus 茎上萬
　上右双个眼显腺体。

一九七六年八月7日由渡口（1130m）逆金沙江北上，江面约20-80m，城势徒峭，江面至山顶约600来，厂房栉比而筑。前面栽植物以 Eucaly Jachopha 麻风树 curcas 为主，杂有羊角拗 Strophanthus Nariyon，岩石基为石灰岩，下为页岩和沉积土，中为紫色砂岩，此 石灰岩地区，在城北郊区极为显著。

植物有：
Dodonaea viscosa 为优势种，杂以番石榴 Psidium Psidium guajava 果已形成。岩缝中有：
Adiantum philippinensis 沿至华坪之石灰岩地带 成份繁邪，与 Hydrogonium erenbergii 成群落。
另为 Adiantum caudatum,
Phyllanthus, Ptygiella nigrescens,
Selaginella (cf. S. moellendorfii.)
Euphorbia atoto? Plagioseb Chisma 等，以油桐子为主的果实。

→ 渡口城

1976年8月4日

　　由渡口[1]（海拔1 130米）逆金沙江北上，江面约20～80米，城势陡峭，江面至山顶约600米，厂房栉比而筑。前面栽培植物以桉树、麻风树为主，河谷并杂有夹竹桃。岩石基为石灰岩，下为页岩和沉积土，中为紫色砂岩，石灰岩在城北郊区极为显著。植物以车桑子为优势种，杂以番石榴，果已形成。岩缝中有半月形铁线蕨，沿至华坪之石灰岩地带，

1 渡口：四川省攀枝花市的旧称。

土质岩石的色泽，与古气候有一
定关系，如高氧化铁，为古热带成分
迄今仍含有丰富的铁质而呈红色。
沿金沙江逆水而上，由渡口至华坪
沿路习见紫砂岩，多呈紫红色。远
山所示，多为明油子。由于蒸发量大
了降雨量，罕见菌类。

成优势种，与石灰藓（扭口藓）成群落。另有鞭叶铁线蕨、
翅茎草、海滨大戟，以及叶下珠属、卷柏属、紫背苔属植物
等。灌丛植物以明油子为主。土质岩石的色泽与古气候有一
定关系，如高氧化铁，为古热带成分，迄今仍含有丰富的铁
质而呈红色。沿金沙江逆水而上，由渡口至华坪[1]，沿路习
见紫砂岩，多呈紫红色。远山所示多为明油子。由于蒸发量
大于降雨量，罕见菌类。

1 华坪：云南省丽江市辖县，是
滇西入川的重要交通枢纽。

1976年8月5日

永胜西北行，经松坪，越海拔3 275米的公路段，顺山盘旋而下，降至海拔1 460米，渡金沙江，江面阔于30米，山脊处普遍生长黄栎、高山栎，还有黄毛状刺栎，其下内杂雪松、果松（华山松）、滇南山杨。油松球果正熟，在阳坡路边有灌木状醉鱼草。在松坪下、金沙江桥上海拔1 700米处，即树底桥上峰，乔木有臭椿，翅果序黄绿色，正成熟，可呈大乔木，该种并见之于小中甸[1]前之土官村。

树底桥上峰

1976年8月6日

由丽江至白汉场[2]途中，海拔高达3 140米，有地盘栎（矮高山栎），已有相当的高度。在较向风处，则代之以小叶枸子，形成较典型的高山灌丛。后者分布可下达海拔2 060米，并杂以多种杜鹃，如马缨杜鹃、大果杜鹃（小叶者）、葵叶报春（花紫红色）、珍珠花等。以云南松为主、高山松

1 小中甸：云南省迪庆藏族自治州香格里拉市辖镇。
2 白汉场：集镇名，隶属于云南省玉龙纳西族自治县。

为次的乔木林，在海拔 3 000 米处较集中。

　　由白汉场而下，为较平缓的坝区，以玉米为主，间有荞麦等。路左（即西面），由石鼓湾来的金沙江沿路北行，水势平缓，江波绮丽，热风辄至，水波不兴。由白汉场北行，至鲁南桥，即虎跳江[1]处，海拔 1 999 米处，在渡口桥栏，东面玉龙雪山拔地而起，虎跳江向东北奔腾而去，湍猛势急，清澈见底。山势笔直，所见朱黄片片，为两种果正成熟的火把果，山腰以黄桊（光叶高山栎）为主，远山为松和云杉林，由于云雾缭绕，不见雪山真面目。由西北向纳帕海（中甸[2]西部）流来的中甸河，与虎跳江于鲁南桥下汇集。

虎跳江鲁南桥畔

小 中甸至 中甸 处为 云杉林 代役 的次生 Populus

稀树 蒿山草甸，草甸 又被 放牧役，形成有毒 植物 为 Euphorbia.

狼毒等为优势的植物，可见的 形成 退場 州甸，植物 为：Primula

Poissonii (花学红) Ligularia stenoglossa, L. altaica,

Pedicularis ssp., Pedicularis imperialis (大型 早花), Nardostachy

grandiflora. 根毛。 Astragalus (A. alpinus. A. przewalskii

A. yunnanensis) 毛。 花瓣黄色为菁菔科的 Spenceria ramalana. 毛莨科

Ranunculus, 黄色直立的为一柱毛 Ligularia (L. altaica, L. sagit

L.   ) 区雾稀树为山杨；沿谷居毛为燕麦。红色

为马先蒿。淡绿色为甘松 Nardostachys

grandiflora, 暗灰绿色白花为 Astragalus.

紫色为 Salvia ， 左白淡绿色为 Clematis

glauca, Thalictrum virgatum.

Pterocyclus rivulorum (叶灰绿色)
Cacalia (4148 ，兔耳伞 C. roborowskii)

唐河坪

小中甸至中甸处为云杉林
伐后的次生杨树稀树高山
草甸。

草甸被放牧后，形成以狼毒等有毒植物为优势的植被群落。……远处稀树为山杨，淡灰绿色为燕麦，红色为马先蒿，深绿色为甘松，暗灰色乳白花为黄耆，紫色为鼠尾草，灰白淡绿色为粉绿铁线莲、帚枝唐松草、心叶棱子芹、兔儿伞。

八月八日 由中甸乘车北上。里洋郎圭
一带。在金沙江上游支流两岸，阴坡松柏茂
密。3000米上下，云杉普遍。4000米上下，冷
杉和落叶松相继出现。枝干地衣极多，
树冠儿呈灰白、灰绿色。在所采枝丰中，计有
Ramalina fastigrata, Usnea florida, Usnea
longissima, U. betulina, 在4000米以上，枯死
树干上，有橘红色的U. crocembescens Vain, 与
与推吐、及西藏金雪托，皆呈相继高度的枯干上初
连垂。林下，折简花正放，孪以字粉花百合。
相继进入同右地，北方居草的那麦逐渐出现，
为 Sorbaria arborea, Ostryopsis nobilis, 林缘阳
稀疏，村缘栽以藏桃 (Prunus mira)
树也五为荫阶。用围为 Ceratostigma, Eschultzia
类。

　伏龙桥 2100m. 再渡金沙江月右。枝干
旱。此中 Sophora viciofolia 与西藏吃内的
狼牙刺 S. moocrofitiana 相似。此中有刺、
小叶灌丛极多。株高不及一米。叶多呈灰绿
色。松山坡那边造，正观呈灰褐色。

①高丛珍珠梅变种　②滇虎榛，胡榛属（虎榛子属）　③百合　④白刺花　⑤银叶铁线莲变种
⑥头花香薷　⑦异叶帚菊　⑧簇花醉鱼草　⑨戟叶酸模　⑩雀梅藤　⑪小鞍叶羊蹄甲（变种）
⑫小檗裸实　⑬华西小石积

Sophora
Sooti
viei folia

④

⑤

4267

⑥

⑧

Buddleia
eremophila

Bauhinia faberi var.

⑪

Elsholtzia
capituligera
灌木，呈丛状生着 叶夜
白有毛. 8朵也可章.
无伏龙择附丘
山顶上，高30cm.

2700m

ematis delavayii
u.

明坡干拍和伐表之一,
于过枸不到伏花.
和奉沙江干热明吉起
尺于2200-3020 m
=为枝 (Pinus densata)
明里的小环蛙为 p.
mandii.

⑨

Rumex
hastatus

Gymnospora
berberidoides

⑫

Pertya berberioides
科获南枸如未李荆
左地中国此半
白拓吉拔花此.

早好小

尼西全伏花

⑦

3050工卡

拷肉

相似。(1朵)紫头.

Myriphois dioeca 与岛属。

Pertya 为川科. 屏蜀属。

⑩

Sageretia
theezans

与蜀与此

富西山与

⑬

Ostaomalas
Sphaa
Schwerinae

Schwerin, 虫口人, 为
女4星, 垃圾尾以 ae.

1976 年 8 月 8 日

由中甸乘车北上，至深郎圭一带，在金沙江上游支流两岸，阴坡植物茂密。海拔 3 000 米上下，云杉普遍。海拔 4 000 米上下，冷杉和落叶松相继出现。枝干上地衣极多，树冠几呈灰白、灰绿色。在所采标本中，计有：丛枝树花、松萝、长松萝、桦树松萝。在海拔 4 000 米以上枯死的树干上，有橘红色的黄红松萝，可与维西及西藏色季拉、亚东相继高度的枯干上相连接。林下柳兰花正放，杂以粉紫花百合。进入河谷地，北方温带的种类逐渐出现，如高丛珍珠梅、滇虎榛，林缘渐稀疏，村缘植以藏桃（光核桃），树边并有商陆。周围为蓝雪花属、香薷属等。

过伏龙桥，海拔 2 100 米，再渡金沙江河谷。河谷极干旱，白刺花，与西藏境内的狼牙刺（砂生槐）相似，有刺。小叶灌丛极多，株高不及 1 米，叶多呈灰绿色，沿山坡斑斑点点，远观呈灰褐色。由伏龙桥再渡金沙江河谷，逆流而上抵奔子澜 [1]。山镇卧于群山丛中，住宅周围植以桉树和紫薇，红花正放，故补着以红绿两色。仰观群峰如屏，无绿色，无翠意。虽 8 月天气，仍有酷暑闷热之威。沿山灌丛有小叶枸子，枝极短粗，叶则细小。路坡多集以戟叶酸模，花序果实已成熟。

奔子澜海拔约 2 300 米，沿路向上，至海拔 2 600 米处，山峦转绿。热带或亚热带有刺灌丛，即古南大陆北岸的成分，渐因焚风影响少和高处云雾湿度大而结束。在海拔 2 650 米处，渐见野生的侧柏。据吴（征镒）先生云，此系扁柏的故乡，而其他地方如华北、华东、华中等地的均为栽培种，没有野生的踪迹了。圆柏到海拔 3 080 米处渐少。干坡（南坡）再向上为松林，在海拔 3 020 米处极为优势，阴坡则以川西云杉和再高的长苞冷杉（海拔 4 200 米）为优势。

奔子澜习水谷

山镇卧于群山丛中，住宅周围植以桉树和紫薇，红花正放，故补着以红绿两色。仰观群峰如屏，无绿色，无翠意。

而顶坡则以云杉 *Picea balfouriana* 和再高的冷杉
Abies georgii 4200m，为优势。至 III 工段 约3800 m
上下。云杉林下有：*Lenzites edodes*、*Cortinarius caerulescens* (Schaeff.) Fr.
与西南其他暗针林叶下亦有相互。*Oudemansiella longipes*
(Bull. ex St. Aman) Mos. 三份；*Marasmius* 和 *Cudonia* (No.537)
均见于较腐化的落叶层上。从华至另亭榜一带，苔、藓甚丰富，
垫革的 *Plagiochila* 当地有之，但仍见于树茎足表，而未见在树干上为
Plagiomnium (大叶型的，见于绿萼一带，本复现)。*Sphagnum*，(估计
是 *S. griffithii*, or 三 *beccardii*) ···· 内上由杜鹃林导入高山草甸。

白马雪山山口。4230 m。在草甸中见：*Amanita spissa*, *Hebeloma hiemale*,
一种子核枝。在相对足的，以花景颇色分，如：
　　　Potentilla microphylla, *Saxifraga microstigma*,
黄花：*Ranunculus bradderensis*, *Chrysosplenium griffithii* (叶腎形)，
　　Potentilla arbuscula var. *grandiflora* + 原本。*Cyananthus flavus*, *Potentilla*
　　dumosa, *Taraxacum sp.*, *Cremanthodium sp.* *Ligularia sp.*
紫花：*Sibbaldia purpurea*, (北极种南伸)，*Geranium napuligerum*.
　　Hedysarum, *Lamiophlomis rotata* (乳兔枝), *Aster souliei* (?)
　　Arenaria roseotincta, 此下为 3700m 方 *Ceratostigma minus*.
兰花：*Codonopsis nervosa*. 满山. *Caltha scaposa* (星宿花)
　　Gentiana stenodonta, *Microula* (Boraginaceae)

白花：*Ligusticum sp.* (Umbl.)，*Anaphalis xylorrhiza*
　　Polygonum nummularifolium, *Arenaria hirsutissima*,
杂 *Potentilla glabra* var. *rhodocalyx*.
红花：*Synedrum tatsienense* (那么多枝箭簇。)

粉红：*Polygonum sphaerostachyum*.

其中草甸而麦如1 深夏。

白马雪山垭口　　　　　　垭口海拔 4 230 米。远眺为太子雪山（喀迦博[1]，6 150 米，最高峰）。

1 喀迦博：即太子雪山最高峰卡
瓦格博峰。

垭口
白马雪山
远望为太子雪峰（德钦境）
4230m
6150m 太子峰

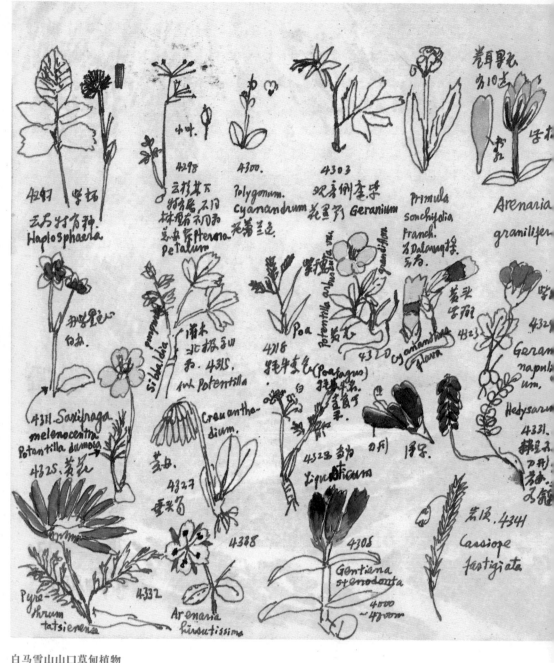

白马雪山山口草甸植物

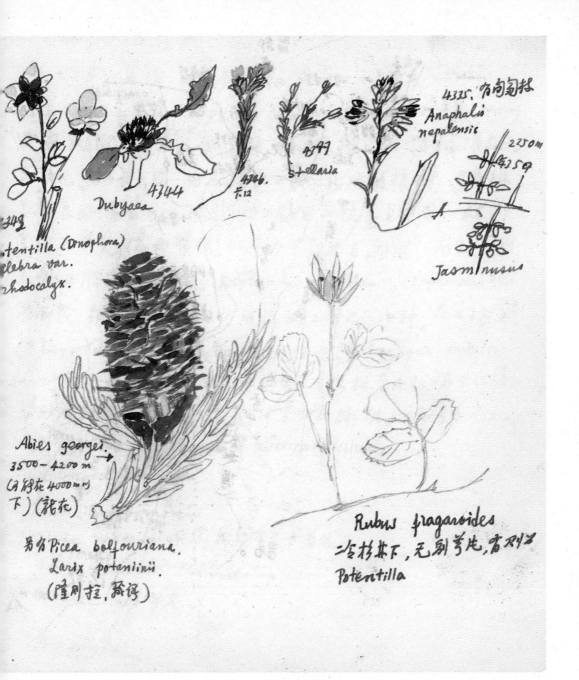

4342
tentilla (Drnophora)
lebra var.
rhodocalyx.

Dubyaea
43344

4346.
F. 12

Stellaria
4347

4335. 有向勾挂
Anaphalis
nepalensis

2250m
F. 4359

Jasminusus

Abies georgei.
3500 - 4200 m
(习得在 4000 m 处)
下)(最在)

另有 Picea balfouriana.
Larix potaninii.
(隆则拉, 察得)

Rubus fragaroides
二冷杉并下, 无别苓屯, 当双生
Potentilla

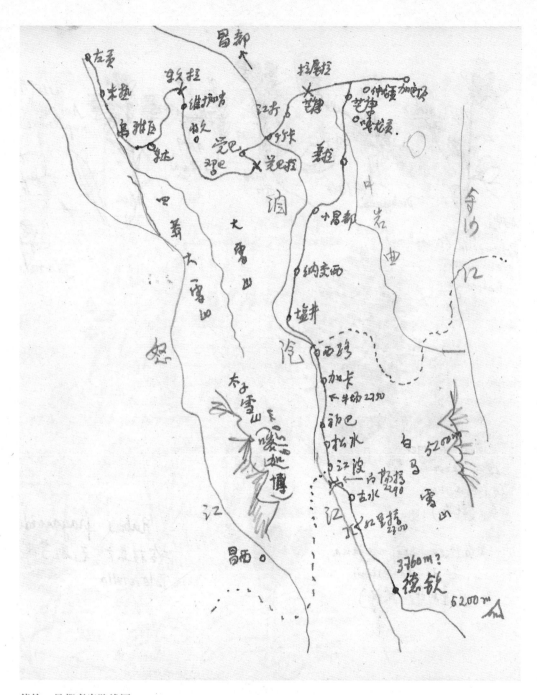

德钦—昌都考察路线图

石星桥附近 2350m.
Cynanchum vincetoxicum
Melandryum

此像由德钦至盐井途中.
在红星桥前约3000米上下雪
石及右之雪山的现代两个冰
川.雪山前之山脊为云杉林.
近处示阳坡.多稀疏的
Cupressus torulosa.
下示澜沧江河谷.

谷河江澜

十日八時 盐井.

红腊山山口 4344.38 m.

Lamiophlomis rotata
Pyrethrum tatsienense
Aster souliei
Ligularia
Polygonum nummularifolia
Potentilla microphylla
Arenaria hirsutissima
Saxifraga microstigma
Cassiope fastigiata
Potentilla glabra var. rhodocalyx.
Dubyaea 兰花.

在 4500 m 处有
Berberis, 上有 Puccinia
锈阳色紧. 为肉眼得松子
大223倍镜.用肉网之节
Thamnolia vermicularis

澜沧江河谷

此系由德钦至盐井途中,在
红星桥前约3 000米处所见
太子雪山的现代两个冰川,
雪山前之山脊为云杉林,近
处示阳坡,为稀疏的西藏柏
木,下示澜沧江河谷。

1976 年 8 月 10 日

由德钦乘车北上,沿澜沧江河谷,远眺巍巍不断的太子
雪山,经飞来寺(海拔3 900米)。沿路,唇形科香茶菜属
的小叶香茶菜为优势属种,顺山坡斑斑点点,多呈灌木状。
至初巴、加卡一带,地处横断山脉西坡,均较干旱,但黄
栌发育良好,高者可达12米。由山腰到山顶基本为灌木林,
从旱象而言,褐而带绿,较之金沙江河谷则相对潮湿,而
东坡则尤较西坡为湿润。大戟属云南土沉香花果正茂,在
绿春以南的大沙河流滩上曾见到此种。在海拔2 750米处(牛
场),西藏柏木高达15米,滇虎榛在山谷处再次出现。在
海拔3 500米处,云杉林呈片状分布于山坡和山脊处,而凡
砍伐以后则次生出山杨林。冷杉未见。沿路习见植物有白
花铃子香、密生波罗花、黏毛鼠尾草(黏毛、有臭味、黄花)、
细裂叶松蒿、菟丝子等。在红星桥附近(海拔2 350米),
有夹竹桃科鹅绒藤属催吐白前、石竹科蝇子草。

一九七六年 八月十二日. 晨九时半乘车 由芝康 (3755m) 乘
车西去, 行至 4000米处, 顺山路行, 阳坡多黄栎萌丛, 阴坡多
云杉矮林, 沿高处草甸, 阳坡多 Kobresia pigumea (?) 和 K.
humilis, 等矮不过 3-4cm 为牛羊所喜特的饲料。下坡杂以小叶
杜鹃林等, 近下处为 木本 的 Potentilla (Dinophora) glabra var rhodo-
calyx. 沿路植物以 Rhumex nepalensis 为几单一优势种, 花序正红,
亭亭玉立。阴坡处并为大星蓼属, 为 Polygonum sphaerostachys, 满山
点点, 极为优势。Cotoneaster fasitegiata 异枝构子, 或为匐状。(并为
Puccinia寄生)。行至竹卡直瞰怒江支脉处, Picea 和 Abies 在 阴坡

坡上处处为小芝茹叶 Rhododendron
fastegiatum, 这芝色花冠为脉状
Codonopsis nervosa.
Gentiana leucomalena
Aster tongulensis

山口拉乌拉

拉乌拉山口

1976 年 8 月 12 日

　　晨 9 时半乘车由芒康（海拔 3 755 米）西去，行至海拔
4 000 米处，顺山路行，阳坡多黄栎灌丛，阴坡多云杉矮林，
沿高处草甸，阳坡多莎草科高山嵩草和矮生嵩草等，矮不过
3～4 厘米，是牛羊所喜食的饲料。下坡杂以小叶杜鹃林等，
近下处为木本的银露梅。沿路植物以尼泊尔酸模几为单一优

之成密林，凡被伐后，代以山杨。或形成翠绿如茵的林间草甸，五
至达处。（即江达，海拔约4000上下）草间，暗林，雪山相映生辉，更有
流水潺潺，令人神旷心怡。
路边最多为 Rhumex nepalensis，花褐红色。随林缘轻湿雾，
为大黄 Rhum palmatum。株高2米余，花黄绿色，根深达40cm，
多生于沙砾地。以4000米宽为最多，长达十余公里。4200m以上有
Abies farbrei，较平坦干燥处 以 Elsholtzia fructicosa，
Anisodus tangulica（Ainis，异不同，odus高，言亭立则互发）等。

Clematis tangulantica

势种，花序正红，亭亭玉立。阴坡处并有大量蓼属，为圆穗蓼，
满山点点，极为优势。帚枝枸子成匍匐状（并有柄锈菌寄生）。
行至竹卡上，近澜沧江支流处，云杉和冷杉在阴坡处成密林，
凡被伐后，代以山杨，或形成翠绿如茵的林间草甸。近迈达
处（即江达[1]，海拔4 000米上下），草甸、暗林、雪山相映
生辉，更有流水潺潺，令人神旷心怡。路边最多为甘青铁线

莲，尼泊尔酸模，花红褐色。随林缘较湿处，有大量掌叶大黄，株高 2 米余，花果正茂，根深达 40 厘米，多生于砂砾地，以海拔 4 000 米处为最多，长达 10 余公里。海拔 4 200 米以上有冷杉；较平坦干燥处，有鸡骨柴、山莨菪等。较上处有开小蓝花的密枝杜鹃，浅蓝色、花冠有脉的脉花党参，蓝白龙胆，东俄洛紫菀。

澜沧江干热河谷，所见植物有白刺花、岷江蓝雪花、雀梅藤、毛球莸、皱叶醉鱼草、扁穗苔草、长花铁线莲，以及木蓝属、阿魏属、火绒草属、天门冬属植物。岩缝中有金毛裸蕨属植物，河谷岩缝旁有细蝇子草。在近河谷处，曾发现一种山紫茉莉属的植物，该种不同于山紫茉莉，其花序有黏液状腺体，上粘有多种蝇类和昆虫，其上有虫霉属的菌丝在昆虫残体上。由竹卡至觉巴拉山口和东巴拉山口，阴坡树种仍有稀疏的冷杉和紫果云杉。沿路石砾缝中，掌叶大黄为优势种。此外，还见有卷叶黄精、甘青青兰、硬毛蓼、匙叶翼首花。行约 20 余公里，沿途均有初降的白雪。

夜宿新左贡（左贡），背山如屏，面水如带。

← 竹卡河谷
此图为竹卡一带的澜沧江干热河谷。竹卡，海拔 2 570 米，江水褐红，满山有独尾草，远山有黄栎。

→ 独尾草
独尾草 *Eremurus chinensis*，百合科独尾草属，"erem" 意为 "干"，"urus" 意为 "尾巴"。独尾草属为中亚细亚和我国西南干热河谷的代表种，小亚细亚另有一种喜马拉雅独尾草，我国只一种，见于云、甘、川北岷江河谷、宾康，云南见于鹤庆金沙江河谷，西藏见于竹卡一带澜沧江河谷及怒江河谷。8 月 4 日尚有花朵未谢者，花白色，此为间断分布种，系热带种之残遗种，为百合科的原始属，根微褐红，有恶味。

1976年8月13日

晨由左贡启程，中午至邦达[1]，沿路沿玉曲而行。阳坡为大果圆柏，阴坡为云杉属种。约海拔4 000米处，沿路优势植物有成丛的鸡骨柴，与巨序剪股颖均高约1米，白花成串，花香强烈、刺鼻。由邦达北行，为河谷面甚宽的高山草甸。因为久为放牧之故，很多有毒植物和有刺植物已转为优势种。由于过度放牧和鼠兔破坏，可供饲食的种类，仅有大量成丛的拂子茅，株高1米余，以及矮小的羊茅可供放牧，并为较好的饲料，但据当地群众云，牛不食拂子茅。夜宿吉塘[2]。

1976年8月14日

由吉塘至昌都。至澜沧江河谷海拔3 400米处有常绿灌木冬麻豆（左下图）。茎叶有毒，小叶摺合状，花黄色，叶片近于灰白，远观状如油杉，近似槐属，但荚果压扁纸质，翼瓣和龙骨瓣均有柄。冬麻豆为澜沧江河谷特有种，除西藏外，并见于怒江河谷。沿路由于是沙岩，水分不易保存，故植被较差。而花岗岩因被风化后，有吸收和蓄水的能力，如车达拉一带，因基质水分较充足，故植被较丰富。另凡石灰岩地区，由于易形成较多和特异的小地形，故植物的种类也远较沙岩地带为丰富。

冬麻豆

1976年8月16日

昌都东有杂曲，西有昂曲，二曲汇成澜沧江。江水南下，气势巍峨。由昌都西北行，越俄洛桥海拔3 400米，有溪（昂曲）相通。沿溪采集1时许。车经竹谷寺，为一村队，越杂申山口，再下至恩达，北上然擦，至类乌齐[3]，夜宿于此。

在杂申附近，冷杉和圆柏之枯枝上多红色松萝。远山上为赭红色，下为草甸。近山为圆柏和云杉林。峰间为昂曲回流，水清见底，涓涓宜人。沿路两侧云杉和柏林甚好。由昌都至类乌齐。"类乌"是藏语"山"的意思，"齐"是"大"的意思，即大山在前。

杂申附近的山林

①合头菊属
②康定鼠尾草

1976年8月17日

类乌齐附近丽江云杉林下见星叶草,伴生绿羽藓、白蜡伞。星叶草科仅此1种,在中国分布于喜马拉雅地区的西南至西北地带,这是毛茛科一种较为原始的植物。云杉枯枝上,有贝壳状小香菇。干旱地方有猪毛菜。

1976年8月18日

由新类乌齐即现类乌齐县委所在地,行车沿溪行(即昂曲之上游支流),经过桑多,海拔3 700米上下,为一溪,清见底,河滩旷阔。沿溪两岸为紫果云杉林,树干多在20厘米左右。沿滩有乔木状沙棘,上多生有层孔菌(或为木层孔菌属一种)。此生态环境与隆子县加玉几乎完全一致。

至类乌齐老县委所在地(今称桑多城关乡),有3座喇嘛寺遗迹。周围原为云杉林,现已砍伐至巨。据云,周围山上海拔4 000米以上处,6月份每人每天可挖虫草百余棵。而竹卡,海拔4 400米以上的高山,据当地人说,5、6月份每人每天可挖虫草1 000棵(约1 500棵干后才足1斤)。

在老类乌齐和桑多之间云杉林保护尚好的林下,虽然已至8月中下旬,但真菌尚多。腐生种类有:豹斑鹅膏;红顶枝瑚菌,可食(藏语:即侧、即瓦那);秃马勃(肚饱;或为乌头属,以为有毒)。盾盘菌在云杉林下与珠藓属植物交织成群落,且生于倒腐木上。这一亚热带种类在此复现,说明可能为亚东、陇站等地的古热带的种类在此地的孑遗种。兔耳状侧盘菌、杉木枯干上的匙盖假花耳、小包脚菇属、蓝丝膜菌、长柄丝膜菌、丝膜菌多种、乳菇均有分布。估计在6—7月份的雨季,当更丰富。

寄生种类,注意于海拔4 000米上下的种类主要是锈菌,曾见于紫果云杉、柳树及直穗小檗之叶上,枸子属植物之叶

沼生水马齿

水马齿科 Callitrichaceae, 1科

Callitriche stagnalis
near Buxaceae

静水塘中,孑老美鲁齐近桑多(或栗卡)桑玉的静水穗中处,长于 Ranunculus aquaticus, Chara, (Mitiella) 及 Nostoc (N. commune) 三齿上 + Batrachium trichophyllum.

果上。倒木寄腐兼生的优势种有木层孔菌、层孔菌、囊孔附毛菌，后者子实层多被蛀蚀，子实层紫色。

①毛翠雀花，花瓣淡色，近向绿色，萼距末端钝，退化雄蕊黑紫色，花序较密，见于藏东、川西、青海东部和甘肃西南。

②澜沧翠雀花，花序5至多花，苞叶披针形，又称澜沧飞燕草，藏东极普遍，8月份为针阔叶林下最习见的优势种。

③狭裂乌头，盔对称，昌都一带；贡布乌头，盔不对称。（此）2种据吴先生讲拟合并。

1 盐井：盐井纳西民族乡，隶属于芒康县。

1976 年 8 月 19 日

从盐井[1]、芒康至昌都，在此南北线上，考察了金沙江和澜沧江上游的两个河谷，注意了干热河谷和亚高山的植物区系问题。

（一）河谷。注意了热带和亚热带的成分。从植物的生活型来看普遍具有以下特征：有刺、小叶、颜色灰黄。一言以蔽之，是耐旱的灌丛和抗旱的禾本科种类。从探讨西藏高原垄起前后的变化来看，从植物的发生发展来证明，是有意义的，可以看出其面貌的组成成分，从以往可以推断其发展的未来。从坡向、岩面可以看出不少问题。河谷的植被和高原成分能从一定程度上反映过去山岳隆起的某些基础或起脚的第一步，一定有某些残余仍在河谷可觅，如禾本科、蕨类或维管植物、石生植物类型，地形要注意箐沟、荫蔽潮湿的小环境，要找出几个带，要注意削状往上的走向。以德钦而言，有明显的走廊林，金沙江有明显的热带残遗成分，如番石榴、麻风树属、车桑子、半月形铁线蕨，元谋之坡柳等，澜沧江从植物成分的本质来说，虽然总体一致，但却少见热带属种的成分。反之，金沙江少见毛球莸，澜沧则多之，正塘等地有诃子属，而澜沧则少之。行至芒康，始少栎树，主要科为白刺花和矮刺栎灌丛，干草原，但又没有藏北习见的大嵩草草垫。从南而北，属种组成由繁至简。从群落、角度、优势、特有种、地形（砂砾阶地、草原坡度和积水）等角度，都要做进一步具体分析。

（二）亚高山带和高山带。从南北植物界限来看，其南湿，其北干，似以东达拉为转折点，而昌都则纯与青海相近，因此东达拉较丰富。

1976年8月20日

由类乌齐向西北行，途径白石山朱拉，岩石纯白，下为昂曲支流，水甚清澈。山基有圆柏 3～5 米高。杂以柳树、枸子、高山绣线菊、川贝母、硬毛蓼、窄叶鲜卑花。渐上至海拔 4 500 米左右的流石滩，所见植物有：雪莲花，有奇味；石砾唐松草；十字花科葶苈属，每室内有种子数粒；岩生忍冬；红景天、蚤缀均呈厚密垫状；圆穗蓼为优势种；满地紫蓝色小花为独一味、灰毛蓝钟花；委陵菜属、嵩草属均极习见。海拔 4 500 米，在细叶珠芽拳参的花序上，寄生有稗粒黑粉菌、梅里尔丝黑粉菌。海拔 4 300 米上下，在牛粪上两次发现斑褶菇。

丁青途中

由朱拉山西北行，是一平缓的高山草甸，有极丰富的圆穗蓼和高山绣线菊，海拔约 4 700 ～ 5 000 米，蚤缀较多。由此高山草甸沿路向下，转出高山草甸以后，进入峡谷区，山峦险峻，峡谷湍急。进入第一峡谷区，此处奇峰怪石林立，偶见有 1 米多高的云杉，但已无森林，灌丛以柳属和鬼箭锦鸡儿为主，在鬼见愁丛中，杂以毛蕊草，是一种高 20 厘米的高山种禾草。偶有稀疏少见的云杉成灌丛状外，沿路习见以灌木藿香为主。转过奇峰怪石的一段路后，山势渐转平缓，由第一峡谷经过一平坦地，由牧业转入农业为主，在紫砂岩（红壤）上沿山坡广开梯田，植以青稞和小麦，小麦已开始转黄，尚未收割。荒坡上有狼毒、多种针茅和委陵菜。之后进入第二峡谷，水原为逆水，则有变为沿路顺水，山势陡峭，没有森林。从协雄[1]至丁青，山上无树木和灌丛，只成干草原和耕作区。沿村偶植有柳树，田边丛生紫菀。

←　类乌齐—朱拉山—丁青采集笔记　→　丁青南眺

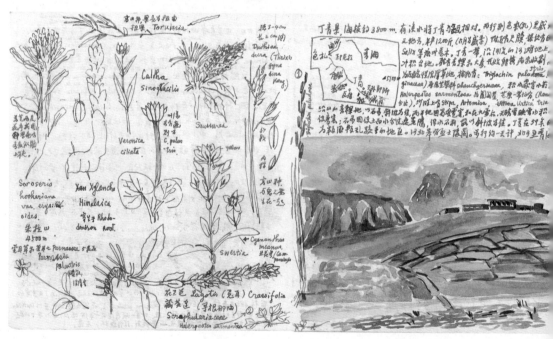

夜宿丁青。丁青县，海拔3 800米，有溪水将丁青与客瓦相隔。西行到色扎（乡）是盛产虫草之地方，6月为盛季。丁青一带沿河流的河滩地上，为三阶冲积台地，植有青稞和大麦，开始转黄，尚未收割。河滩地为近碱性沼泽草地，有水麦冬，积水处有水葫芦苗；有匍匐茎的碱毛茛，沙畦上有三角叶荨麻及针茅属、蒿属植物。沿山的青稞地，以石多、斜坡生长为佳。平地因易受雹害和在大雪后雪水积淤而常使麦受害，石多因使土内水分过速蒸腾，保水不利，故以斜坡为佳。丁青南部越过察隆向南，有大森林。

1976年8月22日

晨由丁青顺河而至下拉，途经协雄，纯为无林区，灌木亦较稀见。车至下拉，地形始转峻削，河流由桑多流来，涧水汇聚而泻达曲，南涌怒江。由针茅草原而转入以枸子属植物、狼毒间以垂穗披碱草为主之大草原。

在恩纯（觉恩）附近开始采集。旷坡之上，满布澜沧翠雀花，花期正盛；普蓝翠雀花成片，在裸露的岩石表面，浑然一色。周围峦隙峰间以及土坡稍平缓处，木本灌丛为柳属（成显果期）、桦木属（叶如山杨，高不过2米）及窄叶鲜卑花（沿路旁）。再较低处近河谷的流石滩上，为水柏枝属植物。较干旱的陡坡石砾中为鬼见愁（鬼箭锦鸡儿）。叶不规则的有伞形科矮泽芹，分布可达海拔5 000米左右。此外还见有百花山柴胡（苞片8数）、禾叶蝇子草、直立抽葶、花瓣紫黑色的毛翠雀花（觉恩至朱拉间）、美花毛建草、大叶碎米荠、高原荨麻、车前状垂头菊（垂头菊，黄花，叶如车前，但近肉质）。石缝中有疏叶珠蕨、密序山蒿菜（果较长而有纵条，不似葶苈属）、果较长的华西蔷薇、灰枸子、野青茅属、白桦、川藏沙参、田旋花（旋花属是小苞片在花柄下，而打碗花属

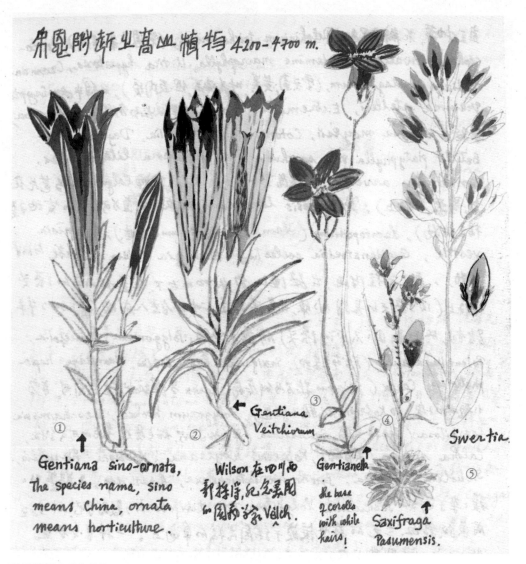

觉恩附近之高山植物

①类华丽龙胆
②蓝玉簪龙胆
③假龙胆属
④篦齿虎耳草
⑤獐牙菜属

为苞片在花萼处，花柄上）、披针叶野决明（田边杂草，并为可开垦的荒地可垦指示植物）、火绒草属 *Leontopodium*（"Leon"意为"狮子"，"podium"意为"足"）、毛莲蒿、蓝花高山豆、高原香薷（紫小花，河滩植物）。

再至朱拉附近，公路垭口，海拔约 4 500 米，在起伏不平的塔头甸子上（由于冬天的长期冰冻，开春融冻后，冰水蚀入成渠，加以牛羊踏饲，故形成团团不平的塔头）所蕴植物有：细叶珠芽拳参、星毛委陵菜（直分布至东北）、唐古拉虎耳草、六痂虎耳草、薹草属（藨草属穗为两侧压扁，薹草属为螺旋状着生呈圆形，并有小瓶状的子房，而嵩草属则瓶不明显）、硬毛蓼、发草（禾本科，亮穗）、风毛菊属（单花轴多花序，柄长或短，苞片的形式分组）、花葶驴蹄草（果有柄）、喜马拉雅嵩草、矮生嵩草、紫花山莓草、川西小黄菊、紫菀属亚种。另黄花丛丛簇簇、杂于甸头的长花马先蒿管状变种较为习见，以此组成黄、白、粉红、蓝色的花丛，镶嵌于绿茵如毯的草甸上。有一种苔，我以为是无心菜属的大型垫状植物，应查对石竹科的囊种草。

夜宿类乌齐。夜雨。

美鸟齐杂申垭口石碓坡上
AH. 5100 m. 流石坡耐寒植物:

Corydalis sp.
(Affinis C. beneciacta)

① 地下有两侧对称的白色鳞茎.

② Phyllophyton complanatum Labiatae

倒石坡上, 叶灰绿色多毛被, 呈桐壳瓦状盖起, 呈异味. 另一科 Eriophyton wallichianum 绵参 (唇形科) 有毛而苦似. 石灰红岩

杂申垭口, 45-50°左右的底石坡, 高达5200 m, 流石坡稀疏, 偶有数种 Salix 内偶5丛不甚寒. 在流石坡中种子植物, 计: Melandryum. 高出石面15 cm, 茎有星毛, 苦似菌. 大型伞形花灰不及 20 cm 的 Pleurospermum; 多种 Saxifraga, 黄花者有的 Grenanthodium 者石计 12 cm, Soroseris hookeriana 中名的草米. Allium maeranthum, 花者红, 少尾. 不同中有投短少 (不过 20 的 meconopsis horridula, 花之微, 不甚显明. 优为 Primula calliantha 见于较潮湿的花园. 石灰岩绿色的+号菜种: Parrya, 叶灰紫绿色, 不及5. 山头石缝中种类为: Erythrobryophyll (Erythroph 号种 E

③ Melandry

1976 年 8 月 24 日

由类乌齐近昌都，途径杂申附近，有一发育较老的云杉林（紫果云杉），2 米左右的烈香杜鹃和另外数种矮于 1 米的小杜鹃为云杉林下的次优势灌木层。由于种子植物的层次不太稠密，是一个散光良好，林冠较稀疏的地点，故菌类等孢子植物类群发育良好，苔藓层以垂枝藓属为主，羽藓属爬至树茎约 20 厘米。腐生菌类极丰富，其中多珊瑚菌，个体大，发育良好。在垂枝藓丛中有极丰富的黄地勺菌。云杉林

杂申垭口流石坡耐寒植物

① 紫堇属
② 扭连钱
③ 女娄菜属

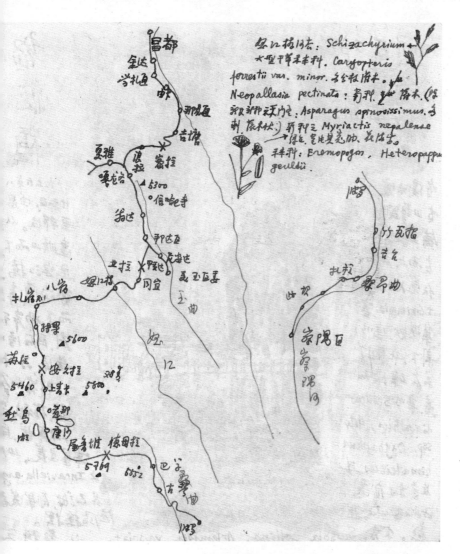

昌都—波密
考察路线图

下丝膜菌较多。在倒木上,有黄花耳、囊孔附毛菌和拟革盖菌。与苔藓层相交织的地衣层,也较为突出。再向南,有大量的肺衣,子囊盘正开始成熟,杂以石蕊,珊瑚枝菌见于倒木上。

杂申垭口,为一流石坡,海拔高达 5 200 米,灌丛极稀疏,偶有数棵柳树间隔于近石缝处。石缝中有较矮小的多刺绿绒蒿,花已谢,均为果期。有美花报春见于较潮湿的岩缝。石灰岩倒坡上见有的条果芥,叶片紫绿色,柄紫红。藓类有红叶藓多种和大帽藓属种。

怒江桥

1976年8月29日

晨6时半，由然乌南行，途经然乌至南35公里处，为贡给现代冰川，周围为高山草场，主要植物有小叶金露梅、金蜡梅、忍冬、鬼见愁，常绿的有高山柏。渐至德母拉[1]，海拔5 000米，高山成分更为显著，地衣极多，有：地图衣属（典型的冰川指示属）、鹿蕊、聚筛蕊、地茶，此地发现黑藓属藓类。由海拔5 200米而下，在河谷两岸，桑曲河西岸以圆柏为主（2种），有方茎者：垂枝柏、高山柏。东岸者渐有云杉和冷杉，凡阴坡者，杂以山杨，阳坡者杂以黄栌。沿路石砾坡上有雪莲花、山蓼，为北极成分延伸至喜马拉雅者，黑穗薹草沿路极为显眼。行至76～84公里附近，凡湿度大、阴坡较缓的地方，以冷杉为主；反之较干旱、阳坡

1 德母拉：即德姆拉山，地处林芝察隅县北部，为察隅与昌都八宿县的界山。

较陡的环境，以圆柏为主。沿桑曲两岸，行至海拔 3 700 米以下，又出现高丛珍珠梅，这在金沙江上流的深郎圭一带曾出现优势，此地又较普遍。河滩两地虽有接骨草，也较普遍，但此为喜氮植物，往往在人居住过的地方会大量出现，故不宜为区系成分的代表和证明问题的属种，正如葫芦藓的普遍出现，与氮肥丰富是不可分割的一样。行至 84 公里处，云杉林的优势渐为高山松所取代。至 97 公里处，已是沿河谷而行，出现了亚热带属如金丝桃属金丝桃，并又有山蓼属的另一种中华山蓼出现，以代替山蓼。五加属种类、某种盐肤木大量出现。大叶型的杨树（近似滇杨、苦杨）均长成巨大乔木。下午至桑曲（吉贡），为察隅县所在地。

德母拉

1 下察隅：林芝市察隅县辖镇，
位于察隅县南部，东南与缅甸相
接，西南与印度接壤。

1976年8月31日

　　由吉贡至下察隅[1]。在冲天高的云南松林中采集1小时。
越过此地，路经一转折点，山峰入天，石壁险峻，在松林中
临泉屏山，大块文章。过险境，三阶台地明显。沿路有喀西茄、
商陆、槭树、滇青冈。至慈巴桥，海拔降至1 666米。沿路
见有白背枫、花序下垂的垂序木蓝。夜宿下察隅农场。

云南松外天外峰

云南松外
天外峰
一九七六年八月廿日甲士亥
喬下至察隅途中所见
文華

1976 年 9 月 1 日

下察隅，位于两山间的平原地带，有察隅河畅穿其间。下连印度东北特区 Neva，我境有钢桥通往下察隅。周围民族为邓族[1]，现有 900 余人。晨登河东之阔叶林区，为一亚热带雨林。森林保护较好。

下察隅的亚热带雨林中，菌类植物很丰富，腐生的种类与云南南部的红河绿春和思茅一带较为相似，如黄竹荪（或杂色竹荪）见于阔叶林下的落叶层上，初白色后转黄色，有异臭。另有胶球炭壳亦见于腐木上，绿盘菌、发菌（爪指团囊菌科），以上热带种类或亚热带种类的真菌已伸至几与德钦纬度平行的最西端。碗菌科的大量出现，证明此地腐殖质的丰富和湿度的充足。粗柄马鞍菌、盘菌属、小皮伞属、小菇属、腊伞属、枝瑚菌属、珊瑚菌属均较多。牛肝菌科多见于针叶林之上的阔叶树相交替处的云南松林下，以乳牛肝菌为最多。发光菌的种类采得 1 号，连续两夜发光。

苔藓种类，在树干上几达 4 厘米厚。优势种是光萼苔属（大型多分枝）、毛边光萼苔、延叶羽苔、树平藓属、粗枝蔓藓等，几与白齿藓属相对。在干旱处，如桑昂曲附近的树干上，以白齿藓属为优势，而此地则以蔓藓和鞭枝新丝藓为优势。从密度讲，从量度讲，从数量讲，均较亚东为丰富，可与云南绿春县附近的苔藓林媲美。苔藓伴生的膜蕨属植物亦甚丰富。

1976 年 9 月 4 日

由下察隅农场乘车南至松古，1 里许即达沙马，因桥损坏，不能过，折回。沿路林木主要为云南松，蕨为低层的主要植被。

下察隅亚热带雨林

在下察隅至上察隅（松冷、嘎查）间，干燥河谷主要分布有云南松和蕨，其上100～300米处因有云雾缭绕，故有发育较好的阔叶林，有芭蕉、栎树、樟树、楠树、木姜子。沿林并有正在花期的水红木、长圆叶梾木，其间杂有2种红豆杉，在云雾层以上的针叶林约为铁杉。

降至海拔2000米以下，或由于河谷干旱所致，沿路所见，与外地颇为不同：凡与穆曲河水相邻的低地或河流中的孤岛地，均为针叶林；以云南松为主的大乔木，高一般在40米上下，主干挺直，针叶细长而柔软，绝无扭曲之态，可见云南所睹，纯系人工砍伐之后所余的病态。树干少腐朽，寄生真菌较少，仅有少量的三色拟迷孔菌、松生拟层孔菌，此或因松树在此环境中生长快、衰老迟，菌难感染所致。在松冷至古巴树附近的立枯木上或树冠尚生存，而在近基部的树干上，分布有隐孔菌，但多被虫蚀，菌体难有幸存者。林下则有大叶藓成片生长。

嘎查为上察隅的公路末段，山坡均为巨石垒成。有成片的兰科兰属植物，果如小香蕉。较多的尚有正在开红花的显苞芒毛苣苔，果为长刀豆状，叶近肉质，藤本。岩缝中的植物有宽叶兔耳风，为原始种，苞片多层，冠毛有羽状毛，舌状花瓣 3 大 2 小，如管状花状。潮湿处有大百合属种，有成片的扇形鸢尾，株高近 1 米。路边较多的植物有：野茼蒿（菊科，高 1 米，花序红色，紧包，下垂）、亚热带成分的某种金丝桃、白珠树属种。

此外，寄生类种子植物较多，此系鸟类传播所致。其中有稀有属，如龙胆科的杯蕊属（即杯药草属），此属花药 2 个在上部连成不完全室，以 1～2 顶孔开裂，寄生草本，或腐生，叶退化，无叶绿素。俞德浚先生曾于 1935 年左右在云南采过，此系古南大陆成分，在龙胆科中可与昆明摩天岭之小黄管属相比，后者为典型的南大陆属，现见于好望角和印度，也是寄生种类，昆明见于云南松林下（冬天）。寄生小草为龙胆科杯药草。

金沙江、澜沧江、怒江、察隅河等诸南北向为主的河流，从其植物的基本类型而言，立体的体系是大致相同的，即其植物的起源是单源的，是源于古海，由于新的造山运动，由新的横断山脉将其分割开来。虽然由东至西，由干湿热而至干热，由日夜变化温差不大而至变化较大，从白刺花在澜沧江至怒江以及云南境内的金沙江，如此的连续不断，是可以断定其成分的相似的。但个体的差异还是存在的，如金沙江河谷车桑子极普遍，渐至上游渐少，而澜、怒二谷则根本未见；蓝雪花属则三江虽都见于较干燥的环境，但金沙江则较少；三江锈菌都有发现，但澜沧江分布较低，金沙江分布则较高；澜沧江在牡荆上所见锈病，其他河谷（则）未发现此寄主。白锈菌是一种典型耐旱的菌类，其孢子壁由于是由几丁组成，故能适于在干旱的条件下萌发。此菌寄主生于西藏沟子荠上，只在澜沧江支流的类乌齐海拔 4 000 米以上的高山上发现。

1976 年 9 月 6 日

由吉贡至然乌，遇雨。沿途秋色渐浓，满山小檗属多变红色，步行林下，满阶落叶皆黄色。夜宿然乌。

林下柳叶菜科之露珠草，花果成盛，果易粘贴衣裤。路经竹瓦根一带，针齿铁仔果正熟，与毛脉高山栎组成优势种。德母拉山顶和然乌湖山顶，正盖有初降的瑞雪。湖面雨蒙蒙，峰顶雪皑皑。

1 扎木:波密县辖镇,县政府驻地,
地处波密县南部。
2 易贡:波密县辖乡,位于波密
县西北部,境内现有以世界罕见
的特大山崩灾害遗迹和中国最大
的海洋性现代冰川群为主体的西
藏易贡国家地质公园。
3 通麦:易贡乡下辖的通麦小集镇。
4 白龙藏布:应为帕隆藏布,即
帕龙江。

1976年9月7日

由然乌至波密(扎木[1])。沿路有大量解放军同志吃大苦、耐大劳(地)在修路施工,至为感动。

至松宗附近,始出现乔松。沿路所见植物有血满草(其与接骨草之异点是花序间无腺盘)、糖茶藨子、扭果紫金龙(果扭)、椭圆叶花锚、绥草、针齿铁仔、糙皮桦、峨眉蔷薇(其宿萼4数)。波密海拔2 700米。

蓝色花的蔷薇(与重金属有关)。在乌拉尔发现铜矿,镍会使花朵失色,锰会使花序变红,复叶矮灌木证明土中有石英,矮生樱桃和刺扁桃下多为石灰岩,忍冬丛下多有银和金,蒿属在含硼多的土壤长得高大,否则为"侏儒"。

1976年9月8日

由波密至易贡[2],途经通麦[3]。由通麦西行少许过通麦桥,白龙藏布[4]由东来,易贡藏布从北来,两江汇于桥前,西行注入雅鲁藏布江。车过桥后,沿易贡藏布西侧至易贡(或称野贡)。夜宿五团果园,度八月仲秋。沿路秋深,小檗叶红,小叶栒子果红累累,桦叶荚蒾果如彤丹。

小叶栒子

Cotoneaster microphylla

沿路树林以阔叶林为主，主要树种为侧柏、盐肤木、乔松、山杨、杨树等。林下灌木有短柱金丝桃、枝软有红果的某种瑞香、蓝黑果荚蒾、西域旌节花、小叶菝葜、木半夏、扁核木。林下草本有某种马先蒿、变豆菜属、剑叶玉凤花、华山姜、狭基线纹香茶菜、蟹甲草属某种、天名精、一年蓬、珠芽艾麻等。藤本或缠绕草本有杯柄铁线莲、肉色土圞儿等。岩石生有天胡荽属植物，岩下有盾叶冷水花，沼泽地有酸模叶蓼，生于苔藓层中有肾果小扁豆。

　　由于林下腐殖质较厚，落叶层腐热较好，虽天气已渐转凉，然在连日秋雨的情况下，水湿充沛，故在苔藓层上，先后发现小喙湿伞、绯红蜡伞、变黑蜡伞。由于地下根系交织紧密，仍有一些亚热带和热带雨林交界的菌类，如在思茅以南的长根小奥德蘑菇在此发现，昭通等地较适于暖湿处的木生真菌黏小奥德蘑菇在此发现。藓类较特殊的有同叶藓属，有蒴；蔓藓科仍保持其优势，但在次生林破坏较重，蒸散量较大的沼泽地，有极厚（12厘米上下）极纯的藓地被层，拟垂枝藓、大湿原藓、羽状分枝的毛梳藓、锦丝藓、稀有高达8～10厘米之曲尾藓属（近似多蒴曲尾藓）可延至6米见方的面积。该类藓菌交织出现，说明林下地被的空气湿度至少达85%以上。

　　在波密过30公里近通麦处，白龙江有时江面开阔。淤积岛滩成群，将水流隔离，形成回迂河汊。沿公路正显紫花的藤状灌木为圆锥山蚂蝗，白花者为野棉花，灰白色者为西南牡蒿，直立的最多为毛蕊花属植物。

1976年9月9日

　　上午和下午在易贡农场。沿山溪向上，至一茂密的阔叶林中采集，其中乔木树种有乔松、铁杉（叶无明显线带）、红豆杉，均为合抱的大树，高达40～50米，其余杨树粗可达3人合抱，水青树首次见到。林缘有瑞丽鹅掌柴、苹果、紫椿、盐肤木；灌木有齿萼悬钩子、双蕊野扇花（正为果期）、虎刺、大灌木杜鹃花。由于林之上缘坡陡，古木参天，未曾破坏，故藤本植物较多，如雀梅藤属（为大型木质藤本）、紫花络石（花红，羊角状果正熟）、尖叶花椒、防己叶菝葜、匍茎榕等。阔叶林中大乔木尚有刺榛，果为板栗状，叶阔卵形，另西藏尚有一种叶片心脏形的变种藏刺榛。由于林深，故林下常见草本植物较少，除耐阴的兰科植物如斑叶兰等外，高草有二叶舌唇兰、鞘山芎；阴处有红缨合耳菊，状如楼梯草者有爵床科马蓝属植物;（此外还有）喜冬草、黄水枝、无心菜、蛇莓、秋分草、心叶天名精、汉荭鱼腥草、三脉紫菀、双花堇菜（等）。在被采伐（过）的地上有穗状香薷、长柄山蚂蝗等。

林中腐生和寄生的林下植物有多属发现，如天麻、鸟巢兰、裂唇虎舌兰、丁座草。菌类有黑毛桩菇、山毛榉锤耳、大孢小花口壳、臧氏牛肝菌、尖顶地星（等），疣柄牛肝菌及迷路状牛肝菌两种均为优势。树干附生苔藓极多，大型的刀叶树平藓、光萼苔属和孔雀藓属，而暖地大叶藓和侧枝匍灯藓可爬到树干达10厘米高。

下午由山上归来时，听闻伟大领袖毛主席不幸逝世的噩耗，极为悲痛。

地,有极厚,(12cm上下)按纯的藓地被层。Rhytidiadelphus triquetrus
Calliergonella cuspidata,(宽),扒状分枝的 Ptilium crista-castrensis,
Actinothuidium hookerii,稀有达10~8cm之 Dicranum (cf. D. majus)
于延至6米见方的面积。後者深青的反映出现,说此林下地被的湿度
至少达85啻以上。

▲补遗:在汽车过30华里至通孝廊,白龙江由峡江面开阔。游淤积
鹅滩成群的水流隔离,形成迴汪迴汊,旦为"MEANDABLE"的弯曲河道
而临出路上显黄花的藤状灌木为 Desmodium tileofolium,白花者为 Anemone
vitifolia,炭白色者为 Artemisia parviflora。在主的最富为 Vabiscum

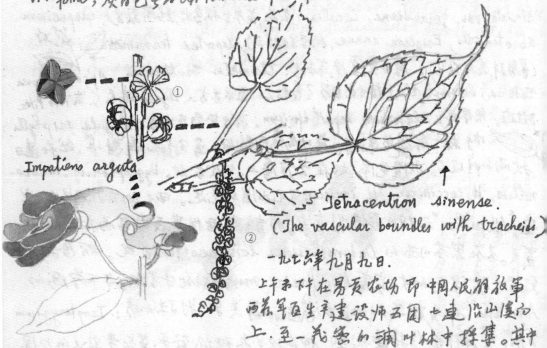

Impatiens arguta

Tetracentron sinense.
(The vascular boundles with tracheids)

一九七六年九月九日。

上午我们在易贡农场即中国人民解放军
西藏军区生产建设师五团七连临山溪沟
上。至一茂密的阔叶林中採集。其中

①水青树
②锐齿凤仙花

乔木树种有：雪松，Tsuga　（今叶明显浅绿），Taxus 均为合抱的大树，高达 40-50 米上下。其余为 Populus 粗近达三人合抱；Tetracentron sinense 首次目见。林缘有 Schefflera shuveliensis, Malus, Toona sureni, Rhus, 灌木有：Rubus calycinus, Sarcococca hookeriana var. digyne,（已为果期）。Damnacanthus indica, Rhododendron（大灌木）。由于林之上缘坡徒，古木参天，未曾破坏。故藤本植物颇多。其中有：Sageretia（为大型木本藤本），Trachelo-spermum axillare,（浓红，羊角状角正型）；Zanthoxylum thibeticum ; Smilax menispermoides; Ficus foveolata. 阔叶林中大乔木为有：Corylus ferox Wall.（果为板栗状，叶渐卵形，另西藏古另一种更心脏形叶尖的变种为：C. ferox wall. var. thibetica（Batl.）Franch.）林下常见草本，由于深林，故草本花序较少。除耐阴的蕨科植物如鳞叶兰等外，尚草有：Platanthera chlor-antha, Conioselinum vaginatum, 阴处为 Senecio dianthus, 状为接梗等芬分 Strobianthus（爵床科），Chimaphila astyla（另叫西山芬），Tiarella poly-phylla, Arenaria serpylifolia, Duchesnea indica, Rhynchospermum verticillatum, Carpesium cordatum, Geranium robertianum, Aster ageratoides, Viola biflora, 在被操伐的迹地上为：Elsholtzia stachyodes, Desmodium podocarpum 等。

林中腐生菌寄生的林下菌物有多处发现。其中就有 Armillariella melea 有其生关系的 Gastrodia elata ; Neottia（腐生草本）；Epipogum aphyllum（今叶腐寄生草本）；于介壳 Xylanche himalaie（Parisitic on root of Rhododendron）为实。Paxillus atrotomentosus, Phleogena faginea, Anthostomella gigantea, Boletus（Xerocomus roseolus）, Geastrum triplex, Lyophyllum infumatum, Leccinum, 及连珠状中间有两种，均为优势。树干苔藓植物颇多，大型的 Homaliodendron scalifornis. Porella, 为孔隙附着。而 Rhodobryum gigantea 为 Plagiomnium maximoviegii 为他附树干达 10 cm 高。

1976年9月10日

上午顺易贡湖之南岸绕至对岸。湖西狭长，20里许长。沿岸为良田、果园，周围山峦密被阔针叶树种。相传此湖为附近冰川于72年前由随冰川而下的泥石流将易贡藏布堵塞而形成，湖上流有800多亩沼泽地待开发种植。

沿山路向上，有古柏，高达40米，干粗四人合抱，为喜马拉雅柏（西藏柏木），雌孢子叶球圆形，鳞片盾状。据云上沿的最大的冰川下线（西藏境内，5公里见方），尚有数棵巨型喜拉雅山柏。（右）图系农场近湖滨处所见，四棵并立，雄伟非凡。

夜与农场同志及吴先生谈此地植物资源利用和农林生产的问题。（1）耕地杂草问题。有牛膝菊和尼泊尔蓼为最多最难除的杂草，一般是用化学除草剂，合理轮作，打乱某些杂

易贡湖畔

易贡湖之古柏

草的生活环，或精耕细作，尤在热带地区林下杂草太多，往往多用引种其他植物以压倒杂草。辣子草，原为南美植物，现在我国南方普遍生长，近年来已传至欧洲，达莫斯科。很多杂草是由人的因素带入的，如伐林后，氮多，光强，大量在林下不能生长的草类侵害而入。（2）沼泽地问题。沼泽地只要排水通疏，可以开发利用。果树、农田均宜。（3）河滩地问题。河滩地有大量野生的漆树，故可大量引种家漆树。在有100多天霜期的易贡，可以发展漆树的栽培。茶树可以发展，以解决西藏雪茶之急。油桐在下察隅生长良好，此地虽然播子可萌，但估计气温太低，不宜推广。椿树此地极多，偶采集之，即可丰收而归，嚼食后微有苦味，为紫椿，而不是香椿。

下午，参加农场举行的追悼主席大会。藏族同胞莫不号啕大哭，全场泣声不断，悲痛难止。夜雨。收听中央广播。

二叶独蒜兰

1976年9月11日

由易贡至东久二桥处，越过约200米长的泥石流滩。在石壁上，远观红艳点点的二叶独蒜兰，极为醒目。

1976年9月12日

由易贡至波密。其中，在路标979附近，有长达6公里的泥石流滩。去年8月16日，暴发了2小时的泥石流，今年共暴发6次，其中6月中下旬暴发2次。故漫山遍野均为泥石流。此流近西边，植被甚好，乔木树种多常绿阔叶树，通麦栎仍为主要的大乔木，和槭树、润楠、飞龙掌血（藤本）、蜜蜂花、白珠树共同组成郁郁葱葱的茂密森林。"两岸猿声啼不住"，水声贯耳，为西藏较好的林区所在。河谷处，近江面的水廊两侧均为生长极纯极好的尼泊尔桤木林，而不像察隅的基层线为松林。至较高的泥石流滩处，成片巨石铺满地，由于地势较高，一般高于海拔 3 000 米，则以沙棘为主，黄色果实，累累成熟。沿漫散石隙，密布拂子茅。山脊有漆树、黄连木、毛蕊花属等。去时满峦青，归时半峰黄，秋色宜人。沙石滩上的香气很浓的女蒿和飞蓬已铺满石缝。喜雪草已较普遍。从木本植物而言，在泥石流地上，较高处可考虑种沙棘，较低处，如海拔 3 000 米以下，潮湿处可考虑种植水冬瓜。唇形科姜味草属姜味草，据说《滇南本草》有记录，可能对癌症有微效。夜再宿波密。

波密西部雪山下的泥石流

1976年9月13日

由波密南渡白龙（帕隆）藏布南下，有扎木伐木场。

在海拔3 200米附近的临路坡地上，分布有阔叶树和针叶树混交的温带林型。其中针叶树以云杉和藏红杉为主，阔叶树有长尾槭、三桠乌药，均未见果期。此外，还见有显脉荚蒾、野花椒。桦木（糙皮桦）树皮褐红，主干一般在20厘米以上，不少主干倒地，而侧枝直立成串，由单株母树形成若干直立的树群。沿路两侧的高山上，有连续不断的雪山和小型冰川。临林场仅6公里处，有二石灰岩洞穴。洞口8米许，为冰川河水流入地下，再由洞口复出。周围均为大小不等的冰川漂石。在海拔3 900～4 000米处的冰川处，冰块长约200米、高约30米的冰川湖的斜坡上，广布刺毛白珠，花如珍珠，蓝紫兼之。在海拔3 700～3 400米处，为极良的以西藏冷杉为主的冷杉林。巨树参天，林下不见天日。冷杉最粗可达1.7米，最高30米，一般在1米粗20米高。云杉最粗2.8米，最高75米。

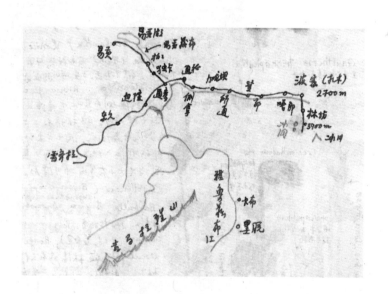

易贡—扎木考察路线图

以西藏冷杉为主的冷杉林

该地区由于受孟加拉湾暖流之由南而北的影响，气候湿润，加以冰川连绵，山溪纵横，故岩石表面多见砂藓属而少见紫萼藓属植物。菌类在扎木林场冷杉林下，仍见到橙黄疣柄牛肝菌，此与亚东相见为同种，可见二地湿度较大，有相似处。林下为多孔菌类，已偏向肉质的较多，如贝叶多孔菌，此是对空气偏湿的一种有效适应。偶见有隐孔菌。菌类可食者有毛头鬼伞、鸡油菌、松乳菇。

扎木林场植物

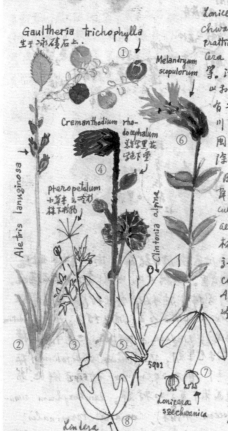

①刺毛白珠
②穗花粉条儿菜
③囊瓣芹属小草本
④长柱垂头菊
⑤七筋姑
⑥蝇子草
⑦唐古特忍冬
⑧三桠乌药

1 白马:八宿县白玛镇辖村。

2 松宗:波密县辖镇,地处该县东南部。

3 安久拉:山名,地处八宿县境内,属于伯舒拉岭山脉。安久拉山垭口是怒江和雅鲁藏布江的分水岭。

1976 年 9 月 15 日

晨由波密经然乌,夜宿白马[1](八宿)。在波密,连日来正秋雨连绵,而然乌则连日烈日当空。沿帕隆藏布之两岸,植被的变化,由下而上,由西向东,由湿而干。顺河谷所见:

(1)在波密至松宗[2]附近,山脊以乔松林为主。河岸走廊以尼泊尔桤木为主,高均达 8 米上下,几成纯林。

(2)由松宗向东 20～40 公里附近,沿河两岸,渐转成以高山松为主(阳坡渐为黄栌,阴坡渐为松林,乔松已逐步被高山松所代替)。

(3)由 40 公里向然乌以东 20 公里附近,更趋干旱。平缓沿河两岸的倒石坡上或砂砾滩上,植被更趋干旱。在干燥的砾石滩上,圆柏多呈现干粗株矮的生态型,树干扭曲,分枝稀疏,呈现近于稀树干草原的景观。但由于河谷的回曲、小气候和冰川、瀑布的间隔,山脊之间的谷沟处则密布云杉和山杨。平地灌丛较密、水分较足的局部环境,有一种高达 3 米左右、时正红果累累的较好的苹果树砧木——变叶海棠。

(4)过然乌湖至白马途中,以及所经过的安久拉[3],是一个较前三者更干旱的地带,圆柏已由乔木型转为在地面匍匐呈团盖状,高不过半米。分散的灌丛以金蜡梅、绣线菊属、小檗属、枸子属植物为主,而高不过 1 米,较阿共附近所见更矮小。如果说在阿共附近的灌丛中尚可看到分散的黄栌的乔木或残立状态,或谓石滩的退化演变,或为破坏后的孑遗,那么在此是绝无乔木之可觅了。这种干热的环境,造林已很困难,降雨量较之波密那就相差悬殊了。远眺白马周围群山,矮团灌丛,苍苍点点,稀疏分散于锗褐色的石砾山坡上,既无波密的郁郁葱葱,又无然乌的黄叶秋浓,只是平淡和粗犷出奇。但远处山脊,尚有数株乔木可见,大概是圆柏罢。

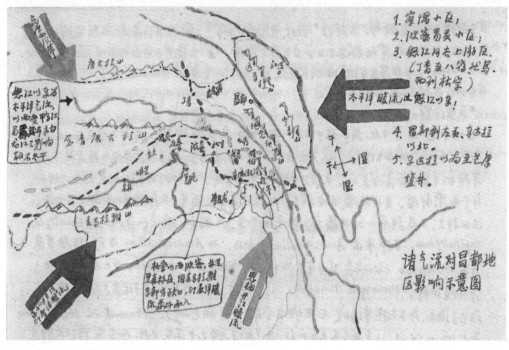

诸气流对昌都地区影响示意图

编者按

吴征镒院士是我国植物区系研究的重要奠基人。受其影响，此次西藏科考，臧穆的日记对于考察中西藏地区植物区系分布做了大量记录。这篇日记是此次考察前期成果的一个阶段性的初步总结，内容涉及昌都地区的自然划带、横断山脉的河流及植被分布、该区每带的地形、昌都自然区的界限、区系问题。

1976 年 9 月 21 日

（一）昌都地区的自然划带

1. 亚热带松栎林带：泛指低处为干热河谷（包括金沙江、澜沧江、怒江诸河谷）及其高处，在海拔 3 500 ～ 1 700 米处，主要优势树为云南松和常绿林类。在伯舒拉岭以东基本属于此带，但盐井等干热地区例外，在伯舒拉岭以西，包括重要的察瓦龙地区未调查。此地可能是干湿的一个交会点。因为云南境内的贡山是潮湿的，而八宿则干旱无比。在伯舒拉以西的吉公、下察隅，是一个典型的亚热带地区，穆曲和桑曲合成的察隅河是注入雅鲁藏布江而成下游的布拉马普特拉河，直流受印度洋暖流的影响，故有常绿阔叶树种滇青冈等形成阔叶常绿和落叶混交林，有高达 10 余米的麻竹，有芭蕉，有黄竹荪、华美胶球炭壳诸热带成分的属种。此地不及墨脱之热湿，但比易贡藏布和帕隆藏布一带的易贡又有不同，易贡较前者干、冷，霜期长。松树为高山松和乔松，而栎树则为常绿的通麦栎，在近河滩地被破坏后的次生林为尼泊尔桤木，与昆明相似，可种稻、玉米、茶、油桐、漆树等。

2. 亚高山松栎林带：此带高于前带，应在海拔3 500米或3 000米上。其阴坡多为高山松，阳坡多为黄栎，有时可下延至河谷低地，往往在河谷阶台地之上，沿边缘或在两岸高山松之下线以及渗插在山脊高山松之间的隔低处。以伯舒拉岭为东西界限的话，则岭西为高山栎，岭东为毛脉高山栎，但在阶台地上，一般不出现沙棘，这是尚保持足够潮湿之故。可种小麦，争取两季。

3. 亚高山针叶林带：这是泛指暗针叶林带，似在海拔3 500米以上，阴坡以丽江云杉为主，阳坡以藏柏（大果圆柏）占优。在东达拉南部谷地、拉乌拉、冬久拉（左贡县）均出现云杉、冷杉（芒康南部）。在波密扎木林场，则出现西藏冷杉、巴氏云杉（即川西云杉）和落叶松（此处指藏红杉）。在丁青和类乌齐一带的河滩地也出现沙棘属和刺柏。以上两带因地势而异，并非在同一高度一定出现，往往两带均与高山草甸灌丛相交织或缺如。干热河谷一直往上，即把亚高山松栎林带排斥直到刺柏的高山草甸。此地可种青稞。

4. 高山草甸灌丛带：这是海拔3 700米以上的平坦地带。其下部多为小檗属、蔷薇属植物及鬼箭锦鸡儿等，其上部多为大叶杜鹃、小叶杜鹃，越高越过渡为小叶杜鹃。阴坡或出现匍地的刺柏。但大面积的地区（如邦达草原），主要还是嵩草属、早熟禾属、羊茅属、针茅属和拂子茅属植物为主的牧场。应注意冬窝子，轮种。雪线附近苔藓、地衣和种子植物带：种子植物如菊科、禾本科植物，分布可达海拔6 000米以上。

（二）横断山脉的河流、地形及相关植被

关于横断山脉的河流，从东往西，如金沙江、澜沧江、怒江，气候是由东往西，由湿而干，植被向上爬的高度，是由东而西越爬越高。这种干旱是随着海拔的提高而（变）高的，如：金沙江的植被多在海拔2 700～3 000米，以白刺花、小檗裸实等为主；澜沧江的植被多在海拔3 000～3 400米，以簇花醉鱼草、皱叶醉鱼草、毛球莸等为主；怒江的植被多在海拔3 700～4 000米，以头花香薷为主。

该区每带的地形总括分为两类：（1）狭谷区；（2）残存的高原面（浅丘宽谷）。最大的邦达草原在海拔4 000～4 500米，这比青海和藏北的高原要低400～500米。一般来说，两岸为陡坡，中部为不等的阶地，2～5级不等，即随地质2～5次不等的变化，由造山运动的抬高、水的冲刷、地貌的变迁等逐步形成的，所有农田和公路多在此阶地上发展起来。阶地上的大石、砾石多是冰川的产物，加以人类对森林草地的破坏，包括开垦、放牧、烧山，造成森林向草地灌丛的一系列演化。如亚热带松栎林（被）破坏后，形成水东瓜林，云杉林（被）破坏后，形成山杨和桦木林。沿途所见山顶上暗绿数行，翠绿数片，前者为山脊不断（被）砍伐残存的云杉林，后者为山腹已（被）砍伐的云杉林址上次生的山杨林。

（三）区系问题

古地中海是第四纪前位于云南一带、西藏至今之地中海。从历史植物地理的发展来看，西藏很多今日的种类为古热带稀树干草原发育而来的。这有地理和历史的原因。以地理而论，同是怒江，但北部干而南部湿。贡山就湿，白马就干。从雅鲁藏布江而言，东部湿而西部干。古南大陆的种类，云南残存的比西藏多。但西藏也有，如怒江、澜沧江等河谷的头花香薷，本种原由尖头花属中分出，而尖头花属为印、非热带属。再如独尾草为中亚和地中海种，异叶帚菊为古南地中海北岸的残留种，鹿角草为澳洲、印度、马来西亚种类，世界南半球共 5 种，我国只 1 种，原见于海南、广东之热带海滩，而吉塘有分布。易贡所见的乔木水青树原在湖北（三峡）西南部和西北部有分布，只产我国，还见于云南，也曾见于不丹，而今在雅鲁藏布江大转弯处发现。这种只有管胞的原始种类，当在造山运动之前就存在了。在察隅之沙马所见到的槭树科贡山九子母，为叶对生灌木，昔仅见于我国云南之贡山和不丹，今在西藏发现。本属的另一种羊角天麻见于喜马拉雅和我国云南之永胜一带，其根即为羊角天麻，入药，为古南大陆成分，现残遗种，金沙江多，而怒江少，澜沧江次之，这与（地质）发展历史有关。雅鲁藏布江与扬子江可能古代有联系，从植物看，长江支流金沙江等地与雅鲁藏布江东端，即米拉山以东河谷均有白刺花，而米拉山以西有砂生槐，此外，西藏境内诸河谷的蓝雪花属，也是主要分布在非洲、喜马拉雅、古南大陆的属，当然，在黄土高原也延伸有蓝雪花。据说，有俄国人曾在我国华北（包括北京）等地采集大量标本，发表很多今日仍在沿用的新属，如无患子科文冠果属、文冠果（为油料华北推广种）、蓝雪花、蚂蚱腿子、赤瓟等属种。另，雾水葛、马蓝属、楼梯草属、丸子母属均为古南大陆成分。后者在云南、印度、马来西亚均有分布。同属的近似种在不同地理境域的分布有趋异分道扬镳的现象，其中如西藏的高山松，在东北则为油松，而云南西藏的云南松到北方则为思茅松。

1976年9月30日

晨，昌都（海拔3 200米）已有冰凌。8时半启程，踏残雪越过海拔4 750米的达马拉[1]。高处如海拔4 000米左右的仍为高山灌丛草甸，高处为金露梅，渐向下则为锦鸡儿属，草本有兔耳草属抽葶草本，阴坡有柳属、大叶型杜鹃属植物及高山绣线菊，草本如毛翠雀花、正显极艳蓝花的龙胆，阳坡以伏毛金露梅为主，杂以圆柏等针叶灌木。

至拖坝区（即妥坝——编者注）附近，即由达马拉渐下渐东，则全为高山草原，垂穗披针草、羊茅仍为优势种，为良好的牧场。在一些宽谷地平的草地，在锦鸡儿属的有刺植物丛中，欧洲山芥局部成片，果已成熟，有极高的花葶。

至夹皮拉（甲皮拉）海拔4 900米处，时正密被厚雪（约半尺厚）。石缝中有大量红景天，还有冰岛蓼、深绿草本拟楼斗菜；有成丛的垫状植物如无心菜属状但叶有刺手感的囊种草，金腰属（纤细草本）、葶苈属、棱子芹属、蕨类植物疏叶珠蕨、十字花科之密序山葶草、藓类镰刀藓属、黑藓属。

越过宗依拉依，远观山峰，凡东坡有灌丛，北坡有柳，柳絮满天，而西坡、南坡均为草甸。平地有藏民挖人参果（蕨麻）煮后为食。

路过青泥岗附近，东行百里，草原万顷，马迎风舞，牛遇水饮。满天飞絮，不似严冬景色。所见马尾千条，羊群百万。或遇蒙蒙细雨，（则有）另一番恬旷景色。

1 达马拉：即达玛拉山，位于昌都市卡若区妥坝乡。

1 卡贡乡：昌都市江达县辖乡。
2 岗托：昌都市江达县辖乡。

车行卡贡乡[1]附近，已近10月，小麦尚在地中，绿色尚浓，未曾开镰，如说5月割麦，在此竟成笑话。草原优势种仍为垂穗披碱草。但渐至江达，颖均早落，成一光秆。

夜宿江达。

1976年10月1日

晨在江达。10时半启程东北行，越洛曲，过同普，爬山而上。目力所见，上为雪山，下为草甸灌丛，均为云杉林被破坏后形成的高山草甸，间以金蜡梅灌丛。苔藓不丰富，几乎全为丛藓科和真藓科的丛生属种，地衣也不丰富，可见气候尚较干燥。露头岩石有时极为陡峭，公路往往从与两侧绝壁其实不过4米的距离中通过。卧牛石上尚有残余未伐的云杉，高达10余米。沿路有独活属植物，已枯。公路曲折往来，层层向上，至山顶处，约海拔4 400米，则顺坡而下。远观雄山如屏，云杉密布，上为皑皑白雪，障于岗托身后。

下午2时半至岗托[2]，海拔3 760米，山溪缭绕，黑刺正果熟时，橙黄之色，铺满枝条，食之酸甚而不涩。溪水横溢，形成浅滩沼泽，大量成丛的真藓与灯心草紧密交织。较干处，川滇香薷紫色一片，绒绒铺地，杂以多种蒿属植物。

过金沙江，由西藏进入四川境内，阔叶落叶林沿公路两侧（生长），气候更趋湿润。

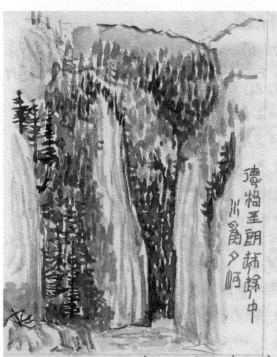

3→

遥写末梢、两台、云杉林。

1. 阴坡者为云杉杜鹃林;

2. 阳坡(于阳者)为云杉子 Sabina thibe 云杉、花楸和野 Rosa 等;再高,云杉 18为,停公路呈之字形 由低而上,对面青山型地石不岩碓。在4000米以上,约为亮山

德格至朗赫探中
川南矛峡(?)

12 由陶托过袈裟乡和德格,山势峻峰,两岸立主, Sorbus 为主, 川桦呈黄,上为云杉,此苇山红遍,层林尽染。

藁垞乡

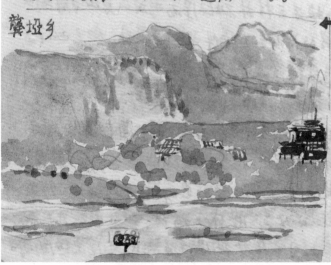

←1 由托过越 8.1 桥渡金沙江,进境内的甘孜藏族自治区。山谷阴湿,采,沿路川桦成线。(Betula pla var. szechwanica) 尚未显黄,远 成片,斯岩柱旁为 Picea b 〔杉〕沿13坡为 Hippophaea rhamnoi 尤攀岳集,摄笔的川景色。藏汉两在 住房甚于一寨,为小寨乡。沿路大呈 Lonicera trichantha; 枝上基 呈 Rhytisma lonicerae Henn. 与 三R. acerinum Fr. 正似,至只子 Salix (Hyoodermataceae) 藁垞乡。969

进入四川境内后沿途所见景色

4→

雀儿山垭口，
主峰为4798m.
周围均为珠
玉晶莹，却行更
步，已音霜不
胜寒"了。

雀儿山

中型山埃上书
主峰营着，以
三幅成为大
生树的。

垭口

em Spiraea alpena, Rhodida balfouriana, Clematis fruticosa, Berberis
diaphana, B. dasystachya, Salix, Thalictrum finetii; Microcaryum (Bora-
ginaceae), Primula palmata, Soroseris hookeriana var. erysimoides, Kobres
kuitenshaliana, Saxifraga sp, Festuca rubra. Aconitum tanguticum, Chrono-
charis hookeri, Sibboldia micrantha. Polygonum hookeri,

↓5 马尾干戈 琉璃 三冰川湖，新路海。

新路海

1 龚垭乡：四川省甘孜藏族自治
州德格县辖乡。

2 马尼干戈：德格县辖镇。

图 1 龚垭乡 [1]

由岗托越八一桥渡金沙江，进入四川境内的甘孜藏族自治州。山溪清
澈迎面而来，沿路川桦成线，白桦尚未显黄，远山云杉成片，斯为标
准的川西云杉（即巴氏云杉）。沿河仍为沙棘，葱郁密集，俨然四川景
色。藏汉两族的住房共于一处，为小麦产区。沿路又现大量毛花忍冬，
其上并有大量忍冬生斑志盘菌，此与扎木之槭斑志盘菌近似，并见皮
下盘菌生于柳属植物叶上。

图 2 德格至朗越途中，水为夕河

由岗托过龚垭乡和德格，山势嶙峋，两岸直立。花楸尽红，川桦尽黄。
上为云杉。此万山红遍，层林尽染。

图 3 雀儿山

过独木岭、两台站，尚见云杉林。（1）阴坡者为云杉、杜鹃林等；
（2）阳坡（干坡者）为云杉和大果圆柏林；（3）中型山坡上为云杉、
花楸和野蔷薇林。再高，云杉渐稀，杂以金蜡梅。此系公路呈"之"
字形由低而上，路两旁均为花岗岩组成的大型堆石和岩壁。在海拔
4 000 米以上，均为高山流石滩植物，如高山绣线菊、岷江景天、灌木
铁线莲、鲜黄小檗、直穗小檗、柳属植物、滇川唐松草、微果草属植
物、掌叶报春、空桶参、宁远嵩草、虎耳草属亚种、紫羊茅、甘青乌头、
垫紫草、白叶山莓草、硬毛蓼等。

图 4 雀儿山垭口

雀儿山垭口，高峰海拔 4 798 米，周围均为琼玉晶莹。车行至此，已
觉"高处不胜寒"了。

图 5 新路海

马尼干戈 [2] 附近之冰川湖新路海。

1976年10月2日

晨由马尼干戈启行，10时许至甘孜，沿路均为雪山草原。顺雅砻江而行，初在江右，过桥，即为甘孜。从甘孜越雄鸡岭旁垭口，至炉霍。炉霍向南，渐由草原过渡到森林区。在仁达乡，下车稍作采集。山脊兼有云杉、冷杉、鳞皮冷杉（与西藏东达拉河谷地的冷杉可能为同种），阴坡并杂有圆柏。在海拔3 500～3 700米处的云杉林下有某种萹蓄、毛蕊草、粗齿西南水苏、尼泊尔老鹳草等；菌类有疝疼乳菇和忍冬生斑志盘菌。河滩干燥处有千里光，与藏南相近。

从炉霍至道孚和乾宁一带，瑞典之Ary Smith曾来此采集过，在 *Gentiana*（《龙胆属》）杂志上发表过很多此一带的模式种。道孚以南尚有华西忍冬、绢毛山梅花、刺梗蔷薇、丁香属、方枝柏、卵叶党参、草木樨、花叶海棠、甘肃山楂、莛子藨、肋柱花、长果婆婆纳、川甘翠雀花、密枝杜鹃、委陵菜、侧茎橐吾、牯岭凤仙花以及芍药属某种等。

日行320公里，夜宿乾宁。在乾宁北，格西乡至东卡一带，道班从公路标549至536约13公里长的海拔4 000米以上的高山草原，平坦无阻，为广阔的、宽约1 000米无林草原带。至集思中乃下，乾宁海拔约3 200米，有鳞皮冷杉、肋柱花、蓬子菜、蓝钟花、秦艽、天蓝韭、劲直续断。

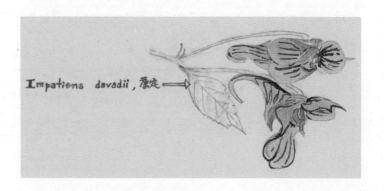

牯岭凤仙花

1976年10月3日

晨由乾宁（八美）启程，经塔松寺（可能是塔公寺），天大雪。公路两厢均为草甸灌丛。过新都桥，车入折多山，始有林相。山脊部有川西云杉，再高有红杉，其林下灌丛有密枝杜鹃，在残雪中尚放紫色小花。在海拔4 000米以上尚采有栗色丝膜菌和具恶味的丝盖伞属，可见腐生菌类所爬的高度是与森林线有直接关系的。在折多山沿路尚见：鸟足毛茛、鹿药属种类（叶已变黄，果红紫而有斑点）、穗花粉条儿菜。黄栎灌丛之流水边尚有灯心草、鸢尾，岩石上优势种是平枝栒子。海拔4 000米以上有云南红景天，竹子有箭竹，其上寄生有子囊菌蚧多腔菌。海拔3 000米以上，还有鸡屎树、凹叶瑞香、康定屋头、蟹甲草属种类和多种杜鹃花。冷云杉潮湿的残存片林下仅有佛有兰1种手参属，多于杜鹃灌丛下。夜宿康定。

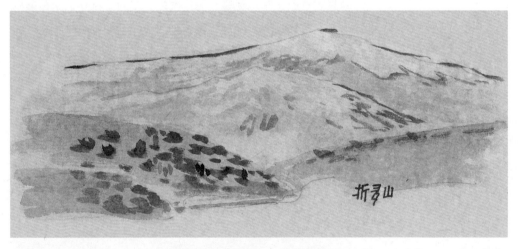

折多山

此为27道班，公路标401处，所见之折多山，上具残雪。深色为香柏，红色为小檗属和花楸属植物。

1976年10月5日

晨由康定启程，约2小时车程至泸定。越泸定铁索桥，谒毛主席经过的红军楼。市面上有大量买卖的食用菌类，土名叫加加蕈，香菇，木生，在如此低温的时节尚可大量供应市场，是值得注意的。当地并说辣辣菌（可能是疝疼乳菇），虽有辣味，但煮熟后仍可人食，故有"九月不间蕈"的说法。（据说）过了9月，毒菌就少见了。沿康定河至泸定所见植物有：秀苞败酱、假杜鹃、岷江蓝雪花。其低处仅海拔1 500米，有稻及龙舌兰属、仙人掌属植物。

↑二郎山干坡
↓二郎山湿坡

二郎山乾坡

二郎山湿坡

（前页）上图系二郎山之西北向坡，均为干燥河谷的景象。从泸定桥（海拔 1 250 米）至干谷地（海拔 1 650 米）分叉，下行沿大渡河至绵阳，上行爬二郎山入天全。此坡因山高 3 212 米，为川藏东线第一阻挡太平洋气流的屏障，故此坡干旱。由下而上可分三带。（1）亚热带干旱河谷带：有相思树属、仙人掌属、龙舌兰属、假杜鹃；（2）温带松榛灌丛林带：有疏散的马尾松、川榛；在道班 320 处，海拔约 1 850 米，路旁出现大量的鼠尾藿香；（3）云杉、箭竹、锦丝藓高山林带：即从海拔 2 700 米左右，在小阴坡海拔 2 100 米的凉风顶以上，此林即逐步形成，并杂有山杨、杜鹃。垭口处为海拔 3 212 米或 3 250 米。车始转入东南向坡，云雾弥漫，10 米以外，难以分辨。

下图高处所示为木叶棚南坡。森林茂密，气温变低，太平洋西行的暖流，此系进藏的第一堵墙。与阳坡相较，诚然另一世界。秦吊杉（麦吊云杉），可下达海拔 2 100 米（道班 265），并杂有冷杉等多属裸子植物。沿河谷有梿木，杜甫云"梿林碍日迎风叶"[1]，此之谓也。另有一种化香树，果序长达 30 厘米以上。

1976 年 10 月 7 日

晨由雅安经洪雅、夹江，下午 2 时至乐山。沿路为青衣江所缭绕，稻田晚稻尚未收割。所见亚热带成分极多，如棕榈科桄榔属、芒萁、大叶仙茅、喜树、甜槠，基本属于亚热带丘陵河谷地。下午在乐山大佛和乌尤寺附近，基质均为红色砂岩，所见树木多属亚热带和印尼、马来成分，如黄杞、细齿叶柃、木果海桐、罗浮槭、木荷、八角枫、香叶树、栾树、大戟科毛桐、五加科白簕、赪桐、毛枝杜鹃、斑鸠菊、野鸦椿。

乐山大佛前为青衣江与岷江之交汇处。佛高约 71 米，趾甲上可四人并坐。清涛临于足下，下上相映。连天水远青三汇，匝地阴浓绿四围。其侧为另一孤岛，平地而起，上有乌尤寺，相传也为离堆，李冰太守曾在此工作过，并有郭璞的尔雅台。登高面水，山清水秀，令人神旷。其中所塑佛像，庄重端正，比例协调，为一般俗寺所罕见。半山亭阁甚多，匾额新奇者不少，古人如苏轼、何绍基等佳作不少，近人如黄宾虹等亦有可取之作。匆忙以录，以兹记其万一。

1976 年 10 月 7 日，考察队成员在乐山大佛足下合影留念。至此，此次藏区科考任务已基本结束。左起：吴征镒、管开云、杨崇仁、臧穆。

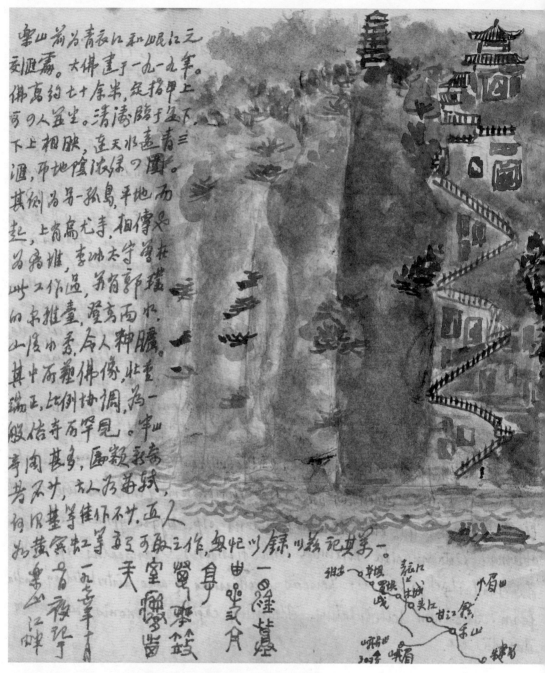

乐山前为青衣江和岷江之
交汇处。大佛造于一九一九年。
佛高约七十余米，其拇指上
可容数人并坐。清涛临于足下，
下上相映，连天水远青三
汇，所地阴浓绿之图。
其侧为乌孤岛，平地而
起，上有高尤寺。相传原
为废堆，李冰太守曾在
此工作过，为省郭璞
筑东推台，登高而况，
山陵小秀，令人神旷。
其中石雕佛像，壮重
端正，比例协调，为一
般佛寺所罕见。乐山
寺阁甚多，园颖新奇
者不少，故人为萃萃，
如因基等佳作不少，正人
为黄宾虹等有录可取之作，匆忙少录，以致记其万一。

金顶山舍身崖

由遇仙寺远眺华严寺

1976 年 10 月 10 日

冒大雨下山。由洗象池至仙峰寺 30 华里 [1]；由仙峰寺至洪椿坪 25 华里，由洪椿坪至清音阁 12 华里，由清音阁至报国寺 15 华里，行程共约 82 华里。

由洗象池（海拔 2 000 米）顺石阶而下至遇仙寺附近（海拔 1 700 米上下），乔木已渐少冷杉而趋于绝迹，阔叶树有包果柯，叶大如樟科植物之紫楠状；其下端即 1 700 米处，渐为壳斗科瓦山锥，叶背红褐，成较优势的乔木林。林下有阔叶的枸子属植物，路旁尤多开红、黄、白花的各种凤仙花。在仙峰寺附近至遇仙寺下，海拔在 1 200～1 300 米的山路旁，大乔木如瘿椒树为此地的丰富种类，果绿色，大 1 厘米上下，圆形，遍地。而此地取名之珙桐，未曾采得。

在遇仙寺有大量猴群，见人不避，泰然自若。

由仙峰寺而下，过九十九道拐，纯由石阶垒成。沿山而下，雨意正浓，衣衫尽湿，所背植物标本亦多被淋。由仙峰寺下之九十九道拐，到蛇倒退至洪椿坪，险境初遇，越洪椿坪向下，有栈道古迹，已除木钉结构而代以水泥钢筋，在两峰石门之南，迂回曲折，下有清澈涧底，上有一线天缝，景色动人。过数桥至清音阁，双水合流于阁前，泉响数里，清澈宜人，转山，进入农田区。一天雨中行，所见尽是米芾泼墨山水。峨眉之秀，今日见之。

1976 年 10 月 11 日

由报国寺送杨崇仁乘火车赴昆。11 时乘汽车离峨眉山之报国寺。由郭沫若题字的"天下名山"石牌上眺，见"两山相对如峨眉"中夹金顶诸峰，雨意方浓，更显得郁郁葱葱。

11 时在峨边上方环山而行。中午下至金江河（海拔 410 米）吃中饭。再上行至 1 时许，俯览峨边，俨然足下，

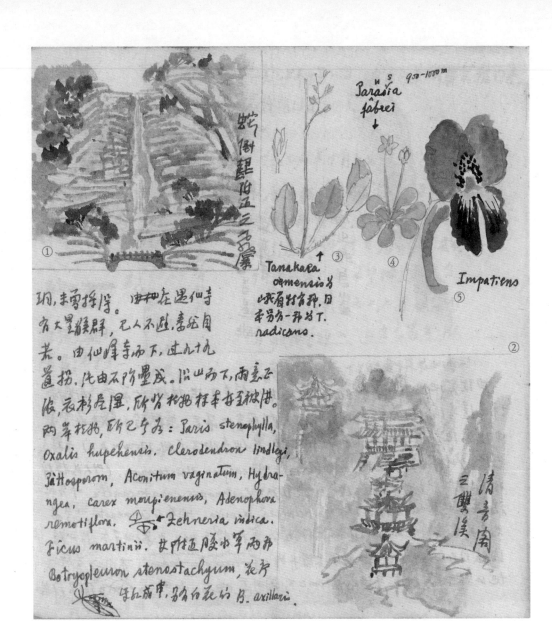

珥，未雪择得。由卅在遇仙寺
有大星族群，已人不避，喜玩自
若。由仙峰寺而下，过九十九
道拐，沈由不防墨成。怡山而下，雨意正
浓，衣衫尽湿。欣岁杉枞样丰拇至被供。
两岸杉枞，阴己午为：Paris stenophylla,
Oxalis hupehensis. Clerodendron lindleyi,
Pittosporom, Aconitum vaginatum, Hydra-
ngea, carex moupienensis, Adenophora
remotiflora. Zehneria indica.
Ficus martinii. 其附道腰少军两年
Botryopleuron stenostachyum, 花午
生红成束，另有白花的 B. axillaris.

S N
900-1000 m
Paradia
fabrei
↑ ③
Tanakaea oemensis 为
峨眉特有种，日
本另为一并为 T.
radicans.

④

Impatiens ⑤

Ba ②

清音阁
之双溪

① 蛇倒退附近之飞瀑
② 清音阁之双溪
③ 峨屏草
④ 峨眉梅花草
⑤ 凤仙花属

城沿大渡河而立，有铁索桥横穿大渡河。

时山雨蒙蒙，远观陡坡之上，梯田栉比，地垒之间，杂植油桐等稀树。最高处约海拔 3 200 米，至永利附近，海拔 2 270 米处始有冷杉林，高达 3 米上下，杂于紫秆方竹丛中。永利仅 10 余户人家，（卧于）石灰岩的两山相夹处，地势是万丈深壑，但空谷无水、云雾弥漫，偶有晚稻尚未割者，均点点片片，缀于半山之上。景观险貌，单调。簇簇散散有牛群正在远山耕耘。

（下页图）系永利海拔 2 270 米以上的景色。远处为大相山，海拔约 3 000 米，均为石灰岩层，山势陡峭，壑谷深邃。但积水甚少。较平缓的山脊或山坡地均开为零散的梯田，部分已收割就绪，正在耕田;部分晚稻尚待收割，一片金黄。由此沿大渡河逆水而上，夜至汉源。汉源（海拔 640 米），位于大渡河滨，周围广植橘、竹、桑、桉树，晚稻已在收割晒场。宿汉源。夜雨不断，车棚雨声，别一番深秋风味。

1976 年 10 月 12 日

由汉源启程，10 时许，行约 2 小时，即达石棉。所见工厂林立，竖于山腰，大渡河由此折向南方。石棉海拔约 770 米，由石棉南行约 30 公里处，山脊森林渐密，山色转翠，偶有红叶数片，似已锁不住川南秋色。

渐至安宁河上游，车由西南而行，植被混然介于西藏、云南和四川三省区。与二郎山和藏东习见的鼠尾香薷，在石棉以南则为习见种。四川省少见尼泊尔桤木，多为桤木，而此处则转为尼泊尔桤木，与滇、藏习见种一致。滇中习见的毛萼香茶菜、牛膝菊、秋英、槲树、槲栎、滇青冈、云南油杉，

大相山

此地均为优势树种。山坡上有云南松、麻栎，并杂有干坡的黄栎，滇杨已取代川杨（干较细直），几与昆明附近的植被相同了。沿途所经李子坪，海拔约1 730米，大沙沟2 100米，山阴坡出现铁杉属和优势的高丛珍珠梅，以及大量火红的火把果、细圆齿火棘、窄叶火棘。

从冕宁以南，河谷宽阔，成为平坝地，经60余里直达西昌，几乎与平原景色相近。西昌为彝族同胞居住区，住宅周围广植修竹（约为慈竹，又与昆明相近）。平坝地上除部分晚稻尚未收割外，漫山遍野荞麦片片，均呈粉红色，倍增深秋佳色。

夜至西昌，宿于泸山脚下的泸山招待所。夜雨。

1976年10月13日

在西昌市场上购得由凉山采来真菌甚多，如铜色牛肝菌、绒盖牛肝菌、美味牛肝菌、圆花孢牛肝菌、蜡蘑、油口蘑、松乳菇及鹅膏菌。

下午与吴先生和小管登临湖滨的泸山，上有寺观多层。

阔叶树有高山锥、滇青冈、樟属、黄连木、毛木荷、金沙槭、长叶柞木、滇皂荚、山槐、毛叶合欢、川滇无患子。林下高草为主，如铁仔、小叶石梓、圆锥山蚂蝗、毛萼香茶菜。菌类在油杉属林下采得金黄喇叭菌等亚热带种类。林下禾本科植物极多。

1976年10月14日

由德昌南行，行至海拔 1 200 米处，渐至较温热的亚热带环境。在植稻梯田之外的山坡上，有芭蕉、攀枝花（木棉）、红椿（即紫椿）、火殃勒、黄茅、昆明山海棠。

行至锦川，山路标 513 公里处，路旁较多出现毛叶黄杞和栌菊木。栌菊木系单属种，为南大陆成分，原由赖神甫所采标本，由法国人佛朗谢所记。

至益门处，海拔 1 910 米，沿路有烂泥巴树（即角叶鞘柄木）、夹眼皮果（即大叶千斤拔），山坡优势种尚有戟叶酸模、多种曲柄藓，岩石上有羊胡子草、蘸草、羽脉山黄麻。

凉山

越过凤云海拔 1 990 米山脊，有道班。其垭口最高处海拔 2 220 米。远眺群山连绵，屋周广植膏桐（麻风树）、番石榴，见有车桑子、甘余子、叶下珠、扭茅等。

德昌以南

1 鱼鲊：云南省会理县下辖乡。
2 拉鲊：四川省攀枝花市下辖村，
有著名的拉鲊古渡。

鱼鲊以上的垭口

其下即金沙江。江面阔 20 余米。江北为鱼鲊[1]，南为拉鲊[2]，来往汽车均由汽艇轮渡，由北向南，顺流而下，跨越河面，约 2 分钟即可到南岸。南岸有成昆铁路大桥立焉。沿山而上，公路在海拔 1 600 ～ 2 200 米上下的山脊回旋。由于是阴坡，植被远较北岸茂盛，所见油杉成林，云南松成片，明油子果已成熟，砂针果正成熟，山坡并有正在花期的逸来野生种万寿菊及斑鸠菊等。植被直至平地、永仁，均远较金沙江北岸为佳。

夜宿永仁。一日行程约 350 公里。

金沙江畔

右图粗示由鱼鲊轮渡拉鲊途中。金水绕万山，山外还有山。最高山约海拔 3 000 米。

山川纪行 1978（高黎贡山）臧穆

速写本

1978 年

云南高黎贡山

近姚家坪方向的河谷，云渐退出峰尖，群峦现顶，云海沉谷，白云如潮，群山如画。顷刻，雾驱云散，远观群山绿一片、翠一片，苍苍茫茫，难得露出真面目。5时半，云从脚底生，雾从耳边来，满山遍野。须臾，云涌如海，雾卷似浪，山也模糊，树也不见，整个垭口又沉在云雾缭绕之中，又位于天上人间了。

本册为臧穆在云南怒江傈僳族自治州碧江县[1]境内高黎贡山的科考纪行，时间从1978年6月30日起至8月13日结束，历时近一个半月。前半程是以空洞寨为大本营进行的考察和采集，后半程则是基本以六库镇为大本营。此次考察的目的应是帮助当地政府摸清自然资源的家底，并提供策略性建议。考察队前后两次向碧江县委和州委汇报了此次科考工作的情况和成果。本册对于碧江高黎贡山丰富的植被资源、独特的气候条件以及农业发展情况进行了详细记录，对于当地傈僳族语言文化进行了记录与整理，同时，对于当地的历史、民情、民俗，也留下了诸多生动、珍贵的文献。

1 碧江县，1986年撤销，其北部地区并入福贡县，南部地区并入泸水县。

1978年7月1日　周六

　　晨离祥云，经弥渡坝，甚平坦。河谷之间阔约4公里，长约20公里，均为水田。高地偶植玉米，村舍周围大多植以慈竹、芭蕉，山腰次生林为云南松。惜为旱坝，为一平坦的粮仓，现正兴修水利，或可望年保丰收。

　　越坝，车即爬山而起。渐次而上，沿山植被均已破坏，仅灌丛，少乔木，或杂以高草。公路两旁广植桉树，粗者合围，间杂以银桦，生长尚良好。干旱地间以野荞麦，花期未蕾。

弥渡坝村舍

古里过苍山南缘，沿西洱河顺路而下，路弯至苍山之后，再沿路而上，行至 467～475 公里有高位沼泽，紫红花正放，约为海仙报春，成片。远山为残存的云南松。

苍山沼泽

苍山彩虹

在森林边上，大白杜鹃白花盛开。图为大理县点苍山的高山及彩虹横越大理的美丽景观。

过漾濞、永平。由高山而下，纵横山势，南北屏层，云南松渐发育不良。澜沧江由北而来，正雨季，水色黄褐，江面阔 10 余米，远较昌都为狭。行至界标 565 处有大桥横跨。公路由山脊降至江岸，垂直约 1 200 公尺 [1]。对岸山势拔地而起，巍峨之势颇称壮观。遥望山壁，崎岖羊路，隐约在目。所行路程一里百折，沿路植物有栎属、山茱萸属（花期）、扁担杆属（似扁担杆，果正红）植物。行道树喜树长势极好，高均在 20 米之上。

既至瓦窑碧河谷，气候炎热。车沿怒江支流西北上，所见多河谷干热植被：单刺仙人掌、火殃勒、胡桃、喜树、桉树、乌桕、黄连木。更为突出的是油桐果，果已达 2 厘米直径，累累下垂，长势极好。

1 公尺：我国的旧制长度单位。
1公尺 =1米。

澜沧江畔

由高山而下，纵横山势，南北屏层，云南松渐发育不良。澜沧江由北而来，正雨季，水色黄褐。

夜宿六库[1]，为瓦窑、漕涧之支流与怒江相汇处。由澜沧江桥界标 565 至六库怒江界标 670 处为全长 105 公里的湿热河谷。在六库及到福贡[2]的河谷有热带植物油渣果、铁刀木及麻风树属植物。

1978 年 7 月 2 日　周日

晨由六库溯怒江而北上，两岸笔直，江面阔窄不等，阔可达 50 米，窄者约 10 米。近维拉河（怒江支流）桥处，距六库约 25 里处，立体农业即拔地而起，从江面（往上）约 1 100 米，（农民）在近五六十度垂直度的绝壁上开荒种地，（作物）以玉米为主。近江两岸，偶见植以柑橘，远观之，发育似不甚好，未见果实。离六库约 23 里处，有怒江桥，越桥沿江左，江之西部而行。下午 2 时至碧江，海拔 2 000 米，位于怒江东岸。沿江峡谷深切，为世界第二大峡谷。

1 六库：镇名。六库镇位于云南省怒江傈僳族自治州南部，是泸水市、怒江州的州政府所在地。

2 福贡：怒江州辖县，位于怒江州中部，南与泸水市相连，西与缅甸接壤，北与贡山独龙族怒族自治县相邻。

中怒江江底到
1400
一1℃
高平
雪山
20㌔

怒江峡谷

由怒江江底到高黎贡山顶，高差 20 公里（路程距离）。1—11 月为雨季（小麦扬花期也在雨季）。碧江 1℃～34℃，100 年中偶有数年（3 年）有雪，估计不在此数。南平较碧江为热、旱，印度洋暖流在滇境内，以碧江为湿，而到碧罗雪山为干。此地少暴雨。

由碧江城凭江东眺，左为碧罗雪山之一部，背后有雪山，脊有 3 个冰山湖。碧罗雪山高 4 080 米，其西为澜沧江，其东为怒江。最上为杜鹃花灌丛。

碧江城凭江东眺

1978年7月3日　周一

晨离碧江，顺江下而复上，至空洞寨，河谷海拔 1 200 米，由当地少数民族向导墨际华同志偕我同上溜索，飞空而过。江面约 30 米，水哮如雷。索行至五分之四处，因体重，索停，墨同志两手仰天拉纲索拉我登岸。铁轮行索时，锈粉飞扬，贴面而过。此生首渡铁索，过江后至为兴奋。

臧穆乘飞索横渡碧江

下午登至空洞，高约 1 800 米，山仍势陡，竟见在阔不及 2 米、长不足 4 米的平阶上植以水稻，苗黄而细，虽有流水，但温度很低，水稻生长不良。稍高而近空洞处，种以玉米。长势较水稻为好，但收成仍极低，难能自给，要靠国家津贴贴补粮食。在空洞小学的两层楼上，江风温度较暖,（下）图系凭栏远眺碧江以北的一线，如沙瓦寨、吐喀巴等山脊上，皆依山造田。远望时，麦已收割，地尚休闲。以前尚有森林，今已为耕作极粗放的农垦区。远望高山，尚有森林线，如不加保持，数年后，也难幸存。

空洞远眺碧江以北

沙瓦寨位于江东，吐喀巴位于沙瓦寨后，再后为碧罗雪山，山后为澜沧江。在怒江之西岸，为空洞寨。遥眺远山，多开垦以农田，表面露石较小。

　　鸡𡎚菌，江边到碧江2 000～2 300米处有，再高则无。蝉花虫菌，江边到碧江下之马鞍山有。在碧江之下，每年5～7月份由土中挖出。火烧地以后较多（3～5月多，7月渐少）。黄连在海拔2 300米以上多之，野黄连引种成家生。牛肝菌松林下有，但当地人不食。夜宿空洞，上半夜较炎热，下半夜天才转凉，略有睡意。

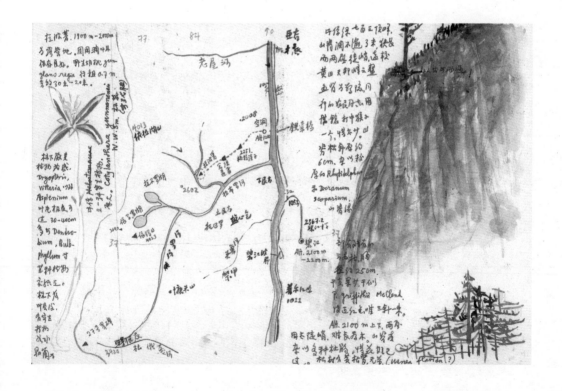

←杯药草，龙胆科的一种寄生植物（寄生龙胆）
↘拉波箐考察地图
→绿七百之顶峰

1 市斤是我国旧时重量度，简称
"斤"，1 市斤 = 0.5 千克。

拉波箐，海拔 1 900～2 000 米，为露营地。周围阔叶林保存良好，野生胡桃径粗 0.7 米，高二三十米。林下蕨类植物茂盛，除鳞毛蕨属、书带蕨属以外，铁角蕨属叶片极长，可达三四十厘米，多与石斛属、石豆兰属等兰科植物交织生长。林下落叶层厚，有寄生植物如水晶兰、杯药草等。

此系绿七百之顶峰，山脊阔不逾 3 米，狭长而两壁陡峭，远较黄山天都峰之鳌鱼背为惊险。山脊松针厚约 6 厘米，杂以较厚的拟垂枝藓属藓类和曲尾藓。山脊缘部有残存的云南松，胸径约 25 厘米，干直，果少，干似乔松，皮近红色，唯 3 针 1 束。海拔 2 100 米上下，两壁因太陡峭，难长乔木。山脊或杂以多种杜鹃，惜花期已过。松树上有黄松萝，无节。

1978 年 7 月 4 日

晨 8 时半，背行李约 30 市斤 [1]，爬山而行，越空洞上面山岭，海拔约 1 900 米。第一次下行，由山上渐而下，树已砍伐，仅生以次生灌丛、较为高的禾本草和一种不如人高的实心细竹。再由低而高，行至格拉洼子，山高 2 251 米，杜鹃盛之。时天已落雨，继续下山，山路陡而基质松，摔跤数次，时在下午 2 时许。路两旁均为竹类，箨有细刺毛，手摸之刺人，路陡，不抚竹则无以扶手。

时天大雨，至绿七百，雨小，而其势惊人。过此山，天雨如倾盆，渐行渐跌，泥水交加，或坐地而滑，或落入水中，同行者见我之狼狈相，无不笑者。至江边（拉布罗河支流），衣裤尽湿，山水冰寒。夜雨，褥被亦潮，帐中又漏雨，但不觉天明。

1 张敖罗：1935年出生，江苏句容人。毕业于北京农业大学园艺系，从事经济植物尤其是高山花卉的开发研究。历任中国科学院昆明植物研究所副所长、云南省科学技术委员会主任、中国科学院昆明分院院长等职。

2 刘伦辉：时就职于中国科学院昆明生态研究所。

3 武全安（1934—2019）：云南禄劝人，毕业于西南师范学院（现西南大学）生物系。中国科学院昆明植物研究所研究员，长期从事植物引种栽培工作。著有《中国云南野生花卉》等。

1978 年 7 月 10 日

昨夜复大雨。今日休息，整理标本。队分两组，张敖罗[1]、刘伦辉[2]、武全安[3]3 人明日登山而上，其余同志转返空洞。沿路做一些采集。其登高山者，估计行至海拔 3 000 米以上，突破竹林，越过冷杉林而至高地。我们留守的人，拟居于空洞，至油菜地转夫冒峰，往返 1 天。

夜于提灯下阅丹麦安徒生之《安徒生童话》。书由威廉·彼得森绘制插图，颇显古意。夜江声一枕，寐则犹安，唯蚊虫乱扰，周身痛痒难止。

临江远眺碧江城

1978年7月14日

　　由空洞至古宝峰下。从木香地而右，至古宝峰下。沿路依岩石多栈道。途中见榕树，径粗达25厘米。老茎生花果甚大。姜科山姜属植物很多。一路或流水潺潺，或水声咆哮，山势极为险峻。在峰上，远眺茅屋两间，陡峭之处，初植玉米，路途之艰，几与世隔绝，居此深山，若偶有疾病，实难设想。但傈僳族人民，长久居此也是与大自然斗争的惊人事实。归时，因身体笨重，独行木的栈桥中折，身顿下陷，幸山壁有兜，故无危险。沿石壁由竖木而上者，只刻以登痕，顺级而进，"蜀道之难，难于上青天"，此峰之难，有过之而无不及也。夜有明月当空。

古宝峰下

1978年7月17日

　　至亚谷。下午2时，张敖罗、武全安等人由各达下山归，会于亚谷。行者衣衫尽湿。其顺沙拉河、老屋河归。（他们）曾至28号界碑，即沙拉山口。据云上层为高山灌丛，杜鹃林较碧罗雪山为丰富，某些深红花的种类尚在花期。周围多为箭竹林，高约2米。针叶树以铁杉、华山松为主，均有两人合抱之粗。报春花多湿生型。据云山顶连日云雨，湿度极大，莴草草甸仅现于此面小环境，少有成片者。高山针叶林上有多年树舌，直径可达50厘米。海拔1 700～2 100米林下竹类，高10余米，空心，箨有硬毛，褐色，质脆。或为箭竹（箭竹属单竹），其笋苦，不宜食，竿质脆而易裂，不够坚韧。当地引以为用者，唯以制弩箭为佳。傈僳族所用自卫和狩猎的工具，以弩为主。

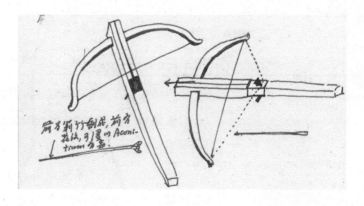

弩箭

箭为箭竹刻成，前有花纹，可浸以乌头属植物，有毒。

　　碧江，因山太陡，农作物以玉米为主，无种小麦的习惯。不种青稞。民族忠厚，阶级分化不明显，似仍遗原始公社之遗风。民间绝无打孩子的教育方法。迄今仍为夜不闭户、路无拾遗的民风。好客而不吝，真实而不伪。

←马甲里　→怒江水势

1978年7月20日

　　晨由碧江乘车下河谷，溯江沿公路北上，过亚谷，江面有铁索桥一，即与28号界碑相通的要道之一。渐北，至马甲里，房屋数幢，屹（立）于路口，上有涧水直泻，注入怒江，水清见底，河床积石圆而滑。过桥，入福贡县境，岩石多片页岩，板块整平，几与公路成垂直面。江的西面有瀑布三，高约30米，水势虽不甚大，然水声悦耳，潺潺不绝。江东面瀑布一，位于碧江县境，隔江遥观，势堪巍峨。渐近贡山县城，山势由陡而缓，稻田或沿江两岸，或于支流入江的扇状一级台地，大寨田式的稻田渐较普遍。不像碧江上下之陡峭，渐有缓斜之势，实有"开笼放雀"之状。据1958年来此的同志（今福贡县财办和汉儒）云，当时沿江两岸，森林茂密，延至江岸，今已无此景观。

怒江水势，在福贡一带，因江面扩至50米以外，流速较缓，水面较平。气候较为炎热。中午气温较高，着单衣即有闷热之感。以福贡海拔而言，高1 194米，7、8月为全年的热季。福贡和江城为云南省两个暴雨中心。雨势之猛、之大，往往以倾盆之势，持续4小时，山洪水涌，最易造成泥石流。

据县委农业口的张德跃同志（云南大学生物系毕业）云：福贡一年有两个雨季和两个旱季。2～4月份，为第一个雨季，俗称桃花雨，时为桃花的花期，雨意绵绵，连日不断。5月份，为第一个旱季，有15～20天的晴天，日光和煦，很少落雨。第二个雨季是6～9月，雨量大，时间长，尤在山区，几乎每天都有雨水。从10月起至翌年1月份为最长的第二个旱季。因此作物的栽种就要物以宜事了。

福贡县，傈僳语或怒族语为"上帕"街，原意不详。福贡一名，据传1911年腾冲人李根源以垦殖队名义，来此开发而立名，沿用迄今。此地气候温热，冬少霜，除高黎贡山12月至4月有雪外，河谷少见。城舍筑于怒江东岸，阔20余米，沿街两厢，形成一狭带状的市容。山水潺潺整穿县庭，清澈见底，泉城济南若与此相比，则福贡过之，而泉城有所不及。市容正在兴建，礼堂尚未成功，但砖瓦奇缺。此地系砂岩，砖瓦似无好料，每年要远至保山购货：4分1瓦，运至此地则为1角3分；1角1砖，运至此地则售价2角7分。县城亚热带树种，生长良好，如银桦为行道树，家前屋后之柑橘和桉树均生长良好。逢十赶街，芭蕉、鸡枞菌、多汁乳菇、鸡油菇已经可见。1958年两厢山上森林（傈僳语Sizi-lozi）甚好，而今已成为平山和零星的垦田。

原副县长、傈僳族傅阿薄，现年60多岁。与之交谈，言及他18岁时，约在1933年曾有一名24岁左右、个子瘦高的人（约为俞德浚老）和另外 5 个人来此采集标本。由福贡渡江，由傅阿薄带路，在故泉住了一天，西行至绿得又住了 2 天，在鸣克山洞住了 1～2 夜，那是一个石洞。再往西，即入缅甸境了，在此用纸压花叶标本，然后返福贡。此路今仍是险阻之途，可见当时俞老来此之不易。夜返碧江。

从福贡经达约至维西，耗时一天，可马行，周围森林好，有辛夷、厚朴，均为合抱之粗。香樟可提黄樟油，包括至高山湖途中，药材甚多，如贝母、羌活、藁本、丹参、珠子参、大黄。杜鹃甚多，但未发现虫草。另胡桃和漆树甚多。其中漆树子可榨油，傈僳族妇女产后食漆子油，一周以后即可满产假上山劳动，据云黏稠而大补。今汉族干部来此，产后亦有照顾，唯云效果似不如傈僳族之明显，且少数人有过敏反应。高山湖，为雪水渗化湖，近之寒气逼人。过之，东可达维西，只要半天路，为以往通维西之要道。据说还有生桂皮的大树，胸径也有合抱之粗。天麻盛产。

远眺福贡县城

1978 年 7 月 24 日

中午乘解放军的卡车离碧江，南下 90 多公里，至六库。沿路顺咆哮的怒江，在两岸峭壁的峡谷中行车。虽未临三峡的"两岸猿声啼不住，轻舟已过万重山"的胜境，此行较之三峡，当（有）过之而无不及。沿路渐下，渐湿热。行道树由喜树而攀枝花、青桐、番木瓜等，山脊仍为松林，平积河台地为水稻，50°之斜坡面上多为玉米。立体农业，立体村舍，上下断续相连，岩面峥嵘相间，鬼斧神工莫过于此。江势险峻处，奔浪高约 3～4 米，近似西藏怒江桥之势，水透明度当不算混浊，呈灰黄色。铁索桥两，溜索四处。

下午 4 时许，重返六库。此为怒江傈僳族自治州州府所在地。跨怒江两岸，有桥相连。1970 年该桥竣工，以前旅此困难可想。自治州依河滩两岸建设，均成狭条状。气候湿热，温度多在 30℃以上，旅行颇有闷热不适之感。土壤似为热带红壤。作物仍以玉米为主。家前屋后植以龙舌兰、芭蕉，市面所见仅有芭蕉而无香蕉。仙人掌未见，而仙人鞭有之。

六库县城

1978.7.24

1978年7月25日

六库一夜闷暑，五更尽始凉。中午乘车由江岸870米过铁索桥，跋山而上，公路回旋之折。上至海拔1 270米附近为泸水（鲁掌），山势微有缓意。与当地驻军联系后，谈及怒江水势，云：由泸水上至上源，水势湍急，历年凡落水者，无一幸存。

下午4时由泸水乘车至姚家坪，海拔2 200米，斯处位于谷地，有涧流不息，水甚清澈。有连队驻此，满园锦葵盛开，宛如春意盎然。周围山林，尚未（被）完全破坏。深邃峰壑之地，合抱之木，栉比林立，木兰属、壳斗科、山茶科均有数百年的大树。山脊多铁杉属树木，偶有华山松。据邮递员云：公路未通之前，山兽极多，猿猴成群……虎也有传闻，今少见。夜宿于姚家坪……仰望头上通往垭口的山路，环山而上，直插云霄……山尖云不散，谷底水不断。群山苍郁中，唯听百鸟喧。

由姚家坪上眺通往垭口的
待竣山路

1978.7.25

1978 年 7 月 27 日

　　冒雨过风雪垭口，风紧云寒，马遇泥泞坡滑，逆行而不上，良久牵缰，勉强上之。垭口高 3 150 米，为附近交通之制高点。山势稍缓，满坡杜鹃，间以成簇生长的高山竹类。竹高 4 米余，位于云雾层中，怡然天上人间。苔藓极多。因雨行宜速，故未采。渐下至青木工附近，海拔在 2 612 米，路被沼泽所蚀，沿路两旁多为竹林，密蒙阴翠，远较灵隐[1]僻静，唯有雨声而已。初为高山砂砾，虽有滴水，但路尚易行。渐下，易砂为泥，路滑而陡，虽有木料铺路，但凸凹不平，高低不一，宛如踏跷而行，时有失足泥浆中之虞。一路基本顺离中缅国境线甚近之我境内行进，路因离国境太近，故失修而另从右面（东北面）行车。

　　过片马河，河水黄而湍急。过桥 1 950 米上行少许，至上片马（片古岗公社），海拔 2 009 米。时天晴，虽鞋袜尽湿，但深山见太阳别是一番可喜的滋味在心头。下午 1 时半从垭口起行，下午 6 时半至上片马，18 公里，（走了）5 小时。夜宿上片马解放军哨所，并谒片古岗公社主任。

Occurrence and Abundance in besides of broad leaves forest on sandy soil

in altitude 2100 m. high perhaps 2 meter. and other species is whatish flowers

Lilium

沿路习见。

百合
沿路习见。在海拔 2 100 米沙质土壤阔叶林路旁大量出现；高约 2 米。另一种淡白色花。

河名为片马河，西流
至缅甸境内为阳朗江。
上片马为（片古简小社）
所在地。远处尖山为缅
甸境，过之生为耕道，
那号中有一号若为口界。
我口古路今年十月以
通車至下片马。由上片
马（AH. 2009米）北行
越山，即为吴中村，
（即古朗），再北至
简房，（原名泡西）。
以上三地合称片
古简。由上片马沿
河去西北行，即下
片马，海拔1737米。
被伐林地，绿草如茵，
仅有疏牧的阔叶树（Almus）相间。

片马河谷

河谷为片马河，西流至缅甸境内汤朗江。上片马为片古岗公社所在地。远处尖山为缅甸境，过远山为密支那（缅甸北部克钦邦首府——编者注）。图中有▲号者为国界。我国公路今年（1978 年）10 月将通车至下片马。由上片马（海拔 2 009 米）北行越山，即为吴中村（即古朗），再北至岗房（原名沧西），以上三地合称片古岗。由上片马沿河谷西北行，即下片马（海拔 1 737 米）。被伐林地，绿草如茵，仅有疏散的阔叶树相间。

1978 年 7 月 28 日

片马[1]一带湿季多阴雨，终日云雾缭绕，偶有天晴，顷刻之间云来雨至；须臾，10 米以外，模糊难辨。满路泥泞，登则尤可，下则艰难。

晨 10 时许，雨止，由解放军同志带路，沿片马河而下（西南行）。沿路所见植物与碧江有所不同，山林被伐以上，代之而起者出现桤木属、杨属、珍珠花属等阔叶树种，林下几全为蕨所密被，石生藓类较为突出，以大金发藓等大型藓类为岩表优越种类。

由海拔 2 009 米上片马西至海拔 1 737 米下片马，在这 300 多公尺的河谷地带，均辟为梯田，普植水稻。被烧山坡栽以玉米，长势一般。此片古岗公社现只 80 余户人家，300 余人，由于耕作不甚得法，粮食仍为国家补足。下片马附近木瓜甚多，翠果累累，均为野生。马可·波罗由意大利到我国所述苹果状如童头，可见此地尚有野生品种存在。下片马以下，位于稻田内有中缅国界碑，即 16 号界碑，高 1 米许。我方有"中国 1961 年"字样，缅方有缅文。

▲ 远方为大田坝。据云多为景颇族和傈僳族，解放前英帝国主义在撤退时，（曾）筑碑在焉。

在片马河之北岸，水势交错，涧水曲折，有一瀑布，泻声悦耳。石表藓类甚厚，可达 5 厘米。采时卧于岸上，有一小蛇，手触时有蠕动之感，误以为蚯蚓，抓来一看，蛇遂落地，幸未被伤。在河边岩石上，发现大量石斛属植物，秆长有 1 米余，花金黄色，蕊紫褐色，合瓣边缘细如流苏。花大若 4 厘米，成束悬垂，万绿丛中，流金点点，艳丽夺目，惜无香气，可为庭园佳卉，唯恐难以栽植。此花色与景洪、勐海所见金石斛颇为相似，但与其在房顶的强光高温环境相比，此为阴暗潮湿，环境迥异。

片马中缅国界碑

Dendrobium

某种石斛

1978 年 7 月 29 日

晨仍有蒙蒙细雨。乘雨由上片马越正在开山修路的公路线北上，至古朗垭口（即吴中村一线途中），沿谷地而北上，海拔高约 2 400 米，低约 2 000 米，在此 400 米上下的高度回旋。低处几均为蕨所封闭。山脊以华山松为唯一的针叶树种。山路由于可行马帮，降雨以后，蹄迹积水，参差黏滑，且路面宽不过 1 米，极难行走。向阳草坡边缘较多绒白乳菇，无辣味。砂坡向阳藓层中有褶孔菌（有香气），松针的落叶层上有黏盖牛肝。在较缓坡上或为茸点绒盖牛肝，盖有褐色绒点，柄有纵纹和微点，管孔锑黄而艳丽。较湿处，仍以粉红菇、刺孢蜡蘑为主。

在古朗垭口处，海拔或达 2 500 米，但林木高耸，难睽远山。沿路行，于林木疏散处，远见对面山亦为中缅国界山。河谷呈"之"字形，组成 V 形谷地。缓坡处，林木多被砍伐，代以蕨草。远观之，绿草如茵。部分峻陡山地，森林保护甚好，麻麻密密，似难通风。沿路两侧干旱向阳地以高蕨和杂以稀有的百合为主，艳花正放。林荫处，除成丛的高竹外，以阔叶林为主，杂以桠杈交错的藤本。林下落叶层上，偶见地星和润滑垂舌菌及多种小皮伞。由于过度潮湿和阴暗，大型肉质菌类不多。较粗老的桤木树干上，优势种的藓类是多枝藓，孢蒴正显，如猬状附生。种子植物兰科较丰富，蕨类水龙骨科具多属，较其他地方为丰富。遇雨两次，衣衫尽湿。归时，已近 6 时。夜蠓虫甚多，所叮手臂，肿而奇痒。

远眺中缅国界山

臧穆于上片马途中留影
途中为常绿阔叶和尼泊
尔桤木混交林。

一九七八年
七月廿九日
上片马途中
常绿阔叶和
Alnus nepalensis
混交林。

1978年7月30日

晨，习惯性的淫雨，送我们上山。由上片马东北行，斯为听命湖途中。穿蕨丛，斑褶菇成丛生长，褐黄色，色艳。

沿河谷地，野生核桃极为普遍，杂以野生葡萄和山姜属。山姜高1米余，成优势种，花瓣黄橙色，呈总状花序。

林下较习见有阴地蕨，其孢子叶球正显。蕨下仍有阴湿的单纯环境，故仍生长有角苔属和绿片苔等喜阴湿苔藓类。

在次生林木中，较习见的有白花树，树皮纵裂而扭曲，花白如吊钟，成列而下垂。

昆明山海棠（俗名六万藤）在片马一带极普遍。据当地驻军所传，此地不宜用昆明山海棠饲羊，羊食此草，毛绒脱落，数月后即易罹病。故食此草颇起问题。此地罹病羊群迁至岗房，即可由弱而强，强羊由外地引此，数月后，即由强而弱。而此植物在此沿河谷两岸分布甚广，可以利用，但不宜放牧。森林被砍伐后，在次生林下，如再被烧后，只生蕨菜，而禾本科等成群落的现象很少出现，故牧草的来源甚微，不宜放牧。各峰因海拔均在2 000米左右，很少高于3 000米者，故灌丛和草甸少见，还不具理想的放牧环境。在海拔近3000米的竹林灌丛的部分平坦积水的沼泽，又太趋潮湿，出现的灯心草属以及莎草科薹草属、飘拂草属、蔗草属植物加以多雨而风寒，山陡而路远，难于放牧。

The red blooms of Tripterigium hypoglaucum beside in Peng-Ma riven of the vellege. July. 1978.

↑红色的昆明山海棠盛开在彭马河山村旁
→昆明山海棠

在怒江的西南部，以片马一带为例，虽然未近热带的典型种类，但森林保护尚好，在公路未通以前，尚可见茂郁的峰谷，藤本的种类较为习见。林下蛇菰有2种，一种花须细长，为少见的生态型。蕺菜（俗名鱼腥草）、凤仙花、秋海棠为建群种。由于空气潮湿度大，树寄生种类极多，如兰科石豆兰属、毛兰属植物，也见石斛。天南星科植物有芋属、半夏属、犁头尖属等。大量树干附生的种子植物在藓层中是较为普遍的。林下另一较多的种是荨麻科：楼梯草属在沿水和积水处成片，高达1米有余，有刺的荨麻属和水蔗草属植物正在花期。

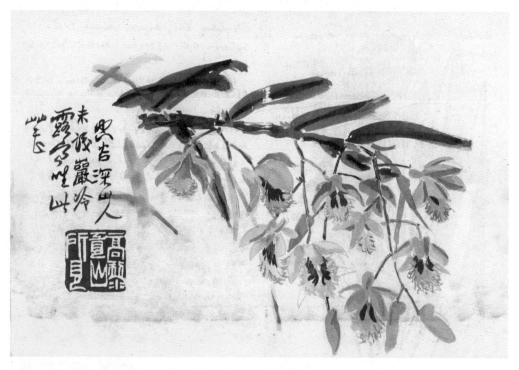

石斛

空谷深山人未识，岩冷露寒唯此花。
高黎贡山所见。

唐菖蒲

山姜属

由驻地远眺片马河

1978年8月2日

　　晨10时余,由片马起程,沿片马河谷在未竣工的公路下,攀山而上,或上或下,基本沿河而行。水声不绝于耳,浪花溅于足下。独木桥甚多。沿路曾见木兰属或木兰科其他属的植物,其叶大而被背毛,长达50厘米,几可盖覆背篓的口面。

　　沿坡之藓类以金发藓为优势种,蒴尚未现。次以牛毛藓属、曲尾藓和泥炭藓属等杂之。树干上,密被羽枝藓和悬藓属(后者或多生于竹之桠杈间)。沿坡壁,沙土风化岩基质上,采有牛肝菌科之一种和褶孔菌,较为习见。

　　行至海拔2 700米处,因山势险陡、公路难行而森林得以保护。有折木,横空而来,树径约2米,上之腐殖土上密长杜鹃,人越其下,实属壮观。越河,开始登山,依石级木段而上,两岸雨意正浓,风声正紧,幸山路未被马骡所踏,故坡虽陡峭,但路尚完整,没有坑坑洼洼的现象。

路见之折木
有折木，横空而来，树径
约 2 米，上之腐殖土上密
长杜鹃，人越其下。

灌木状实心竹丛
海拔 3 400 米附近之实心
竹，呈灌木状分散生长。
林下为红花的天竺葵。

高黎贡山片马公路垭口
海拔 3 215 米。作画位置
约在垭口向东南，远观
姚家坪以东的河谷概貌。

　　河谷阔不过 5 华里，河谷两面峰呈锯齿状相互交叉。低
处海拔 1 700 ～ 1 900 米的平缓地均垦为稻田，田呈梯田式，
如新月形，阔不及 5 米。河水清寒，水稻灌溉的水温偏低，
产量不高。所见均雾从谷底起，云在壑间缭（绕），所见直
射光不多。凡稻田耕作区以上，未经砍伐的森林，远观之，
层次难分，郁密难入。藤本多属落叶种类，而有绿树种，似
以柯属植物为主。凡被砍伐（的地方），以杜鹃花科白珠树
为主。此灌木在海拔 3 100 米以上，呈为优势种，杂以杜鹃
花，高不及 1 米，呈匍匐形。在山脊上，呈片散乔木均为冷
杉，但无云杉，在海拔 2 700 米上下为铁杉（约为云南铁杉
或丽江铁杉之一种）。在裸子植物之上，海拔 3 200 米以上，
几全为竹林，一种是实心竹，均成丛生长，丛围 2 ～ 5 米，
团团簇簇，杂生于山脊。在倒腐的潮湿木材和砂土上，较易
见的有绯红盘菌，朱红色，在雨水中，艳色夺目。

　　风雪垭口一地几无晴天，整日雨雾弥漫，偶见山脊微露
而谷地仍重雾不散。（右上）图即在 8 月 2 日归时，乘风东来，
微拂积云所见。

←片马垭口风景
→片马垭口留影

1978年8月3日

晨由片马垭口（海拔 3 150 米）登山而上，破雾急行，在白珠树灌丛中急奔，上气不接下气，颇有赶不到最高点之感。约在海拔 3 400 米处，初攀至第一标高地，时云雾稍散，回顾四周积云如海，唯见峰脊隐约，层层片片，点点斑斑。少息，复行。山路狭而起伏，人攒在竹林中，竹高 3 米余，交错蹲爬，本无路可行，下有竹杈如刀，上有千枝万叶，雨露滴流如泉，眼尽被落水所迷，不睁眼则寸步难行，人隔六步之外，枝叶遮盖，不知路之何在。如紧跟前人太紧，则先行者所拨身边两旁的枝叶连水带枝，尽打在随行人的满脸满身。行至 10 时，则虽有雨衣，但膝盖以下的裤、鞋，水已浸透，足在水中行，人从雨里过。

片马垭口的最高地，即有标杆处，海拔 3 750 米，山峰一侧积云垒雾，峰之另一侧高山灌丛巍然可见。在山脊平面仅约 60 米见方的灌丛带，顺坡而下木本植物渐高于 1 米，越下越高。灌丛的下缘是冷杉和铁杉、箭竹枝和节桠处，密被剪叶苔，是为寒湿的指示。返住宿时，已筋疲力尽。

1978.8.3

姚家坪云海

有▲者为姚家坪。
下午 5 时许，在云海中微
写云意。时不过 20 分钟，
大云覆盖，伸手不见五指，
只能作罢。1978 年 8 月 5 日。

1978 年 8 月 4 日

　　高黎贡山片马垭口，为由姚家坪至片马一线必经之地。
由垭口西北下，海拔从 3 200 米依级降至 1 900 米；由垭口
南下，依阶下至姚家坪和泸水也在 2 000 米左右。故垭口有
居高临下、位脊俯壑之势，系往来军民必经之要冲。终日，
几全为高山云雾所弥漫。10 米之外，所见模糊，湿气逼人。
在此修路的工人和驻垭口的解放军战士，终年居此，是颇为
艰苦的。

　　中午天气，仍多阴雨。人着棉被心甚感为宜，但潮湿逼
人。下午四五时，朝片马方向的谷河，仍风云滚滚。沿谷而
上，越垭口而过。而近姚家坪方向的河谷，云渐退出峰尖，
群峦现顶，云海沉谷，白云如潮，群山如画。顷刻，雾驱云
散，远观群山绿一片、翠一片，苍苍茫茫，难得露出真面目。
5 时半，云从脚底生，雾从耳边来，满山遍野。须臾，云涌
如海，雾卷似浪，山也模糊，树也不见，整个垭口又沉在云
雾缭绕之中，又位于天上人间了。

　　夜，雨声不止，风声不断。待明日，再整理烘干标本。

1978 年 8 月 6 日

　　雨蒙蒙，路泥泞。乘车离垭口。行车急转直下，十转三颠，颇为惊险。新路未竣，塌方普遍，积木遍路，乱石堆山。9 时启程，下午 2 时至泸水县。县城位于怒江之西岸，居高观下，唯见有"怒江滔滔从天来"之势。沿县城周围，除少量残存的华山松幼林外，已没有成片的森林。据俞绍文同志言，他 1968 年、1972 年来时，周围群山，林木茂密，今已不复见了。县城位于山脊上，几无平地可言。居招待所，从宿处到膳堂，要翻山越岭，走十几分钟的道路。公路盘山而上，市容沿山脊而建，少数几个粉壁黑瓦的两层楼，就算着一个大名鼎鼎的县城了。

　　依县府的一个山寨，称"鲁掌"，居民均为傈僳族，50 多岁的人，已不会讲傈僳语，只讲汉话了。山寨民房，以茅草为顶，积木为墙，形式间似汉傣，生活均甚简陋。村寨多泉水，积石为巢，长约丈余，阔约 5 尺。水深 3 尺，泉涌而溢，水清见底。周围粪便虽管理欠当，但水池碧清。泽至清而无鱼，果然没有鱼虾。伸手触摸池水，极为寒凉。

远眺鲁掌寨

1978.8.6

1978年8月7日

　　（鲁掌）寨中有榕树4株，最大一棵胸径约为四五人合抱，气生根发达。寨中竹类有慈竹，粗而高大，有擎天之势。榕树籽（实为果）黑色，状似胡椒，甜而可食。每年秋季，村童争食，也算是一种好水果了。蓖麻已有木本状，村头篱笆，广植以大戟科霸王鞭。农作物主要是玉米，（农民的）粮食仍不能自给。路边有梧桐科之梭罗树属果正显，圆形，（为）茄属假烟叶（有味）。桉树生长甚高大。附近有窑场，可生产盆、罐、碗、磬，未见成品。梨树尚大，（梨）味尚甜。海棠一般。烟叶似生长良好，集市所见，色黄而叶长，成束出售，甚为整齐。中午气温微热。连日晴天，与垭口迥异。

1978年8月8日

　　泸水县（城），是一个很小的山城。夜幕来临以后，几盏倾斜的水银路灯，可以照亮附近的七上八下的山路。几幢两层楼的楼房，白的粉墙，黑瓦的屋顶，有些像李可染所绘的漓江雨中的房屋的笔调。但周围的山意却浓得多。由于连天的夜雨，看不到天上的星辰，否则，该会觉得离遥远的太空，不是太远吧。

泸水县城夜景

泸水南有一狭长延伸带，带脊尚存胸径 25 厘米上下之华山松和云南松，并间以慈竹，其下尚残存梧桐科梭罗树属，高约 17 米。远山系碧罗雪山之余脉。终日均在云雾中。每日兼有晴雨。

泸水南带状山脊
远山系碧罗雪山之余脉，终日均在云雾中。

附近采得大果鸡㙡菌，柄中上部特粗大，与前日及在福贡所见，均为同一种。关于多汁乳菇，与思茅所相均为同种，原不知该种已延至如此的北缘，更不知竟可上升到片马垭口海拔 3 760 米中之亚高山灌丛中。可见此地植物区系成份热带亲缘的复杂性。日照热度高，水流气温河谷热（10℃以上），而高山冷（10℃以下），下为湿热，生长有桉树、蕉芋、蓖麻属、薯蓣属植物。虽然也有旱热种类的火殃勒，但生长不普遍，空气明显潮湿。上为湿冷。

由姚家坪以上，由于阳光少直射，从片马河谷和怒江河谷两方面向上蒸散的水气充沛而互相影响，加以最高峰海拔不越 4 000 米，故在雨季始终保持充足的湿度。

较为突出的杜鹃花科，无论从数（属种）还是量（多度）

来说，都比较丰富。珍珠花以外，有呈乔木状的建群种。杜鹃花属有乔木状，树皮光滑，密被剪叶苔，而组成了极茂密的亚高山杜鹃苔藓林带。并有极丰富的白珠树属植物。竹亚科的大面积生长，且有丰富的种类（4种以上），说明空气的湿度（大气湿度在70%以上）和特定的少于零度的全年大部分季节的气温。虽然11月至2月，在海拔2 700米以上有冰点以下的低温，但竹类生长仍如此普遍和良好，概括了该地具有广为可以利用和发展的资源。

什么植物在此引种最好？在垂直的主体农业布局上，在高处（海拔2 000米以下）应着重（考虑）温带的种类，在2 000米以上，应着重亚热带的种类。在2 000米一线，则可考虑介于两者的特有中间植物类型以试栽种，利用其独特的环境条件走独特的农业发展道路，也正是其他地方所不具的地利天时，作某些探索性的引种栽培，是大有前途的。

漕涧河谷

1978年8月11日

　　晨7时半由六库乘车返昆，约242公里。由六库南上，行至97公里，至漕涧（海拔2 000米），河谷开放，形成阔约1公里之河阶台地，广植水稻。漕涧是一地势较平坦的大队。漕涧正中为分水岭，水向北流注入六库河而入怒江。水向南流，注入瓦窑河而入澜沧江。

　　瓦窑，为保山境内的第一镇，生活显著较怒江州为富。镇位于河边，水仍清澈，热量较怒江州为大，山也较低，云雾少。由瓦窑至澜沧江大桥（永保桥），海拔1 240米，水面甚宽。桥西，路沿澜沧江而行，江水滔滔，气势雄伟。江面在30米以外，直转急下，由西藏转此，行程当在千里之上。过桥，在桥之东，公路拔山而起，盘旋而上，至永平（海拔1 650米），从澜沧江大桥（南北方向）至瓦窑，可见两河谷之毗连，也可见高黎贡山和碧罗雪山二者的距离东西相隔仅20公里。夜宿下关。

路随澜沧江而行

在永平附近，沿路所植女贞花正放，味香扑鼻，数公里内，浓（香）味不断。澜沧江沿岸，河谷地，近平滩处，均多辟为水稻地，山脊为次生云南松林。由永平至漾濞一带，山势峨伟，溪谷纵横。漾濞镇位于漾濞河畔，河水流速甚快，注入澜沧江。镇置苍山背后，有桥位于河中，镇容沿河之两岸发展。苍山之势，有六指俯卧，集于一端，正面如屏，背面如俯虎势。由于山势较大，不感陡峭。远观山顶似有云杉、冷杉分布，但云影覆盖，难见全貌。

由漾濞至下关，共 37 公里，车沿西洱河而行，电站栉比，正在兴工，但水势浑浊，不知旱季水势如何。两壁树木已尽被伐，保水之势，颇成问题。烧的问题不解决，一系列的问题应运而生，是颇成后患的。

1978 年 8 月 12 日

由下关南下，进入普棚和楚雄诸地，已转为滇中高原的景色。碧空万里，再生的云南松林气候宜人，近似昆明的景色。夜宿南华。

滇中高原景色

山川纪行 1980（北京 西藏）臧穆

速写本

1980 年

西藏拉萨、日喀则；云南西南部

顺山谷上行至半山腰，枝干挺直，枝叶墨绿而下垂，林木交错，加以云雾缭绕，泉水震耳，颇有云扫怒江河谷的雄伟景象。河径近 30 米。眺望远山，对岸山峦山顶是西藏冷杉，山腰为云南铁杉，其下杂以槭属、高山栎、锥属树木。青一片，绿一片，褐淡诸色，镶嵌其间，浑然一体，自成颜色。凡瀑布飞泻处，彼德逊说："真美！特别像阿拉巴契亚山！"

1980 年 5 月底，第一届国际青藏高原科学讨论会在北京举行。这是我国改革开放之初第一次召开的国际科学盛会，来自国外 17 个国家的近 80 名科学家以及我国 180 多名科学家参加了此次会议。臧穆参与此会并参加了会后的中外科学家西藏联合科考。同年 7 月下旬至 9 月中旬，臧穆又赴云南西南部考察，在保山、临沧等地进行了真菌、苔藓为主的考察、采集，对于横断山南缘生态资源的发展利用也极为关注。

邓小平方毅会见参加青藏高原科学讨论会的中外科学家

新华社北京五月三十一日电 国务院副总理邓小平、方毅今天晚上在人民大会堂会见了参加青藏高原科学讨论会的中外科学家。

会见结束后，方毅为青藏高原科学讨论会闭幕举行招待会。邓小平、方毅

在会上同意大利地质学家德西尔、瑞士地质学家甘塞尔、美国地球物理学家诺普夫、尼泊尔地质学家拉纳等外国科学家以及出席招待会的中国科学家不断举杯，热烈祝贺这次学术盛会取得圆满成功。

日记剪报

1980年6月2日

　　晨5时起，6时至机场，8时半起飞，中午11时35分抵拉萨贡嘎机场。在飞机上，由成都平原飞约20分钟，雪山耸立可见，约为贡嘎山[1]；由此而西，近昌都之东，横断山脉南北间隔，支流间杂。山顶残雪依存，山腰草原可见，河谷两岸云杉林保护尚好。渐至昌都以西，地势渐高，雪山笔立于云絮之上，一幅天上人间的景色。飞行途中，偶遇气流冲荡，飞机偶有上下，但蔚宇碧空，一片高原景象。

舷窗之外

1 贡嘎山：坐落在青藏高原东部边缘，位于四川省康定、泸定两县分界处，是横断山脉大雪山的主峰，海拔1556米，是四川省第一高峰。

至拉萨贡嘎机场时，见赤山密布，灌丛也极少见，偶有砂生槐，紫色正放，集生于路边石溪。雅鲁藏布江的支流贯于贡嘎和那曲县境，河面宽可达百米之遥，但水支叉分扭曲，唯见缓缓而行，不闻潺潺之声。两岸山丘，尚有薄雪覆盖，可见温度尚低。

沿公路而行，垂柳蔚然成行，颇显郁葱，村舍附近油菜花正黄，偶见飞鸟绕河回匝，以示高原之上，春归夏至。水边偶见眼子藻（眼子菜属）等。鸢尾属植物，叶正茂。夜宿拉萨。

贡嘎机场至市区途中

1980年6月3日

拉萨一宿至天明。晨起，至布达拉宫前之公园，遥看该宫雄姿，写生一幅，后山凯雪尚存，愈显壮丽。下午，各国科学家安达。

布达拉宫正面观

1980.6.3

1980年6月5日

　　晨起，与王金亭、沼田喜、Mr.Numata 摄影。8时半启程，乘车至羊八井[1]。羊八井位于拉萨西北90公里，念青唐古拉山南麓。沿路无森林，所见柳属植物均为灌溉植成。山坡有黄色小檗（拉萨小檗），疏生成丛，水边为卷鞘鸢尾。行至羊八井前，远眺念青唐古拉山脉，雪山连绵，位于南方。山前有地热处，山坡显土黄色，青一色。远山近坡，均见某种山楂，灰绿色，茎具刺，灌丛分散，高不及半米。花褐朱色，长如豆，花正现。山坡有狼毒、点地梅属植物。

羊八井前远眺
念青唐古拉

河弯度甚大，曲折。热泉拔地而起，高有20米，声如雷。发电站正在建设中。归时登山坡，高约20米，有丛藓科和紫萼藓属苔藓生于岩石表面，摄影3（幅）。垫状点地梅花正现。俨然高山再现，海拔在4 000米以上。

羊八井热泉

山坡分两向。凡阳坡者（阳坡、南向坡或西向坡），较干旱，灌丛以前文所述山楂属为主，杂以针茅属植物。凡阴坡者（阴坡或东向坡），植被较阳坡为多，如杜鹃花属、绣线菊属、柳属植物；草本有如紫堇者，有细果角茴香。近河谷之拉萨河支流为放牧地，牛羊杂之，主要食料为藏北嵩草，植株高达40厘米，牛喜食，多为断株。草坡有蓝白龙胆，花白色，有黑点，还有假水生龙胆、碱毛茛属植物，水生植物也不少，见有某种金鱼藻，独一味花尚未成熟。草坡中所杂红色小点花者为西藏报春，如满地红珠，艳丽悦目。

夜有雷雨。有美籍华人张捷迁，为地质学者，谈巴山夜雨，颇有意思。

Iris potanii Maxim.

西藏 15 种

I. bulleyana Dgk.

I. chrysographes Dyk.

I. clarkei Baker.

I. collettii Hook f. 吾厚

I. decora Wall.

I. gonicarpa Baker

I. kemaonensis D.Don

I. lacta Tall.

I. latistyla Zhao

I. milerii Baker. 红贡

I. polysticta Diels

I. ruthenica K.G.

I. tectorum Maxim.

I. wattii Baker.

Kobresia littledalei.

Stellera chamaejasme

①卷鞘鸢尾

参加此次科考的中外科学家合影。后排左一为臧穆。

1980 年 6 月 7 日

晨约 7 时 50 分由拉萨开车，下午 6 时末抵日喀则，全程 337 公里。第一站为曲水，（位于）雅鲁藏布江河谷，海拔 3 600 米。曲水（藏语意为十条水汇于此），冬春西风盛行，滩沙飞起，堆于坡上。有灌丛草原。山坡上宽刺绢毛蔷薇、茜草科野丁香属、砂生槐成丛生长。山坡上、岩表和土坡上，大量藓类成丛生长。棕黄（或）褐黄色（的）约为黑对齿藓、小石藓等；扭口藓属（或假悬藓属）蒴正成熟，此种似可上升近至 5 000 米之冰雪线。渐南行，在阳坡上，多出现互叶醉鱼草、鬼见愁和三刺草。

雅鲁藏布江南岸，道路上行至甘巴拉，在海拔 4 790 米上下可看到干旱灌木草原、干旱草原以及高山草甸的景色。海拔 4 700 米处，多见盛开的点地梅、角蒿属、西藏报春花。由山顶俯视羊卓雍错，湖面海拔 4 441 米，此水碧绿清澈，以两岸的卡鲁雄曲的冰雪融水补给为主。据说目前湖面蒸腾量与注水量相等，或蒸腾量略大。在全新世与雅江相连的此湖，呈狭长分级形，湖中有高原裸鲤。据德国波恩考古学院（Bonn Palaelogical Institute）的 Schweitzer 教授云，湖中水禽很多种与欧洲不同。

越湖，登高有卡惹拉山口。湖中有水生真菌，询彼德逊教授（Prof. Petersen），云水生真菌采于水藻上，发现其有非腐生的寄生种类。另见于水边之泡沫，以此存于酒精中发现孢子可鉴定，并云其发现之 2 属，其中 1 属已否定。卡惹拉山口，位于该湖之西南，海拔 5 045 米。在冰川舌，沿至公路侧，岩面地衣甚多，以石黄衣为最显。藓以丛藓科为主，丛生密集，甚紧密。摄冰川数照。车行至江孜，复见 1904 年抗英人荣赫鹏（Yonghusband）之炮台。在柳树上，又采到珊锈菌，由此直至日喀则。

1980 年 6 月 8 日

晨由日喀则东行至江孜。沿路所见植物甚少，山坡上几无植被，仅呈褐赭清一色，但岩层纵横交错，颇似黄宾虹、傅抱石所用笔法，只缺树木。

江孜主峰为宗山，有城墙、碉堡。山头矗立着 1904 年抗英入侵的碉堡遗迹。当时英人由亚东攻入，由印度、巴基斯坦殖民军侵此，我军以 3 000 人愤起抗英，由 17 ～ 50 岁战士组成，齐心协力苦战 20 余天，因无水、粮，由后山集体跳山壮烈牺牲，颇为壮烈。此地尚保留当时的弹片，为国家文物保护单位。

江孜抗英碉堡遗迹

英国自然历史博物馆的 Stainton J.，现年 72 岁，今日不带标本夹，自云今日将无植物可采。唯西德的古植物学家 Schweitzer 很兴奋，云今天收获极大，因为（他对）不同类型的冲积扇侵蚀风扇，冲洪积扇和冰碛石、斑点山（spotted hill）及多种岩层，均进行了拍摄，故赞不绝口，自云在回国后的教学中深为有用。

　　河谷地为农业区，作物主要是大麦（青稞），次是小麦。近日喀则处较旱，风沙大，已重视河床植柳；近江孜处，似较潮湿，流沙少，但并无自然树木，柳、杨均为人植。（下）图系江孜城一侧的草图，远坡上有黑点者，为疏生不甚集中的灌丛。

江孜近日喀则处河谷
图中记录的植物有豆科黄芪属某种、蒺藜叶膨果豆、固沙草、西藏锦鸡儿、鬼箭锦鸡儿。

日喀则东侧白朗县之狼牙刺灌丛
由冲积扇上示之石滩积水下线有果园的情况。所见植物还有多鞘早熟禾、毛瓣棘豆、固沙草、小叶棘豆、杜鹃叶柳、忍冬科刺参属。①为砂生槐。

1980年6月11日

　　晨由日喀则启程。同车除 Petersen、P. Wardle、Manamdhas M.s、Dobremes J.Y.、A.K. Islam、H. Schweitzer 外，另加美国 J. Reeves 夫妇。经措拉山以后，又爬一高山，在海拔 5 220 米以上拍摄高山植物。北眺为冈底斯山，南为喜马拉雅山。雪山围绕，甚为壮观。下午 6 时至协格尔（海拔 4 250 米）。晚饭后，与王富葆、李星学先生至协格尔的河滩地采有孔虫，此为第三世侵蚀，最后一次海浸期的水生虫体，单细胞，但很大，达 5～7 毫米，距今 7 000 多万年。Schweitzer 谈及 1902 年瑞典人斯文·赫定（Sven Hedin）入藏的惊险场面以及无钱而靠绘图卖画资助，曾到日喀则和拉萨等地的事。可见他们是饱读有关我国环境的古籍的。

协格尔镇 Tingre

1980年6月12日

　　晨由协格尔乘车，偕植物组等国外科学家启程赴樟木乡。全程近500公里。在协格尔一带，河谷地带多沙棘，沙荒地多固沙草，在淡黄色的沙丘中，固沙草呈分散状分布，布于沙丘表面。地貌较复杂。洪积扇、冲积扇明显而奇特。德国波恩大学的Hans-Joachim Schweitzer，为古生物学家，对鸟类、植被、地貌均极感兴趣，不停地拍摄记录沿路地貌，并云是地质地理教科书上少有的好材料。洪积扇由于植被的保护不当，由上冲刷而下，不断加剧，飞流沙由河谷乘风而上，不断高升。灰黄间杂，行车200里旅途中，浑然一色。荒山沙地，一切寂静。坐在冰川流水的小河流附近，微有垫状草地，蒿草、点地梅等贴地而生，固成一团，牦牛缓缓而食，以填补大地的寂寞。在近路旁山势缓平的草垫有鼠兔，据说是破坏草地的动物。有小鸟与之共栖，斯谓鸟兽同穴。

车向南行，至聂拉木[1]。气候较湿。（下）图系聂拉木路边的写生。远观雪山，所示公路是中尼公路，可通往樟木乡。聂拉木有巨型漂石，屹立于路边。高约20余米，相传为第四纪由冰川流此。由聂拉木环顾周围群山，尽显碧色。高山竹类华西箭竹布于山谷，高2米许，沿河谷而生。半山腰有杜鹃相缀。山顶似为圆柏属植物，并渐过渡到冷杉。山谷半腰，向南代以云南铁杉。路边流水甚多，钟花报春正显，花黄，葶立，片片呈艳，聚成佳色。干处，又多杂以黄花小檗，也呈深黄色。麦田多见于河谷地，极狭窄，宽不过20米。

聂拉木路边写生
远观雪山，所示公路是中
尼公路，可通往樟木乡。

过聂拉木，由海拔 3 500 米急下至海拔 3 000 米，山势陡峻，泥石流塌方处，约 3 公里，民工正在抢修。至海拔 3 000 米以下，进入樟木口岸[1]乡或樟木乡。天雨蒙蒙，樟木口岸乡位于聂拉木河谷之东岸，依山筑舍，山路"之"字形，迂回于山坡之上。下有深涧险壑，上有陡山密林，云雾弥漫，连日淫雨。

樟木乡
图中褐色者为高山栎，山脊为冷杉属植物，河谷为云南铁杉。

1980 年 6 月 13 日

上午偕友人上行至森林线。在海拔 5 014 米处的倒木上曾采到黏胶角菌、花耳，彼德逊云为北温带种南下至此。同行者有李星学和瑞典乌普萨拉大学之 Anders Martinsson，为国际古生物地质学会主席，极博学，看到离散梅衣时说："这种地衣常常发现在岩石表面，它的这种离散式分布特点特别像俄国人！"众皆大笑。下午陪彼德逊与王思玉等至附近观察摄影。

一九八〇年六月十四日。
上午九时送国外科学家
至友谊桥。时有阵雨，
才到下午一时半，尼泊尔
方面才有车来接。

橋长约廿余米，
两岸由气氛相同。
吃喝三碗，几里外可
闻。皮民感情甚厚。
行前，艾以三个好雷雨
点片而送与我才。王三
人名。在草丛中 *Artemisia*
择到 *Ramaria capitata*
var. brunnea. 艾为
foreteller，估计我国分
布。一时半握别。

友谊桥[1]

1 友谊桥：中尼国界桥，位于日
喀则市聂拉木县樟木口岸的中尼
河上，是我国通往尼泊尔的主要
通道之一。

1980.6.14

古错速写

车行至古错，云散天开，远眺珠穆朗玛峰，尽收眼底，此速写之一。

车行至右铲，云敷天开，远眺珠
穆拉玛峰，尽收眼底，牛连守之一。

1980 年 6 月 15 日

车离樟木乡而上，行至路碑 716 处，公路沿聂拉木河之东侧，凿壁开路而行，两岸瀑布流水甚多，过水濂洞，过丁仁布桥（相传为筑路工程师丁仁布同志牺牲处），可见云南铁杉，极盛。顺山谷上行至半山腰，枝干挺直，枝叶墨绿而下垂，林木交错，加以云雾缭绕，泉水震耳，颇有云南怒江河谷的雄伟景象。河径约 30 米。远眺远山，对岸山峦山顶是西藏冷杉，山腰为云南铁杉，其下杂以槭属、高山栎、锥属树木。青一片，绿一片，褐淡诸色，镶嵌其间，浑然一体，自成颜色。凡瀑布飞泻处，彼德逊说："真美！特别像阿拉巴契亚山！"山溪处，淡黄色者为华西箭竹。在枯木上采有黏胶角菌，为北温带种，银耳科之南下成分，不是亚热带成分。

从丁仁布桥远眺群山

1980.6.15

车行至 702 路碑附近，越友谊隧道，近曲乡处，沿路两厢近于平缓，远山失其险峻而代以清秀。山脚仍以华西箭竹为主，高不及 2 米，淡绿色，未见肉球菌、竹菌。沿山脊，杜鹃成丛，高不及半米，花紫红色，花径 2～3 厘米，可能是鳞腺杜鹃。密者交织成片，疏者乱散见于岩石缝中，直可下延至樟木乡附近，（地势）渐低则花已萎谢，渐高而花丛正红。路边流水和潮湿地附近多以钟花报春为盛，花葶粉黄，艳丽夺目。

近曲乡处

1980 年 6 月 17 日

　　晨由日喀则启程东折北上至拉萨，全程 300 余公里。东过江孜，北上澜卡子[1]，绕羊则雍湖，湖色碧蓝清澈，围于山谷之势，狭长而弯曲。公路沿湖势迂回而行，有长堤相穿，隔湖为二。车行所见，水草丰富，多眼子菜科，清澈见底，裸鲤甚多，长约 20 余厘米。湖边滩地，毛茛甚多，远观呈鲜黄色，颇似江南的早春景色。水温极寒，几无濯足

1 即浪卡子。

者。行车远眺，天水一色，加以雪山倒影，远比西湖、漓江清澈，实一尘不染之地。白云与湖鸥齐飞，丽水与长天一色，令人神旷。水禽甚多，如棕头鸥，为海鸥状；赤麻鸭，羽毛近棕赤色，多成群栖于水边，俗名黄鸭；另有野鸭3种。据Schweitzer说，沿路他看到有60多种飞禽。

羊卓雍错

由樟木乡上行，沿公路行至路碑719附近，所见瀑布飞泻，倾垂直下三千尺，疑是银河落九天。此为丁仁布桥，位于险岩之间。车行桥上，寒气逼人，俨然另一世界。岩面苔藓密布，珠藓科始现，其中泽藓属、珠藓属等均成丛密集，显其优势。

丁仁布桥瀑布

由樟木乡上行,沿公
路,行至跨碑719
附近,所见瀑布
飞写,恰垂直下三
千尺,疑是银河落
九天。乡名丁仁布
桥,峡于陵岩三间,
车行桥上,寒气逼
人,仿如另一世界。
岩面苔藓密布,
Bartramiaceae
如现,又中
Phalonotis,
Bartramia 甘
均成丛密集,尤其
优势。一九八四年六月十八日于
拉萨补记。

日喀则扎西伦布寺[1],有巨形人造石壁,原为张挂佛像（之地），继为祈祷之用。凡寺之筑垒均依山傍水，立足雄伟，颇仗居高临下之势。寺之对面，地势较平坦，为班禅之夏宫。此地势与拉萨之罗布林卡有相似之处，唯规模较小。夏宫周围密植树木，粗者如杨、柳等，已有合抱之粗，大灌木有丁香两种，其中小叶巧玲花树皮光滑如桦樱之状，花期已过，偶有紫色残瓣尚存。寺外围为草垫沼泽，西藏报春花红艳，如星点布于绿草垫上，甚为亮丽。

扎什伦布寺外草甸

1 一般称扎什伦布寺，位于日喀则市南，藏传佛教格鲁派政令中心，始建于明正统十二年（1447）。

编者按

7月下旬至9月中旬，臧穆赴云南西南部的保山市、临沧市、德宏傣族景颇族自治州等地进行真菌、苔藓考察与采集。同行者有黎兴江、华东师范大学胡人亮教授（苔藓植物学家）、张宝福（绘图人员）等。

1980年7月27日

由丽江至玉龙山，冒雨至（玉龙山）海拔3 800米处，遇绝壁而返，标本甚多，唯衣衫尽湿。

1980年8月1日

上午至腾冲县科委联系。早餐后至县郊之和顺，即侨乡公社，（此地）为华侨聚居地，村周匝，三面荷花一面山，一面山色半村湖，荷花正香，稻田数顷，颇有江南风味。后至火山口，海拔2 000米，有云南松和尼泊尔桤木林，耳叶苔多生于树皮上，林下真菌甚少。

1980年8月6日　周三

晨有曦，车离古永20公里处，近中和公社之观喜坡，林势极好，有鼻涕果大树，胸径在25厘米以上，桑科植物多见，但没有叶附生苔类。下车时，天转阴，与张宝福登山，约登100米，天来雨，冒雨顺山脊而行。菌类有绒柄松塔牛肝菌、毒鹅膏、小奥德蘑，但种类不多。雨意益浓，衣鞋尽湿，转至公路，行2公里许，遇车而返腾冲，夜宿腾冲。夜观电影《九龙滩》后，挑灯与人亮谈心，过仲夜方寐。

1980年8月7日　周四

中午至腾冲之龙光台[1]。盈江源之水聚于台前，越险崖，集水成瀑，飞泻而下，为腾冲奇境。瀑前为石亭一，筑势古朴，有北魏风，颇似苏州虎丘之石亭状。绕瀑而上，有石阶，顺阶而上有龙光台，登台有主殿，为武侯寺，庭院两厢有长联，为学习孙髯翁[2]句。

1 龙光台：腾冲城西南叠水河瀑布旁古寺内的观瀑台名，古寺始建于明嘉靖六年（1527）。台上有清光绪乙未进士、郡人寸开泰撰写的206字长联。

2 孙髯（1711—1773）：字髯翁，云南昆明人，原籍陕西三原，清代民间学者。乾隆年间，曾为昆明大观楼题楹一幅，计180字，号称"天下第一长联"。

腾冲龙光台写生

盈江上源叠水河有古亭镇
焉，水声如鸣琴，声闻三
里之外。今日冒雨写生，
颇有秋意。

1980年8月8日　周五

　　晨由腾冲东南行，行52公里，至团田公社。下午，由
王医生陪同登山至喇叭箐。群山环绕，绿树参差，景色甚美。
松林（云南松）下乳牛肝菌多（约4种：乳牛肝菌、黏柄
褐乳小牛肝菌、无环乳牛肝菌和一种淡乳白色者），在火烧
松林之后，在一些未死的松树周围基部最易发现。在斜坡的
草地表面，发现两种鸡枞菌，其一为本地特有的土堆鸡枞菌
（为空管鸡枞菌）。其白蚁巢较深，可达2米，而所见巢径较
小，多在25厘米以下，厚6厘米左右。据说生长的季节在
团田附近有间断性（指雨季），如：小暑、大暑、立秋、处
暑到白露止，而以节气为盛期，节间为疏淡期。（以上节气中）
尚生长有火把鸡枞菌、青鸡枞菌。有毒的牛肝菌有：青头牛
肝菌和红牛肝菌。

1980 年 8 月 9 日 周六

　　晨由团田公社向西南行，时雨时晴，行至 80 公里处，未至南天门境，林色甚好，附生菌遍开于高空树枝上，呈串下垂，颇近热带景色，唯无香味。下午至潞西县芒市，油棕、番木瓜、露兜树、榕树，浑然一色，颇近似西双版纳的景观。旅居招待所后，复至附近温泉水浴，不及半小时，热气逼人，汗流浃背。环顾四周，稻田千顷，竹影疏散，富饶气象，令人神怡。

1980 年 8 月 10 日 周日

　　雨。在芒市一天整理标本，得鸡枞 3 种：*Termitomyces holostipes** 多见于龙陵、团田，而至芒市则渐少；灰鸡枞仍较多；另有火把鸡枞，黑褐色，柄呈纺锤状，中上部甚粗大，曾见于元谋等干热河谷地。其中一种白色、甚小，高仅 4 厘米上下，尖顶，纯白色，或为金钱菌，可食。购得数株，待考。

1980年8月13日　周三

　　晨由瑞丽沿国境线，经弄岛至等嘎山。经国营农场之四队，即李琼英以往工作地点并请魏宝带路至等嘎[1]，山林虽尚好，但也多被砍伐。冒雨采集。夜餐毕，由四队出发，天已渐黑，复雨，路甚滑，车返瑞丽时，已近 10 时。

1 等嘎：云南省瑞丽市弄岛镇下辖村，居民以景颇族为主。

凡被伐的山林，均植
Hevenia brasilensi

等嘎山林
凡山林被伐处，均植橡胶树。

1980年8月20日　周三

　　晨 7 时由公朗南行，10 时至云县，沿路沿澜沧江之西岸，或近或疏，环山而行。下午 3 时许，行约 190 公里至临沧，天气渐热，木棉（攀枝花）、芭蕉沿江岸而生，近似西双版纳景色，唯较干旱。山不甚高，远山只见疏松片片；山下多为稻田，早稻已经收割，晚稻仍翠绿一片。澜沧江水势渐缓渐涌，公路沿江者，多有被水冲垮者。水稻长势尚好，稻曲病习见。夜宿临沧[2]。

2 临沧：云南省地级市，地处云南省西南部，因濒临澜沧江而得名。

临沧即景

1980 年 8 月 23 日　周六

由双江晨行，中午抵耿马县。下午 4 时许至勐定农场。农场领导很热情。云 1958 年有朱彦丞[1]先生等曾来此工作 1 个月。时林子已被砍伐，为典型的亚热带季雨林。此地现种橡胶，不同于西双版纳，在 800 米以下仍生长良好。病害方面根腐病不严重，而白粉病影响产量较大。据云，秋季子囊壳现。勐定农场海拔 800 米，周围群山多在海拔 1 000 米左右。气温高。周围如八宝树（贡山九子母）、棉属、木棉科吉贝属、油棕，已普遍。河谷地为平缓的稻田。由耿马西行 30 公里处，出现近喀斯特地形，山势直立，江涌千声，颇为险阻。车行至处，塌方甚多，并遇泥石流两处。

1980 年 8 月 24 日　周日

中午由勐定农场顺公路而向西南行，气温极高，路两侧为橡胶林，已无原始林植被可见。偶进飞机草草丛和竹林中，尚见樟科、壳斗科栎属有大树残生，唯野蚊极多，双臂奇痒难忍。公路右侧有江水，阔近 40 米，水流湍急。有两少年越江而过，我们踌躇多时，才越江而过，水流湍急，尽力而至彼岸。休息片刻，复随两少年游过原地，询之。此水冬季清澈。每年 3～5 月，酷阳当空，近岸处可沐浴。

1 朱彦丞(1912—1980)：河北清苑人，云南大学生物系教授，著名植被生态学家、教育家。

班望山、四光山之绝壁滞流

由耿马（海拔1 200米）西行至班望，在班望山、四光山一带，由连绵大山转成喀斯特地形的绝壁，岩石成条纵立，疏树深入石洞岩隙，公路凿石而成，滇西也有此登天之难的栈道。川流于足下，奔腾汹涌，河面宽不过10米，两岸耸立，高不可攀。车旋转而缓行，仰首上观，奇石峥嵘，或喙或首，由上睽下，几有落下之状。鬼斧神工，令人瞠目结舌。山水之佳，气势之磅礴，非睹此景，不知宇宙之神奇，天地之伟宏。

1980.8.24

1980 年 8 月 25 日　周一

上午由耿马之勐定上行至班望坡，离勐定约 20 公里,（这里）除砍伐了原始林以后已植成的橡胶林和缓坡的玉米田外，均为次生的竹林，似仍为慈竹属。林下蚊虫极多。由该场的张承荫同志陪同至林下采集。林下真菌已很少，未见竹荪，有键盘散菌、盏菌、美丽炭壳球胶菌，几乎都是一些干热的种类。苔藓似以土坡上的叶苔较多，但种类不甚复杂。气温极热。北定河绕于农场之一侧，远山的森林远眺尚茂密，但真正的原始林已不复存。据说该地鸡㙡菌很习见，量也不少。林伐后，飞机草为山坡优势种，几乎抑制了其他草木或灌木的生长，给造林带来极大困难。农场书记王占奎同志 1957 年转业来此，砍伐原始林植橡胶，而以割胶为当地主要收入，已历 23 年。时雨、时晴，雨始雨止，时尚不长。

1980 年 8 月 27 日　周三

上午由勐定农场西南行至毗连镇康县之南伞，由（南定河）大桥而西，橡胶林长势一般，原始大树林均已被破坏，次生竹林在低山地成建群种。

车返至班辛一带，越涧水而上，伐后凡不是三光者，尚有合抱之大树可见，如玉蕊等，木果甚大。据云此地有平展枝状之变色大树，其果黄，有防石油冻结之效。竹林下，菌类一般，未见竹荪，而脱毛硬革菌、皱盖乌菌始现，但不如滇南西双版纳普遍。在林下采得鸡㙡 1 棵。沿路见榕属大树高约 40 米。群树相连，颇为壮观，可惜胶卷毕，未摄成。夜观《大堡岛科学考察记》。

憶此騰冲

忆此腾冲

路见之榕树

1980年9月3日　周三

　　夜大雨。生产队未安排，不能上山。29 日在耿马班望附近之飞机草丛下采到的竹荪，今隔 6 天，晨 7 时破托而出。（下页）图为竹荪破托而出的全过程，历时 6 个多小时。

1980年9月7日　周日

1 班老：云南省临沧市沧源佤族自治县辖乡，西面和南面与缅甸接壤。上班老、下班老为其辖村。

　　8 时半由勐定启程，行 96 公里，下午至班老[1]。车过甘勐，景色突变，近热带气氛的鱼尾葵拔地而起，果序悬垂而生。南定河河水滔滔，令人兴奋。沧源县共分 11 个公社。

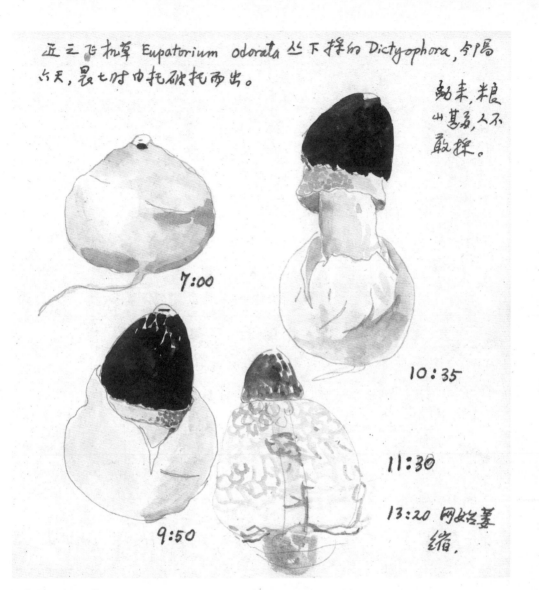

正三在机草 Eupatorium odorata 丛下择的 Dictyophora, 今阴六天, 晨七时由托破托而出。

勐卖, 粮山甚多, 人不敢采。

7:00

10:35

11:30

13:20 网始萎缩.

9:50

竹荪破托而出的全过程

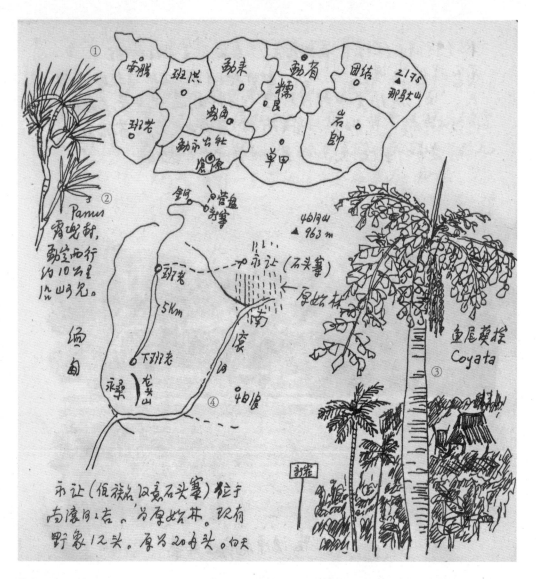

①沧源县 11 个公社的分布图
②露兜树
③鱼尾葵
④野象活动区域示意图

永让（佤族名，汉语意为石头寨）位于南滚河之谷，为原始林。现有野象 12 头（原为 20 多头）。白天隐于阴洞和深林下，夜出觅食。去年因损害农民种的玉米，由国家提供救济粮数万斤。现此地为国家自然保护区，森林万顷。距班老西部约 5 公里即为缅甸。远观山秃无森林，传说有金矿。由班老北望为南腊，有高山可见，传有铅矿。由班老步行至沧源，92 公里。体健者一天可达。

忆沧源稻熟之外景

临沧源稻熟之外景

1980年9月8日　周一

上午 11 时，由班老护林员李明君同志（佤族）带路，由班老东行，越谷穿山至自然保护区之永让。满山森林已几无原始林相连，凡山势较平坦者，几乎均已被焚火烧山，实行一年或两年一度的旱稻栽培。稻势虽生长良好，但稻绿核菌病很普遍，而凡火烧木之炭灰木上，均生长有红栓菌，很为明显。在一些山势较陡的山涧两岸，尚留一些藤本林，但大树少见。树皮白者，仅有豆科等植物，未见热带种类。远山见有象栖居之地，山林也已被破坏，看来人民生活太艰苦，肥料跟不上，交通不便。俟生活稍好，政策落实了，将可能好转。

夜宿于寨中竹楼上，10 余人集于一室。两堆炉火，只有一小天窗，气候炎热，蚊虫又乘机打搅。楼下为牛、马、猪群居的场所，夜间牛马脖上铃声不断，看来牛马也是睡不好的。

夜色沉沉，仰观满天星斗，远观两峰遥对的灯光，左边为班洪，右面为勐角，尚有灯光闪烁，太虚如净，万籁人静。

九月九日　星期二．　昌岌、垫日至永让（石头寨）
豆科、桑树科为多，偶见栽 Dillentia indica 的丰成竹，Ficu
偶教重。九月十日．星期三．　天雨，昌雨中永让 互取オ

永让石头寨即景

集. 在示址汭辰岩而兀, 修竹霍乱, 水势湍急, 切多
～夕, 藤木, 附生枝好一般。 但山胸小沅雨浅。 在田硪
雾交加, 夜移居湿, 山路泞眉. 搜集 Stromilomyces-张.佳.

1980年9月12日　周五

由班老南行，约5公里，经永东至下班老。由下班老继续南行，沿中缅国界，以河为界至永桑[1]，由小路登龙头山。山有双角状突起，人沿路在双角间行走，由于山坡势陡，加以假山状岩石耸立（为喀斯特地貌），有修竹和龙血树优势。后者沿石缝生长，高达20余米，分枝，胸径约35厘米，皮光滑，甚为壮观。山下腐殖质厚约5厘米，由于坡度在60°以上，如再砍伐，加上飞机草入侵，气候增热，蒸腾量增大，对流水必有不良影响。林下真菌以多孔菌、革菌为主，有一种腹菌之蛋，状如竹荪而有胶质，然无网。蜡蘑多，而乳菇不及永让多。凡山坡较平缓者，有水稻（旱稻），黄果长势均极好。果正熟。1角钱6个，由于交通之不便，极便宜。芭蕉修竹等物，虽丰富，但交通阻塞，不能畅销。

在清末，鸦片战争以后，有英殖民主义者永维廉来此传教，总教堂设在澜沧，并在景东设学校一所，分设多个教堂。其子永文生转入美国籍，（教堂转而）为美国教堂，仍以做慈善事为掩护而进行政治、经济方面的情报搜集。明末清初，吴三桂驻昆明时，晋王李定国部下一名三品官吴善贤（当地称吴老爷）来此班老开银矿，种水稻之举由此人传入。后此镇有2万人，所开银矿，为云南重要收入之一。在银矿发现之前，班老一带曾种植棉花，运往下关一带出售时，曾压以石子，那些石子被人发现是含银量很高的矿石。后有汉人迁入而开矿，传说曾因人口增多，粮食又运不进来，曾有一筐白银换一筐白米的说法。

据说，当地班老的马哈王子与汉和好，共同开矿；而隔河（今缅甸境）之一王子，与英国勾结，双方争夺矿藏。故在鸦片战争之后，曾爆发我佤族和汉族联合抗英的战役。我

1 永桑：班老乡下班老行政村所辖自然村。

泸定桥

返班老所见傍晚景象

方虽牺牲惨重，但仍以弓弩等劣质武器与英军之火炮抗衡。有一佤族英雄，深入虎穴，力以柱木杀英军6人，获火炮火枪数个。后移（战利品至）景东。听说此战利品现陈列于北京军事博物馆。吴善贤之死，有两传说：一说入京后，清帝忌其云南有银而权大治其死罪；另说他运银至昆明途中，由于土匪抢劫而遇害。在龙头山一带似为古战场。

穿越该山林石，山势险要，虽有人带头，但曾一度迷失方向。高草灌丛过人。遥看缅甸，隔河的国界，山林保护似较我岸为优。但两岸农民仍（过着）刀耕火种（的生活），烧林植（稼）。满山绿一块，黄一块，零散得很。

7时，由山路而归，炎热而渴，在橘林下，食酸橙数颗，解暑止渴，颇感苦后而甘至。顺公路返班老，远山忽阴、忽雨、忽虹，落日夕照，愈感山河之锦绣与壮丽。

勐定南定河岸

1980 年 9 月 14 日　周日

　　晨由班老启程返，下午至勐定[1]农场。由芒卡坝至勐定桥，即 78 公里段至 70 公里段南定河之两岸，森林保护良好，虽然也有破坏，但由于山势陡，人不能攀而未被砍伐，较班老之石头寨为佳。

　　过勐定桥至勐定一线，由于南定河河面平缓，谷地开阔，两岸钙质岩石峰不高，由沼泽地已垦成万亩良田。环境开阔，林荫道外白沙堤，偶见飞禽越江而过，为沿路少见之另一景色。

1 一般称孟定，为耿马县辖镇。

山川纪行 1982（独龙江 帮果）臧穆

速写本

山川纪行 1982（独龙江 帮果）臧穆

1982 年

云南独龙江；西藏察隅

偶遇儿童两人，穿于谷丛之中，壮观之中而有田园景色。这里没有牧童遥指杏花村的诗意，但在大山大水之间，是另一种气魄，孕育着中华民族的国魂。独龙族长期生息栖居于此，与汉族和其他民族一起，共同铸成中华民族的伟大气魄。

1982 年，第一次青藏高原综合科学考察第二阶段的横断山科考正式开始。这一年，臧穆参加的穿越滇西北至藏东南原始森林无人区的独龙江科考堪称其中的一次壮举。这片原始林区，罕无人迹，科学家从未涉足。在为期 3 个多月的时间里，独龙江科考分队从云南贡山县出发，翻越高黎贡山，穿越无人区，克服了重重困难，最后抵达西藏察隅县日东地方。之后，专家小分队取道梅里雪山方向，翻过索拉山口，沿澜沧江河谷到达德钦。臧穆不仅对险象环生的科考行旅有着生动记录，而且对边远地区少数民族同胞的淳朴民风、生活习俗及社会发展情况，有着饱含深情的记述。

1982年7月2日　周五

晨8时离下关。顺西洱河，遥隔漾濞，绕苍山至永平，约110公里。由永平至泸水，公路长126公里。而由澜沧江大桥至泸水公路长105公里。此山与碧罗雪山南端直线长仅80余公里。漕涧附近有分水岭，水东行注入澜沧江，水西行集于怒江。河面约10～40米阔度不等，水清而湍急。沿江行，有火殃勒、仙人掌、麻风树类植物相杂。甚热，为干热河谷地，但水稻长势甚好，旱中有湿，湿而有干。附生植物不多，或未见。松寄生见于澜沧江的东岸。两岸的香叶树叶上有小煤炱目小碳叶等病害，显示出干热景观。

1982年7月3日　周六

晨8时由六库（海拔850米）启程。一夜酷暑，汗流浃背。车行至皮水，前轮因渡碧江桥而破。花了两小时，总算把这个丰田牌的洋货修好。再行数里，后轮又破。幸有荣师傅协助刘天福同志，还算较顺利。沿路江流汹涌，水势急转直下。由泸水至五七以上，则江在东侧；由五七以上越碧福大桥，则在怒江东岸行车，江在西侧。

夜宿福贡，气温较六库为低，但以冷水沐浴依感合适。拟求一位浦姓司机，乘其卡车进贡山[1]。日行，偶遇细雨。当地傈僳族兄弟人极老实谦逊，偶闻车笛，即然避开；而同行师傅则大声喊叫。相形之下，益感白云深处人家的可贵和诚朴，闹市久居的人，倒令人可畏。

福贡，冬无雪。招待所有橘树。县城位于江之东岸。

1982年7月4日　周日

晨7时50分，乘怒江运输车队浦师傅的货车，与刘天福同行离福贡北上。或雨或阴，路虽不平，但尚安全。

1 贡山：贡山独龙族怒族自治县，为怒江州最北县，北与西藏自治区察隅县接壤，西与缅甸联邦毗邻。县府驻地茨开镇。

遥见利沙底

顺江而上，两岸群峰叠起，已无明显森林可循，林木多已被砍伐。沿路行道树以油桐为主，果实累累。车过利沙底，进入贡山界。偶见一中流砥柱，立于江心，上生一棵松树，对流而立。松沉河谷低地，可见河谷低处仍有干旱和较干热的气流，但与察隅县境内相比，尚不够明显。

下午 4 时半至贡山，喜遇张大成、罗吉元和何守富。相遇后，辞刘天福，并借给刘天福 50 元整。即拍电报给苏永生："4 日安达贡山，天福 5 日返昆，穆。"夜宿贡山，有电影《路漫漫》。夜腹泻仍发。拟明日整理真菌标本。

鹿马登路牌 245 公里处，山势尚缓，怒江江面阔 30 余米。车行路牌 272 公里处，山势强烈回转，沿江右急陡，遥见利沙底。至利沙底前，偶有缓滩，但不足 10 米。此处江水起伏，漩涡四起，激流勇进。江面阔 40 ~ 50 米不等，沟心淘底，弯曲钩角。利沙底有数十家过路行驿，有饭店、商店。车行此 11 时许。与刘天福和浦师傅用膳，购春城烟两包赠浦。

1982 年 7 月 5 日 周一

全队由松塔雪山归，未见雪顶。

1982 年 7 月 6 日 周二

一天了解行止，整理标本。

1982 年 7 月 7 日 周三

整理标本。问询松塔情况。开会，言总结事和准备进独龙江事宜。

1982 年 7 月 8 日 周四

晴，有烈日。整理苔藓标本。

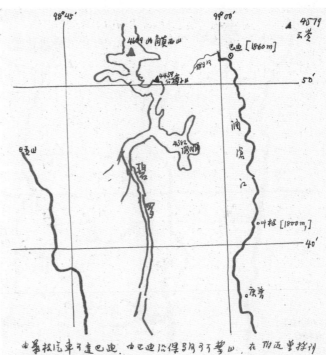

前期维西叶枝科考路线图

遥见贡山县城
贡山在公路之北向末端，车至此而（中）断。县城建设简单，北端白云缭绕，东行至松塔，西行至独龙（江）。

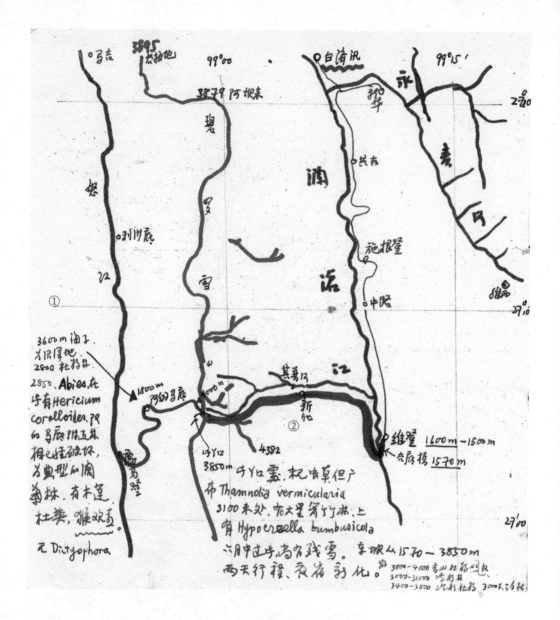

独龙江科考第一阶段考察路线图

① 海拔 3 600 米海子为沼泽地；2 800 米处有杜鹃林；2 850 米处有冷杉，在此有珊瑚状猴头菌（玉髯）。阿的嘛底附近林相已被破坏，为典型的阔叶林，有木莲、杜英、猴欢喜。见竹荪。

② 海拔 3 850 米，此垭口处，未见虫草，但广布地衣雪茶。海拔 3 100 米处，有大量箭竹林，上有竹红菌。6 月中过此，尚有残雪。东坡从海拔 1 570 米至 3 850 米，共两天行程，夜宿新化。海拔 3 800 ～ 4 000 米处有高山杜鹃灌丛，海拔 3 000 ～ 3 100 米有冷杉林，海拔 3 400 ～ 3 800 米有冷杉杜鹃，海拔 3 000 米以下为云南松林。

由贡山南眺怒江大桥边之群山

贡山，海拔 1 600 米。福贡
海拔 1 250 米。茨开桥于
1973 年 5 月 1 日建成。

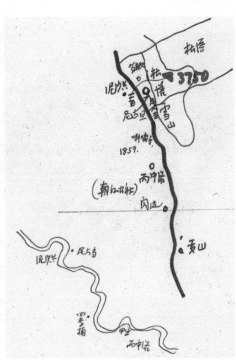

上为松塔雪山—丙中洛—
贡山的地形路线图，下为
丙中洛支线图。

1 丙中洛: 贡山县辖镇。独龙族、
怒族、傈僳族、藏族占总人口的
99%，是一个藏传佛教、天主教、
基督教三教并存的地方。
2 这里指的是白汉洛教堂，位
于贡山县捧当乡迪麻洛村，清光
绪二十四年（1898）法国传教士
任安守建立，为中西结合的木构
建筑。

1982年7月9日　周五

丙中洛[1]有基督教堂遗迹，已被破坏，只有石砌的围墙残留物。相传为瑞士和奥地利的传教士居此布道。"文革"前尚有巨钟，为白铜所铸，铸期为1900年。据说今尚存，存于丙中洛大队。

白汉洛，位于贡山上，怒江江东10公里，海拔2 400米，据说有法国人传教的教堂[2]。在1950—1951年，这些传教士由此至德钦转昆明出境。另询杨增宏同志，悉油瓜的图案不在此处，而在大理州之巍山文化馆的旧门槛上，油瓜图案上有叶，有瓜，有松鼠。西双版纳称油瓜（中文名油渣果）为"Migon"，为"松鼠喜食之果"的意思，而图案兼具此意。由福贡后山至贡山，都有油瓜。台湾杉见于海拔1 800～1 900米处。

昨夜雨。晨起诸溪皆清。山林尚好。

怒江两岸的农田

怒江两岸，农田在伐林的基础上，广植玉米。土质（壤）黑褐，初期种植，不施肥料，可以丰收，然随水流失，其害无穷。

怒江边的山地和村落

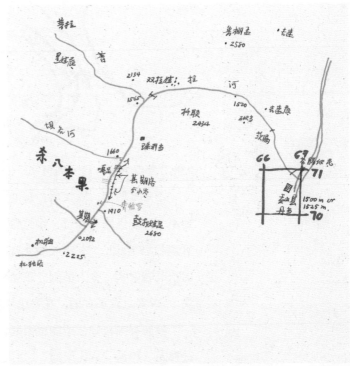

由贡山进独龙江第一天的
路线图

1 松塔雪山：碧罗雪山在西藏自治区察隅县察瓦龙乡松塔村的称呼。松塔村位于滇藏交界处，与云南省贡山县丙中洛镇秋那桶村相邻。

2 卢比康河：一般译作鲁比康河。"渡过鲁比康河"是西方谚语，源自凯撒大帝带兵杀回古罗马城典故，寓意"破釜沉舟，誓不回头"。

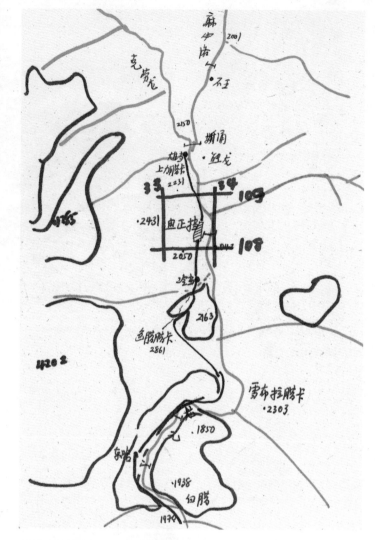

无人区路线图

1982年7月11日　周日

下午6时半，晚饭后，远处山晴，近处有微雨。斯五里即不同天。近宅有牡竹，修竹参天，远处为贡山之尽头，右折至松塔雪山[1]，左转入独龙江畔，山并未穷，水亦无尽，山水气魄之大，令人醉倒。正如欧阳修《醉翁亭记》文中所说："醉翁之意不在酒，在乎山水之间也。"

我肠胃渐转好，望能早恢复，可迎背水之战，破釜沉舟进独龙，跨越"卢比康河"[2]以迎喜闻了。

屋顶之瓦，均为
页岩破墨，厚约
2cm，方约40厘
米，青灰色。

贡山民宅

1982年7月12日　周一

整理标本。天晴，山尖仍云雾缭绕。

1982年7月13日　周二

晨与南勇、杨增宏博士沿贡山县而下，至江边，临水巨石处，是为石门，（其碑文）由梁农庄书，时在民国之乙丑。巨石面峭而平直，高约 20 米，大块文章，颇为奇观。"万家生佛"四字，蔚蓝色，张伩霄书，时在民国二十五年（1936）。下有碑文数碣，清晰可见者二：右侧为"千古流芳"，为颂贡山设治局长陈应昌的"功德碑"。碑文照例为八股风，但也记了一些与当时环境和民俗有关的事，云："盖闻甘棠勿剪召伯之遗爱，难忘插竹能活寇公之感情，可记我贡属之于设治局长陈公，勿乃类足。公玉溪人也，讳应昌字荣之，廿三年棒檄莅贡，贡为滇省边隅，群夷杂处（对少数民族蔑污之文也）……修腊早等路、棒打大桥、廿四学堂（学堂估计也只有一所），虽劳民而不怒，因所利而利之。……民国廿四年春。"此人来此仅一年，则令人树碑立传也。左侧为"滇西保障"四字，并有上下联，曰："汪濊江河巩腹地，嵯峨山岳壮边疆。"碣文，概略如下：怒江在滇西边界，江两岸山势矗立摩天，诚为保障滇西雄壮之山河也。茨开村北有石壁如削，下有跨道，菖蒲桶江水涨，则漫路不能行，有丽江王君泽民（又是颂功载德）捐款修桥于下，江水虽涨，无碍行人。北里许，有普拉河，源长水猛，前牵藤搭水以度，每有溺人之患……民国十四年（1925）农庄书。此碑较早，距今55年。当时由丽江或玉溪来此，由维西越澜沧而渡此，也是一件艰苦的事。

1982年7月14日　周三

贡山，是一个干湿兼备的河谷。河谷处，海拔约 1 480 米，

巨石碑文"万家生佛"

蔷薇上之飞蝗

沿江的沙冲地带可植稻，也可植玉米。银桦、油桐、芭蕉也兼植于路旁和屋围。也有一些喜潮湿的植物，兰科植物是较为普遍的。居民的窗前檐下，瓶瓶罐罐中，所植兰和石豆兰，曾见于片马的黄花石斛兰，此地亦见之。菌类在腐木上，除了喜干旱的三色拟迷孔菌外，尚有潮湿的种类。几在同一木堆中，有发网菌、绒泡菌、团网菌等。并见到纤细白僵菌寄生于蝗虫上，虫腿上，白粉状菌丝已明显可见。作为此地的第一号。这是一个在潮湿环境下的真菌类型。由于云层的低沉，周围群山相对的海拔高度不明显，在河谷生长的云南松林下，参有喜湿润的种类。竹类生长良好。松竹俱佳的环境是独特的。

整理行装。

1982 年 7 月 15 日　周四

第一批入独龙江[1]的行李、食品随马帮起运。马帮由中甸的藏族同胞用 21 匹骡马（组成的运输队），待明晨出发。下午过组织生活会。

下午，杨医生与杨增宏花约 1 小时，越江至对面的山沟石壁上采来大批多花兰。多花兰花期在 4 月，粉红色，据说微香。附近有金耳石斛、黄花石斛，习见于高黎贡山。（我们）所居（地）附近的云柏（疑为干香柏）为乔木，见于澜沧江河谷低地。

1982 年 7 月 16 日　周五

全组业务总结。

刘伦辉发言内容：

植物地理学（Geobotany）是苏联的叫法，生态学（Ecology）为英美叫法，生态系统（Ecosystematic）研究目前是趋于综合和统一的，称为系统生态学（Systematic Ecology）。此次考察了群落的特征分布，兼顾了经度、纬度和垂直分布各方面。纬度为水平分布，23.5° 以南为热带，是以热量条件和湿度条件而定的。群落由种组成，为群体关系，群落研究的结构与功能不同于区系研究，趋向于做单位面积的全部种类的研究。此次考察了碧罗雪山[2]东西坡的差异，怒江河谷亚热带和青藏高原的分界线在松塔雪山。松塔雪山从福贡至松塔，可分为 3 个纬度带：半山腰为地带性植被；谷之下切出现反地带，为基带；向南为亚热带常绿阔叶林区域。福贡所见的 3 种禾本科高草至贡山变少，在丙中洛仍有，松塔则无。芦竹、鸟巢蕨在福贡多见。松塔有尖叶木犀榄，该种适应干旱而热的环境。壳斗科植物铁橡树分布虽可南达丙中洛，但松塔以北的察瓦龙可能是更典型的干旱地

1 独龙江：这里指贡山县独龙江乡，是我国人口较少的少数民族之一独龙族的唯一聚集地，怒江自然保护区核心区。

2 碧罗雪山：怒山山脉进入云南省德钦县之后的称呼，为滇藏界山。主峰卡瓦格博峰海拔 6 740 米，是云南省的最高峰。

带。在南面的亚热带常绿阔叶林区域，见有壳斗科、木兰科、金缕梅科，以及山茶科、樟科等植物。松塔以南还有蛇菰、蜡瓣花、木荷，松塔以北则少有。（松塔）北部是云南松的地带，为硬叶常绿之过渡植物，南部以铁杉为常绿阔叶林向云杉、冷杉林之过渡植物，北方（西藏）以云南松为过渡，即小叶阔叶到云南松而至冷杉林。次生类型，在火烧以后，先均为蕨类植物，后为尼泊尔桤木，南北坡兼有之，几无地带差异。北河谷见有 47 种植物，有仙人掌，半山有黄杉，比金沙江为多。

独龙江是 Chalabunjii 之东沿，虽纬度高，但有热带山地的种类，附生类植物丰富，其下以木本为多，山地常绿阔叶则草本附生多，苔藓则更高。东南部有铁杉林。独龙江位于亚热带中部区域，南部之巴波兰与思茅、德宏、临沧、察隅同线，（是）由于受山地和海洋之影响。

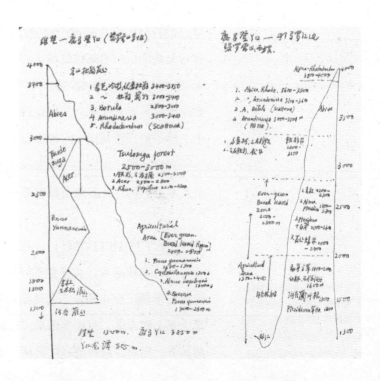

独龙江科考第一阶段的成果汇总图

1982 年 7 月 17 日　周六

晨微雨。扎行装，于 9 时 50 分启程，辞贡山，别建勋、立松。顺普拉河，攀岭至双拉娃[1]。该山凹为进独龙江必行之驿站，海拔 1 850 米。周围（居民）为傈僳族、怒族，解放前或有独龙族。双拉娃为独龙语。附近有 5 个生产队，每队约 24 户（近 160 人）。有小店供应。一个月可卖 3 000 元的货物。小店由一青年营业。自云是第六任，首任创建于 1956 年，由此进山，再至独龙江尚再设售店。

在此小憩，下午 2 时再启程，进入其期洛[2]。山林渐密，坡势渐陡。至坝各河，居高临下俯览，见坝各河[3]由北而汇于东西向的其期洛。山青水秀，水清见底，河面（宽）20 余米不等。沿其期河西上，见云南松之枯木上，广布多孔菌科的隐孔菌，子实体尚在成熟。摄影一。

既随山势谷向深入，路维艰。因左足拇趾发炎，行益艰。至 Wu La Ba La（傈僳语），有大瀑至绝壁倾下，天益暗，风益浸骨，如入仙境。再爬岭，至齐恰罗，海拔 1 800 米，有一火烧地，一木匠伐红杉（台湾杉）制木箱，（箱）60 厘米长，40 厘米阔，价 16 元。（言）贵重木材，百年以上之材，如此而已，无人过问。步行益跛，再登山坡，急转直下，幸于 7 时 1 刻，至其期（行程据说为 30 公里）。

夜宿其期，住处为一木房，位于其期洛之东侧。后山为杀八本果。河谷有麦角菌科的香棒虫草。

1982 年 7 月 18 日　周日

一天整理标本，真菌约 55 号，苔藓约 150 号。下午至江边的吊桥，应电影队[4]之意拍香棒虫草。吊桥下仅 15 厘米（宽）的木板，由铁丝相系，行时前后左右摇曳，江水怒湍其下。河对岸森林遭轻度破坏。次生林以蕨为主，栽植的

1 双拉娃：贡山县茨开镇辖村。
2 其期洛：河流名，东西向。
3 坝各河：即大坝洛河。
4 电影队：指科考队的随队记者，他们负责拍摄科考队的纪录片。

胡桃在沿溪两岸的半山腰较普遍。晨溪洗，牙刷随波逐流，大成急滑下谷，余阻之免觅。夜，左足趾仍痛。晨由杨清德医生针灸两针，盼其早愈。夜蚊蝇甚多。遍体鳞痕，奇痒。

其期洛之瀑布

Wu La Ba La（傈僳族语音）在齐恰罗之前，注入其期洛之瀑布。瀑布高 40～50 米。该地海拔 1 800～1 900 米。附近有红杉（台湾杉）、柯、马蹄荷（俗名白克木，金缕梅科）。行至此，已下午 6 时半。

1982 年 7 月 19 日　周一

晨由其期倒行至齐恰罗。由海拔 2 000 米登山下坡至 1 900 米，齐恰罗为路边残存（有）秃杉的一块狭窄地带。沿途尚见木兰科植物，果尚存，未熟。樟科植物和金缕梅科之马蹄荷极普遍。倒戈的云南松之枯干和立松木上，凡有残存的树皮者，有隐孔菌成片生长。松林下见牛肝菌 2 种：黏盖牛肝菌、点柄黏盖牛肝菌。砂土坡上褐孔小牛肝菌属较习见。林下的鬼笔科真菌不甚多，唯在台湾杉树干上发现银耳科树耳菌属与光萼苔混生，极小，仅 1 厘米。

秃杉树高约 30 米，胸径 1 米余。不知近 300 年否。材色红橙色，故本地人称红杉。远眺对面山，树冠参次茂密，偶见白干直立，稀疏如骨干状立于郁郁葱葱的林海中。由于山势陡峭，（呈）45°角，人烟稀少，河谷之切割深裂，故山林幸存。林下一种白蘑科蘑菇群生、较多，褶初黄，干后转褐，张大成采为 56～58 号，优势种，橙盖而有褐色点，有异味，似有香味，但（闻之）不适。周围腐木黏菌较多。见小蚂蟥和一种绿色的蜥蜴，长约 10 厘米。

足行仍痛。夜洗衣、洗澡。夜大雨。

1982 年 7 月 20 日　周二　小雨

晨，整理苔藓标本，共计 350 号；真菌标本 126 号。陈晓因腹痛，杨清德医生诊断为慢性肝炎急性发病。他的意见是应早治疗，不能参加进独龙江的考察。武（素功）[1]拟两个方案，一个（是）回去，一个（是）入独龙江再看（情况）。我赞成其返昆。上午 9 时半，由杨医师陪同，骡两匹，返贡山。上午大成等至对面山。余在家整理标本。

1 武素功（1935—2013）：植物分类学家，中国科学院昆明植物研究所研究员，此次科考的领队。

秃杉

1982 年 7 月 21 日　周三　雨

　　晨 9 时半；由其期西北行，沿江岸上坡，两岸山林茂密。台湾杉保护甚好。翘首杜鹃、尖叶杜鹃等叶片直径 40 ~ 80厘米，巨大可观。其期海拔 2 000 米，至机独（音，也作基都）海拔 2 500 米。机独附近铁杉甚为普遍，树干上的苔藓外裹的苦苣苔渐相交织。后者红花如管，渐后期而近脱落。杜鹃花科树萝卜和越橘甚为普遍，显示出附生植物极为普遍的现象。大成采到牛舌菌，有外担菌生于另一种植物的叶片上，沿路黏菌甚多。

1982.7.21

天时晴时雨，衣衫外雨内汗，加以左足趾炎，虽一步一踮，但见此伟观山川，痛苦尽减。高处山岩成片屏叠，可见山溪之频繁。夜在雨中宿于机独。山野之中，并无人烟，也无人迹，只在沼泽之中，择其高处，支帐扎寨。夜与大成一帐，闻帐外雨声、涧声贯于通宵。天亮时，帐内皆为湿气所熏。天又雨。下图为机独，群山成片，瀑河如练。

夜宿机独

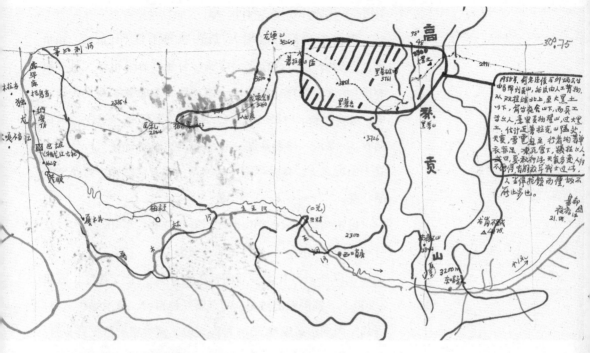

独龙江地区机独—巴坡地形图

1938 年，俞老德浚[1]与邱炳云[2]等依靠马帮到达贡山，然后由人工背物，从双拉娃北上，至大黑土以下。俞等夜宿山下，而兵工等六人，意坚负物登山，过大黑土。估计近普拉克山隘处，天变，雪雹急至，行者（兵工）均单衣赤足，冻死雪下，六人全部牺牲。或曰，夏秋行此，天气多变，人行不能停，有解放军战士过此，人停（此后）抱枪而僵，故不能止步也。

[1] 俞德浚（1908—1986）：植物分类学家和园艺学家。曾任中国科学院植物研究所研究员、北京植物园首任主任。1980年当选为中国科学院学部委员。1932年起在四川、云南、西藏等地采集标本，总共采集标本达 20余万份。

[2] 邱炳云：四川人，苦力出身，1932年起随蔡希陶、王启无、俞德浚等遍历云南各地，采集植物标本。

1982 年 7 月 22 日　周日　雨

夜宿东哨房（营地）。晨由机独冒雨西行，至东哨房，约 18 公里。沿路之云南铁杉与聂拉木很相似，至海拔 3 000 米处，西藏红杉较成一体，枝纤细而翠绿杂于群瀑之中，别具妩媚。沿路之大百合，株高 2 米有余，花序呈总状，花长 15 厘米，白瓣紫肋，有清香，叶如向日葵状，亭亭玉立于山坡之上。楼台亭阁中的家花，哪有自然界中野花之秀丽壮观。

至东哨房，只有哨房两间，有 3 位解放军守此，为过往行驿的接待哨所。大成为周同志摄影 1 张，待寄。由此哨所前行 1 里许，另有木屋 3 间，夜宿于此。天气甚冷。海拔 3 200 米，周围杜鹃矮化，另有紫红色百合，杂于绿色丛中，美甚。周围水系纵横，有 4 种泥炭藓。菌类采到分支猴头菌，生于云南铁杉树干上，胶质刺耳菌生于云南铁杉上，另有硫磺菌生于铁杉树干上。

杨清德医师由其期一天至此，相聚。

1982 年 7 月 23 日　周五　雨晴兼之

东哨所周围瀑布不下七处，布局于 1 公里的窄长地带。裸子植物以云南铁杉（为主）但多秃顶。落叶松则稀疏间（于其中）。杜鹃高约米余，背有绒毛。周围高位沼泽明显，苔藓植物泥炭藓不下 5 种，立灯藓似较普遍。水底有水灰藓。水已冰手。此处写生 20 分钟，有两次阵雨袭来，高寒袭人。周围山上有野韭菜，下午由杨清德医生和大成进山采集，集体包饺子，也算劳中有逸了。

上午与电影队侯敏、康平、帅（文泉）诸同志谈电影拍摄事宜，提出建议，并希望加强交流，彼此主动。

红点示·Notholirion 字红色·花序高近
一米。周围水系迴绕，为骡马驿与
放牧之地。图示山脊 Tsuga 多枯顶。

东哨房风景

红点示假百合，紫红色花
序高近1米。周围水系回绕，
为骡马驿此放牧之地。图
示山脊铁杉多枯顶。

1982年7月24日 周六 雨

上午冒雨至东哨房（海拔3 200米），西行至海拔3 300
米的垭口附近。周围为稀疏的落叶松和冷杉，高一般为3米
左右。林下为多种杜鹃，一种叶背黄色，树干红色、大叶形
的约为夺目杜鹃，林下多为积水沼泽。泥炭藓多，数和量均
多，约近7种。双子叶之草本植物种类也不少。玄参科植物
马先蒿已出现。山坡水流多回折，故沼泽明显。

1982.7.24

据云,贡山下 6 公里(处)之高拉博的茨开公社丹朱大队,曾有鸡𩵩菌生长。由东哨房至独龙江,一年中 5 月至 9 月天天落雨,很少晴天,10 月以后有微雪。去年贡山粮食局运输队至独龙江,一年行 17 次来回,只有两次遇雨,余均为阴或晴。而今年行 10 次,每次均雨。采集苔藓标本至 641 号,真菌至 224 号。

竹叶菜 (高大鹿药,傈僳语 Tong wa),芽可食;花序苦,不可食。鹿药,5 月至 7 月底采食,幼芽易与天南星混淆,后者有毒。约 1980 年,部队同志误食后者,皆中毒。

猴头菌,傈僳语 Mong gei (猛介)。

1982 年 7 月 25 日　周日　雨

上午冒雨至东哨房住所,步行向东哨房解放军住所方向行。冒雨采集。至山坡地,有倒木纵横,一般树径约近 1 米,欲觅苔藓植物花斑烟杆藓,未果。因左足拇趾不能弯曲,步行困难,返程。

整理标本。一夜大雨,河水声咆哮,房屋亦漏水,屋内设帐篷,帐篷底垫也积水阴森,今尚如此,可想 1938 年俞德俊先生来此时,艰苦更难的遭遇是可想而知了。

二兑 (音,也作二对)位于高黎贡山西坡,海拔 2 250 米,由东坡最高垭口 (海拔 3 700 多米)陡峭而下约 2 小时,步行下(至海拔)1 200 米(处)。马匹负重而行,往往死于路旁。余由东哨房,路经垭口而下,至西哨房 (只木屋两间),由晨 9 时半至下午 5 时半,历 8 小时。顺阶而至二兑,已筋疲力尽,双膝不能直行。有▲者 (见下页图)为我与大成的野营帐篷;前者 (指科考队员的帐篷前面——编者注)为旧坟,坟前碑文 (显示此)为汉朝钧烈士 (坟),(他是)一模范团员,傈僳族人,1980 年筑路 (时)牺牲。

二兑（三对）住于亨桨
彥山西坡，海拔2250米。
由东坡最高丫口3/4
七百多米，徒峭而下
约两小时步行下降
一千二百公尺，马匹
负重而行，往~死
于路旁。军由东
啃房，路往丫口两
下，遇雨啃房(只木
屋两向)由晨沙
半至下午五时半有
八小时，顺阶险至三对
(三兑)已约夜方尽
双膝雨府直行。
老者为我与大成约野蜜帐
棚，荷者为搭吉，搭前碑

扎帐二兑

1982年7月26日 周一 雨

　　一夜雨声。晨冒雨爬山西行，沿石路而上。山雨不止，路水不断，步步踏水而行，山雨虽大而水仍清清。路弯曲上下，堆石嶙峋，各有棱角，足踏其上，人马俱感困难。有时路由倒木横排集成，每隔10厘米一根，人步其上如踩高跷，马行其上，蹄滑梁间，与1978年至高黎贡山片马旧路之行相似。

在垭口之东坡，从海拔3 200米至3 600米，散布云南铁杉，杂以西藏红杉。渐上有数种杜鹃花，多匍匐枝形，茎呈红皮，花为钟形紫色，报春花橘黄色。沼泽几遍漫路旁。对面山飞瀑栉比，百尺以内，即有2～5行，由上贯下，遇山转路，逢崖直下，或分叉，或急湍直下，比起黄山的人字瀑来，有过之而无不及。平缓处的沼泽地，水流肠形回迁，沼池划地为圈，斑斑点点，云雨之中，也自成颜色，非中国水墨画莫能达其实景真情。其中泥炭藓不下10种，是颇有特色的。

爬至最高处，为贡山—独龙江之垭口。垭口海拔3 600米，两侧之峰顶海拔3 750米。随雨倍寒，迎风助冷，真是高处不胜寒。（几疑）身在天阙还是人间。山顶均为短小爬行的杜鹃灌丛，杂以矮小、高约米余的长苞冷杉，显示出特有的高山景观。在杜鹃丛中，采得虫草1株，杂以剪叶苔和毛梳藓等。岩石表面多紫色苔类，一地即（采）得20余号（标本），虽衣衫尽湿，但兴味盎然。

由垭口而下，路呈"之"字形，水流沿路而下。濯足于

高黎贡山东坡散布的云南铁杉
云南铁杉常散布于高黎贡山东坡，在其下平缓的地段分布有泥炭藓、报春花和薹草，海拔3 400米处有高位沼泽。

清清涧水中，本为乐事，然行此水中，温度甚低，人不能停，一旦停顿，即感冰寒刺骨，毛骨栗然。山势由上而下，森林均已破坏，林毁以后，次生竹林，竿黑褐色，高2米余，约为箭竹或野古草。真菌未见鬼笔，而见珊瑚菌科的滑瑚菌，是一较典型的印度习见种，除生于竹竿上，也生于枯叶上。山涧洞中，偶有凤尾藓，株长6厘米，似与云南凤尾藓相近似。伞菌不甚多。

至西坡，海拔3 400米，森林较好，阔叶树如水东哥、鼻涕果渐显。大叶型的曼青冈叶片边缘具长斜状齿，常绿阔叶，菌类的柔膜菌多生于落叶叶背之叶脉处。锈菌不多，只见于忍冬上之1种，多孔菌也不明显，看来森林生态平衡。从山势陡峭的谷地（看），森林林冠极整密。树冠层次无法区分，密密麻麻，上上下下无针、阔（叶林）之混交界限。而凡路边和略为平缓之地，森林破坏后，以蕨为主。我们所居之处，尽属此蕨菜覆盖。

贡山其期至东哨房（海拔3 200米），从东坡向西坡攀登，至贡山—独龙江垭口。垭口通道海拔3 600米，高处为3 750米，东坡向缓，西坡陡峭。过垭口时，天仍淫雨连绵，谷口山风由西而东。地表除裸露的岩石外，在杜鹃花枝干上生有紫萼藓、砂藓、剪叶苔、合叶苔（红色）外，石基仍有大量的泥炭藓。杜鹃约3种，枝干均呈匍匐卧地形，茎棕红色，花为紫红色钟状，杂以粉黄色的报春，近似西藏的钟花报春，但花葶较少。马先蒿种类较西藏远远为少，仅有紫红色一种较习见。由于山势较陡，并不平缓，故高山五花草垫较之中甸一带，略为逊色。但泥炭藓生长极好，种类均呈丛状丛生，集于石基。石缝中有积水处，集有镍币，为过往行人所投，或为迷信之祈祷耳。

由垭口向西坡而下，树木不多，石路顺水"之"形而下。

贡山—独龙江垭口

有人对面来，则须一边让路，窄不易过。残存孤树如冷杉等仅呈稀疏生长，已不成林，但枝叉苔藓和附生植物极多。潮湿又胜过东坡。几上几下，偶问路人至二兑还有几里，答：1公里。又行一山，再问另一来者，答曰：2公里。再行一程，再问后来者：还有3公里否？答曰：然也（合啦）。

5时半至东哨房。与张建华、张大成等砍蕨草，在湿地中支帐篷，无地可扎，我与大成、建华和康平在坟地扎营过夜。夜大雨。宿二兑。

1982年7月27日　周二　雨

做饭因雨难炊，标本因雨难整。上午在民工的塑料棚下，在风雨中，把标本简单归了类。周围皆为泥泞，每步皆内陷。下午冒细雨在二兑之上采集。归时又是满山大雨。夜在帐篷中闻雨声而寐。满身被蚊蚋所咬，遍体鳞伤，奇痒难止。帐内也有积水，人卧潮而湿的被褥上，唯恐山洪由上而下，则无处躲藏了。

杨清德医生做饭、工作很是认真，不愧为人民子弟兵。所陪（为我们服务）之民工，多为傈僳族同胞。两足皆在水中，上（身披）一塑料薄片，下（身）仅毛毯一片，偎在其下，通宵达旦。风雨之中，只靠所携淡酒，渐饮渐息。马放山中，闻风遇雨，也不远行，唯听蹄声渐隐，只有雨滴帐声渐渐大了起来。

二兑风景

约 1 分钟，偶见对面山峦。1 分钟后，伸手不见五指。

二兑之上，沿河谷而行，所见对面流瀑纵立，相间不过 1 公里。谷底为玉洞河，时在 7 月 26 日所见。

1982年7月28日 周三 雨，后偶晴

晨9时半由二兑启程西行去独龙江公社（巴坡）。由二兑（海拔2 260米）上山下涧，在海拔1 800～2 260米上下起伏，两岸森林极古老，雨水顺层层林冠而下，叶附生苔类和芭蕉渐渐出现。大叶型的树包括水青冈始有出现。路面仍泥泞陷足。

从巴坡远眺独龙江
独龙江水色如碧玉，曲折由北而南。

在15公里的山路中，行至12公里处，首见独龙江。在一高山哨所下眺，江面如带，曲折行于群山中，远山峥嵘而壮观，两山农舍立于半山之中，殊为奇观。江面可见，涛声可闻。而由此行至独龙江公社，解放军同志疾行者可用40分钟。而我起步行止独龙江，不停地走，用了1小时10分钟。巴坡房屋不足10座，位于江东，江面不宽，近20米，碧翠色的江水，波涛起伏，声响至巨。一身衣湿，数日未遇温水，喜至营所，洗漱毕，有室可居，有木床可睡，至为适宜。夜仍有满耳雨声，但全身无忧，精神毋庸再虑了。

夜看电影《毕昇》。

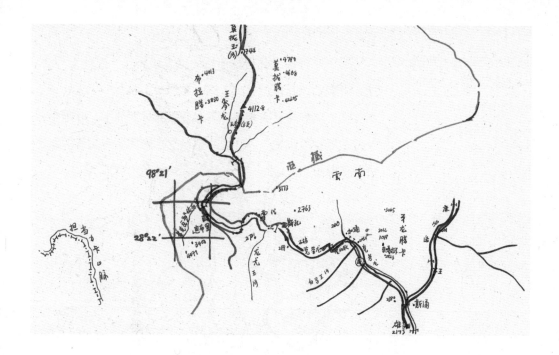

由独龙江经无人区进入西藏的科考路线示意图

编者按

与由独龙江公社沿江南下
至钦朗当的科考路线图相
反，这两张图是考察队沿
独龙江的源头克劳洛河与
麻比洛河，翻越雪山进入
西藏的大概线路图，该区
域是无人区，也是这次考
察的最重要的区域，在确
认考察路线前，藏穆已经
两次绘制了独龙江上游地
区科考路线图，可见他对
这次考察的重视。

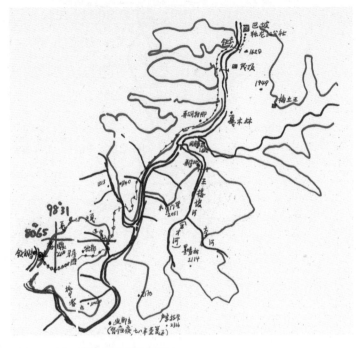

独龙江公社—钦朗当科考路线图

1982年7月29日　周四　雨

一天与大成整理和烘烤标本，真菌达300号，苔藓达1150号。

接所党委来电报，云另有外事任务。我认为来此极不易，（此时返回）功亏一篑，不应此时返所。即拍复电，云：我来此不易，急需完成北上野外工作，望党委另妥善安排外事工作。穆。所内所拍来电，"臧"字用"藏"，看来不是很熟悉我的同志。无论怎么说，这次野外工作是极为重要的。

夜又有雨。此地从3月至9月几乎是天天有雨，每月难得有两天晴天。今年雨情，则为2月雪止，即有雨来。至7月，几乎天天有雨。（每年）11月底始有雪雹，至翌年2月，交通中断，而马帮不通。故此雨季，虽天天有雨，但为马帮畅行的时候，亦为一年唯一的盛季。

1982年7月30日　周五

上午微雨，下午首见晴天。

晚饭后又大雨。与此地（部队）班长研究去迪政当的路线问题。据1965年在此（独龙江公社，原名巴坡）驻军的同志回忆，当时沿江两岸已无森林，残存孤立的松树，球果大，长如华山松，但子不可食。树皮微红，今尚存于山脊，斯为乔松，由此一直分布到西藏的东喜马拉雅山区。

由独龙江经无人区进入西藏的科考路线示意图

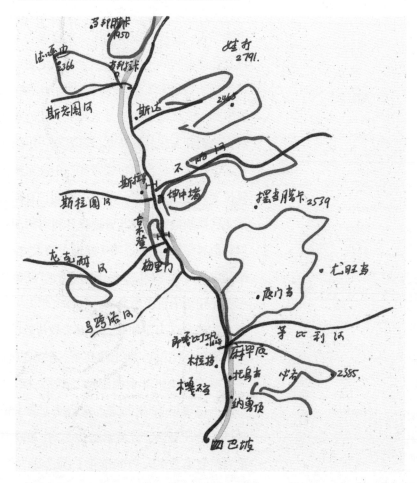

1 孔志清(?—2000):云南贡山人,独龙族。1938年,孔志清陪同北平市植物研究所的研究员俞德浚到独龙江考察。俞德浚资助其在国立大理政治学校学习。1946年继承父职任独龙江乡乡长。中华人民共和国成立后,历任贡山县第四区区长、贡山县县长等职。在1952年初召开的中央民委扩大会议期间,他反映民族心声,表达群众意愿。在周恩来总理的关怀下,他的民族历史上首次有了按照自己意愿的族称—独龙族。

1982年8月1日　周日　晴

独龙江两岸山腰至山脊,(在)海拔约2 100米以上的箭竹林,发现有竹生肉球菌,直径大者可达20厘米以上。

访民族研究所之蔡家麟同志,他为调查当地独龙族的人情、历史,访问雄当初返。独龙一语系该民族的拼音。解放后,在一次会议上,周恩来总理曾与孔志清[1](现贡山州副州长,俞德浚先生的学生)谈,该民族(名称)不能用俅族,俅有求别人(之意),有污蔑之意,今后以何名为好。孔云以独龙最好,从此用独龙族。

经今年的户口普查,知该民族目前共3 344人。平均每户生7名以上,但死者半数以上,或溺水,或病死,或误入山涧而丧。建国(中华人民共和国成立——编者注)前,该民族受傈僳族的土匪欺凌。另外,主要受察瓦龙来的藏族土司剥削。当时每年夏秋,藏民背盐、丝线进独龙江,到四队(一般不到三队以南地区)。(当时)来此的藏族官民,所食、所居,均靠独龙族。离开前,每人购一小碗食盐,而每人征收黄连3斤,并以自织布袋盛好,由独龙族民工向北而驿,按驿传送,直至察瓦龙。清光绪年间,有湘籍官刺夏瑚,曾来独龙江执政数年,在此曾选拔各村有头面有威望的人物,授以官衔和印符证明,说明(此地)为大清版图,直至匍匐(今缅甸之坎底),并下令免于文面,即妇女不得在面部刺花饰纹。民政得治,尚为升平,故今老年人,还隐及先生颂其德者。在四乡以上至匍匐,有基督教传教士、美籍人士莫尔斯培养了一少数民族,取名埃利亚,今仍寄居贡山。

据传,1938年俞德浚先生曾来三队、四队采集。又云:二队一位现年72岁的老人常哈库(音)曾回忆蔡希陶似曾来过(估计有误,应系俞德浚)。在迪政当一带,对植物采集者,曾名为Xin Wen(花)Ru(采)Bon(官员),即采花委员之意。

编者按

回忆当年在此地科考期间，当地独龙族人几乎没有买卖的概念。看见门前的东西如果需要，就拿等价之物交换；如果人家不需要，东西仍在那里，他人可继续交换；在山里发现野味，比如野蜂巢等，只要在竹竿上挂个皮条之类的物件，指明住家的方位，就表示这件东西是有主的了。（张大成／文）

该民族无固定的宗教信仰。信 Nam（鬼或神），好 Nam 为神，恶 Nam 为鬼。有巫师，以自封自谕。自云或看到太阳鸟化为女 Nam，或见诸善 Nam 立于梁上，有话可对。巫师兼为医生，巫医兼之，或效或败，无可考。

全独龙江公社人口 3 471 名，独龙族 3 344 名。妇女为男子的 2 倍。沿江有桥 69 座。解放前整个民族读过书的仅有两人，（是）孔志清和另一个到丽江师范当过工友而学了几个字的。现有学校两座，也有在城中读书的孩子。此地种黄豆较好。路无拾遗。

对独龙族兄弟，勿问买东西，而应以要为宜。至一家勿扫地，扫地是死人后的举动。最反对偷和拿。吃好爪，把皮挂起来以证为佳。去打猎的当天当晚不讲话。（其）所赠食物（客人）一定要多少吃点，勿（使主人）以为（客人）怕脏。

迪政当为一乡，龙元为二乡，孔当为三乡，巴坡为五乡。

1982 年 8 月 3 日　周二　晴转阴

晨 9 时半，孢子组三人[1]及老朱启程离独龙江公社（巴坡）至马库。沿独龙江，过铁索桥，沿江之西岸南行，最高峰海拔约 1 840 米。下午 5 时至马库，马库海拔 1 700 米，西面大山为甲戛蒙古山，南面为拢甲蒙古山。高峰海拔约 2 020 米，地势虽切割至巨，但海拔不高，很少达 2 500 米。马库，散在半山坡中，不满 10 户人家。哨所位于稍高处，海拔 2 200 米，约 25 米长、15 米阔的平地，住此已是很不易觅的地方了。夜席地而睡，月明当空（时阴历六月十四）。

久在阴雨之中，偶见明月，亦甚难得。

1982 年 8 月 4 日　周三　晴

一日两餐。9 时半由马库哨所沿后山而上，由海拔

---

1 孢子组三人：指臧穆、苏京军和张大成。因臧穆脚伤不便，三人走在最后。

1 800 米至 2 200 米，上登 400 米至山脊。由山脊环视，重重叠叠群山也。独龙江由北而南，绕马库而拐弯，由南而北折，环绕拢甲戛蒙古山，约 300 米的宽度，形成一个半圆形的大转弯。位于马库西北部的甲戛蒙古山，南坡山壁垂直而起，六峰如栉比而起，成片相叠。绝壁上并无树木。壑间或有险溪，或有飞瀑。马库哨所山，森林已被破坏，已成荒山草地，有蕨、尼泊尔桤木、珍珠花、禾草和薹草，水湿处有藨草，但无泥炭藓。山脊极为干旱，几无大型真菌生长。山脊有未被破坏彻底的残存树种，枝杈上耳叶苔较成优势。一些被烧毁后的山坡，除点植玉米外，并有一种如狗尾草状的谷子，穗小，长约 4 厘米，（果）实尚未熟。在河谷处已有干旱景象。树砍伐后，水势将可能受影响。次生林主要是水冬瓜，大型的壳斗科林已不可能再造。此地无松柏林，阔叶林直贯山顶。据说蚂蟥和蛇极多，偶见有之，幸未多遇。

甲戛蒙古山
独龙江由此北折。

巴坡之远眺
独龙江水色如碧玉，曲折由北而南。

1982 年 8 月 5 日　周四　晴

　　昨夜雨，晨大雾。9 时半天晴，烈日当空。至马库后山，环观周围群山。马库位于中下位，群峰围而拱之。甲戛蒙古绕于脚下，海拔 1 400 米。由山基至马库山顶，垂直高度约 850 米。山脚越江，有孤立的村庄。桥为竹桥，仅以铁丝相牵，由竹竿扭而系之，年久未修，极为危险。农业以玉米和水稻兼之，种田不用肥料。由于缺乏文化、科技知识，不善于用化肥，政府免费供应硫酸铵，由于施用比例不当，造成减产，故一年失策，十年不用。（普及）文化知识在独龙族中亦是当务之急。

　　中午至山腰写生，云层变化莫测，初在山腰，后至山顶。（这里）山林保护得当，还是林山林海，但对面山带，火烧地斑斑点点，林带仅呈残存，无法连接。山坡垂直度几在 50° 角，不宜改为农田。次生造林树种，仅以尼泊尔桤木较易推行。开阔地日趋旱化。兰属植物仅存于未伐林下树干上。

1982.8.5

马库后山环观群山

山脚越江，有孤立的村庄。

中午至山腰写生，云层变化莫测，初在山腰，后至山顶。

1982年8月6日　周五　晴

整理标本。下午在马库[1]附近一泉瀑采匍灯藓和洗澡。夜蚊仍多。

1982年8月7日　周六　晴

晨9时，由马库海拔1 800米处，西行下坡至海拔1 500米的钦朗当。钦朗当为一边境的谷地，坐于群山之基。独龙江在其西侧流向缅甸。

一切采集用具和行装，共10担，每担约40斤，均由当地独龙族农民同志（主要是喂婴妇女和姑娘）背送。下行300多米的悬陡山口约2小时，空行辄感行走艰苦不便，负重行路可见一斑。她们不主动讲钱讨价，而是由武素功说了算。现又是农忙季节和民兵开会季节，男劳力缺乏，只靠老弱妇孺，有人说即使不给钱，她们也会背运的——人之诚恳忠厚如此。

顺路而下，凡未伐的树林、树蕨、天南星、蒲桃（开白花，桃金娘科蒲桃属）均有。真菌又见须刷菌和虫草。山林极潮湿。夜宿营地，极闷热，蚊和牛虻极多，整理标本时，有成百只牛虻叮吮左右。苔藓号至1842号，真菌367号，叶附生苔多。胶卷第3卷毕。所住的地点为20米见方的平地。4间平房建于1975年，初为一哨所，后改为一个民兵工作站，后又改为一座小学。1979年流行病重，7个学龄儿童因罹病而死5个，仅存2人，无法上课，故房成残迹。

1 马库:独龙江乡下辖行政村。

钦郎当滴水岩风景

钦朗当之滴水岩,海拔约
1 350 米,有芭蕉、董棕,
棕榈科植物鱼尾葵成自然
分布。

滴水岩所见之野生芭蕉

苏轼写竹,有用朱砂作色。
款曰:客日有朱竹乎?未
见也。东坡曰:亦有墨竹
乎?客无语。今在滴水岩
沿江面所见野生芭蕉果花
皆红色。

1982年8月8日　周日　晴

　　晨9时，由钦朗当（海拔1 400米）向西南行，沿独龙江支流向下。临钦朗当，有居民7家，周围有稻田数条，约6亩，梯田型，为解放军驻此时所传授耕种的结果。周围有龙棕和野生芭蕉，果序和幼果皆成红色。顺江而下，尚见有栽培的茶，有小煤炱目病斑，但叶型生长良好。

　　再下，有藤条桥，越江面约30米，桥径仅20厘米，有铁丝相连，人行中流，桥面倾斜，中心摇曳。越此藤桥，有沿江树林，鱼尾葵、藤黄和贡山藤黄兼有分布。前者果为瓣裂，后者椭圆形，成熟时可食。水东哥果如杜英，可食。

　　至滴水岩，飞瀑直下，极为壮观。沿江山势笔直。植被保护尚好，但也有破坏。

在钦朗当采集时，臧穆过藤桥留影。桥头有告示，每次仅限一人通过。

1982年8月9日　周一　晨雨，9时转晴

全队由钦朗当顺河谷至41号中缅国界碑。越滴水岩，越飞瀑，于岩石缝中集生凤仙花，花赤有斑，杂以缺萼苔。真藓、缩叶藓布于岩石表面。过此，越两山，阔叶林显现，具优势种群的有牧竹、藤黄、蒲桃（呈白色）。四周环境中，叶附生苔类十分丰富。

41号中缅界碑距钦朗当五六公里，羊肠小路回旋于险山峭壁上。界碑处海拔1 240米，估计我国与缅甸交界处江面海拔为1 200米或更低。此为三江流域最北、最低的河谷地，仅细鳞苔之附生寄主即有36属（此仅一天的采集所见）。

归经滴水岩处，因瀑水如河，余赤足涉水而过，陪同随行的解放军战士大喊："有蛇！"我定目看时，有水蛇一条，灰色，距我只20厘米。余缩足，解放军战士用巨石击之，不果，（其）浸入隐洞而去。幸有此免，也真要感谢解放军了。

夜极闷热。帐篷内部尽湿，子夜以后，始有雨转凉。

老武与我拟拍北微所（指位于北京的中国科学院微生物研究所——编者注）电文，言苏京军同志，肚泻久不愈。望（令）其坚决中止行程。

① 柬埔寨藤黄
② 油瓜
③ 省藤

Hodgsonia macrocarpa (Bl.) Cogn.
Calamus

钦郎当河谷
此为三江流域最北、最低
的河谷地。

1982年8月11日　周三　晴

昨夜雨，睡帐闷湿。

上午再过藤桥，逆独龙江一支流，顺谷而上。位于钦朗当之西南，被伐林木（之地），多为丛生状的三白草，果正熟，白萼红果，大者直径0.5～1厘米，可食，有甜味。行此空山中，有此野味，足可解渴充饥了。沿河谷的小路，本不成路，足下虽有百草蔓生，丛枝杂聚，但偶一失足，即有危险。坡度几为85°，直上直下，下通江底。附生植物仍多，竹类亦多。昨天杨清德医生在竹林中采得长裙竹荪2株，时在下午5时，裙尚未萎。今天又采得橙黄色鬼笔数株，现此地鬼笔科的标本还是较为丰富的。

夜在营地前，聚营火一堆，何其国同志用鼓风器吹火，火焰高涨。随行的独龙族小李同志，鸣笛起舞，队员大成等亦随兴起舞，动作虽简单，然围火而跳，也使大家兴趣盎然。（笛曲）音调简单，大致为：

$$
\| : \widehat{6\,5\,3} \| \underline{2\,3}\,6\,3 \mid \underline{3\,5\,3} \mid \underline{2\,3}\,6\,3 : \|
$$

$$
\| : \widehat{6\,5\,3}\,\underline{5\,5}\,\underline{3\,2} \mid \underline{5\,1}\,-\,\underline{2\,5}\,\underline{3\,2} \mid \underline{2\,3}\,6\,3 \mid \underline{5\,3}\,6\,3 \|
$$

夜至10时，朱茂贵同志邀请本村村民参加跳舞。男者以土织条纹花布围胸，右手以招手状，时高时低，左手执猎刀，面火作轻轻切割状，随步合拍，柔柔轻轻，大概这就是"原始公社"的庆丰夜舞吧。女的则以花布围身，手势则更简单，仅在眉前，双手扭曲，围火移步，拍节单一，几无变化。而年轻人则不甚好意思，欲跳而不主动，尤以女同志为甚。夜至11时，由于无酒而少兴。由于观者多，跳者少，由帅文泉同志抢（拍）了几张照片而收兴告终。

今日，武素功、张建华等响5枪而猎大蛇一条，长2

米有余，灰色黑底、白纹，直径约 10 厘米，盘树上。剖之，二张各剥其皮套于木枝上，我则拣其尾部也套于一竹竿上，唯纹饰较差。蛇肉既成，我尝其一杯，食肉汤，由于煮料不济，微有腥气。

睡前并与同行的解放军战士促膝畅谈。他们 6 人的名字是：张荣会（副班长）、付文寿、李锦新、粟琳、陈仕龙和何兆新。每天我们外出采集，他们总是（在）前面开路，后面断尾，保护我们完成任务。没有解放军和当地独龙族人民的支持，（我们）是不可能做好此次考察工作的。

当地人民生活水平仍很落后。杵米和玉米的舂，仍为木制的长棍。所臼的巢也为木巢。七八岁的儿童即操器劳动了。由于居民的肝炎和肺结核仍在流行中，故县委嘱咐队员，最好不要访问（村民）家庭和饮食于民。从外观看，房屋是简陋的，以木堆聚而成，内无蚊帐，人均赤足。腿上蚊叮的残迹均成麻点状，密密麻麻，可知是极为艰苦的。

中国是一个多民族的国家，是一个穷的国家，而少数民族的经济发展较汉族为慢，其中独龙族则更为甚。生活的简陋是令人吃惊的，没有粪便管理，没有文化教育；医药虽然被国家包下来，但无医生来时，常年缺医少药。他们外出，只在岩边以篝火取暖度夜。雨季是一年的开放季节，（他们）在雨中生活、做饭、背运东西；（当年）9 月到次年 4 月则困守家乡与外界隔绝。基层的劳动人民已经会种水稻，是 60 年代由解放军工作队传授的。幸好周围森林环境尚好，没有病虫害发生。茶叶为大叶茶，栽种约 5 年，但（他们）不懂如何饮用，不懂烤炒，只是种种而已。芋头可以与玉米间种，这是少有的现象。人是极端善良和淳朴，不讲话，对外人总是沉默的。女孩子们是怕羞的，见人从对面来，总是低首让路。男人虽也用弩弓，但只是对动物，不是对人。在这种山村里，三五户人家只能独寨，与外界几乎没有联系。陶令的《桃花源记》，只写好的一面，他哪知也有如此落后的一面。但政府的民兵组织（工作）和户口普查的工作，还是能很好落实的。有基层干部，有如此善良的人民。

酒，（在此地）是很需要的，因为气候极端潮湿。没有浓酒，只有淡酒，是最简单的发酵，即我们常食的酒酿，并有点发酵不纯的微酸。（当地的）男同志爬树的本领很高，热带的树皮是平滑的，基部粗而没有分枝，在上面直立而缓行，是很不容易的事。他们都是赤足，冬天寒冷时也没有鞋。脚趾五趾张开，趾甲多伤残或平板状。据说在登雪山时，他们也是赤足，生活习惯都是在艰苦（的环境）中形成的。马帮随我们驻扎在哨所，赶马人只用塑料薄膜一块，利用屋檐房角，设一斜面，卧居其下。筑巢而居之说，今日仍是如此的普遍。我们的工作，他们并不了解，但似乎也很了解。前天，老武请他们上山采一些大树的标本来，他们采到省藤、油瓜的果实，并没有因为多刺和高藤不好采而应付了事，而这些植物又恰是很重要而队员未曾采到的东西。

独龙族群众的民居和劳动工具

钦朗当村前突峰与稻田

钦朗当，海拔 1 350 米，住户约 8 家。山脚人工冲积土上，有稻田数亩。独龙江行于西北隅，其处于江南。村前有凸峰峙立，酷似桂林山水。江面海拔约在 1 200 米以上。至中缅 41 号界碑处，江面约在 1 200 米以下。由钦朗当去滴水岩约 4 公里，由滴水岩去 41 号界碑约 4 公里，此系指上下山路，如直线而论共约 4 公里。

1982 年 8 月 12 日　周四　晴热

上午 10 时，辞钦朗当，北攀山路至马库，下午 5 时半抵马库。沿路采补苔藓标本。烈日炎炎似火烧，偶遇未伐尽的林缘，则清风徐来，冷气袭人。登至顶峰，海拔 2 200 米，垂直高度 550 米，或更高（600 米），汗流浃背。夜宿马库。10 余日未睡床铺，辄感舒适百倍。

1 北上：指科考队将向北穿越无
人区进入西藏的考察行程。
2 孔目：即孔当。
3 先久当：即献九当。

1982年8月13日　周五　晴热

　　上午9时半，由马库出发，负背篓水壶与大成、苏京军同志回巴坡。下午5时前抵巴坡，行程约16公里。微生物所来信，意由武决定苏之行止。

1982年8月18日　周三　晴

　　初拟21日或22日启程北上[1]。巴坡至孔目[2]（1天，步行9小时）；孔目至先久当[3]（1天，6小时）；先久当至龙元（1天，6小时）；龙元至迪政当（1天，18里）。在迪政当停5天。约在9月3日离迪政当至日东（估计13天行程）。日东前之帮果，将有西藏军分区的同志接应。

1982年8月22日　周日　阴雨

　　晨9时前准备就绪。20匹马，65个人，也算"浩荡之军"。辞巴坡，沿独龙江北上，先由江东行2公里过铁索桥跨至江西，虽属逆行，人往上行，但江面尚缓。至孔目，海拔仅1 500米，比巴坡的1 400米仅高出100余米。沿江植被多已被破坏，唯隔江陡峭处，有林在位。近孔目处，有铁索桥相系。江呈"丫"字形分叉，布卡瓦河，水清澈，由西北汇入独龙江。远山出现残存的乔松，林近江岸处有藤竹。孔目，又名三乡，为孔志清的故乡。苦苣苔科植物仍为优势。叶附生苔不甚多，所现附生植物为天南星科崖角藤属，叶片光滑，很少有苔类着生。

　　天雨阵阵，衣衫略干略湿。下午5时至孔目，沿江岸扎营，解放军诸同志和民工同志砍伐木材，在阴霾中做饭。靠手电光整理当天所采标本，苔藓与大成所采合计共200余号，真菌20余号。苔藓至3058号，真菌至472号。

布卡瓦河汇入独龙江处
布卡瓦河汇于桥下注入
独龙江，远山为乔松，
远村为孔目。

夜宿营地，因地势不平，脚重头轻，人往下缩。下半夜，闻雨声时显。天明时微凉，因帐内酷暑，不着衣被，微受寒。

1982年8月23日　周一　雨

雨中北上，首着长胶鞋，虽足掌干燥，但脚背至小腿部尽被汗水所潮。行程约15公里，至献九当。献九当有村户10余家，依山腰散点筑"瓴"。所谓"瓴"者，仍是木壁草顶，下有空架。所行山路仍沿河谷在上下100米处起伏，遇叉河则降低，低可到河滩，遇平缓则在山腰顺势蜿蜒。行在雨中，路还不是太难（走）。

夜宿小学球场上。与杨清德医生同行，多受照顾。近村处山桃渐多，未熟尚酸。路遇独龙族妇女，我因路窄主动让步，她以瓜相赠，我即还以2角（钱），因语言不通，均以微笑相报。人是极为纯朴和忠厚的。人有古风，今之谓也。山林已被伐无几，所植玉米，因天多雨，故秆细叶黄，是不甚适合此潮湿环境所栽培的作物。

献九当海拔 1 600 米，仍位于独龙江之左侧，离河谷约 70 米。一枕江声有余，取水洗衣则难。

1982 年 8 月 24 日　周二　雨

由献九当（海拔 1 600 米）沿江仍上，或河滩，或峡谷，或岩壁，但总有路可循，且马帮还可行此最后一段。遇险境处，在倾斜石壁上有羊肠小路回缓于大江之上，颇为壮观。路边多为灌丛草地，几无物可采。下午 4 时至龙元。山寨形势几与献九当相似。

（此地的）老年妇女，50 岁以上者多有纹面，（其）花纹规则，多以斑点的间隔，以鼻为中，两颊分散，远观之呈蓝灰色，近看有对称的图案可辨。

（此地的）桃较为奇特，核与肉有一明显的空隙，果虽不大，但肉尚有微甜。黄瓜，其实呈香瓜或甜瓜状，但味与黄瓜相似。当地农民主动送来，人极腼腆，无言以对，不求卖钱。此 20 余户，有 7 家有麻风病人，人也不隔绝，队行此地，极为新奇，未有见之者。有一对夫妇为队砍柴，女者饰面纹花，我拍之以照，（其）并不回避，或已见之。

近处山林，也多（被）破坏，植以玉米、小米、芋头，并有向日葵。因阴雨较多，长势不良。山蛇极多，一路上竟遇两条，均为褐色，长约 30 厘米，穿草越路而过。夜间大雨。幸宿于屋内，为一小学教室。因海拔 1 650 至 1 750 米，气候直近昆明，不甚热。

由献九当北上近龙元前约5公里处，临独龙江之东岸有飞瀑直下，高约50余米，如练，如玉柱，疑是银河落九天。

独龙江畔之飞瀑

由献九当北上近龙元前约 5 公里处，临独龙江之东岸有飞瀑直下，高约 50 余米，如练，如玉柱，疑是银河落九天。

1982 年 8 月 25 日　周三　雨转晴，晴接雨

昨天采标本，真菌至 485 号，苔藓至 3306 号。晨托马帮寄至巴坡，请朱茂贵同志带回。下午 35 人吃了 13 只鸡宴。煮虫精，则味不佳。

全队人员：

武素功　臧　穆　何其果　杨增宏　李沛琼

汪楣芝　张建华　苏京军　张大成　杨清德（军医）

康　平　帅文泉　侯　敏　钟　伟（机要）

刘家庆（参谋）　段树明　黄大发　杨吕金（白族）

钱忠元　李贵生　张文清　金荣华　良永才

朱鸣中（藏族）　杨寸华（纳西族）　王朝荣

罗爱军　张齐元　和阴兵（班长）　何杨彬　由蔡宝

梁云泽　民工贡　民工李　民工龙

1982 年 8 月 26 日　周四　雨，阴

上午由龙元村从山的西坡向上攀登，由海拔 1 750 米至海拔 2 250 米，下部为火烧砍伐地带，多以蕨和禾本科杂草，杂以珍珠花灌丛。至海拔 2 000 米处，由于山势渐陡，未被破坏的森林被保存在山顶。出现两种松树：一为乔松，叶下垂，翠绿色，杆挺直，球果大如华山松状；另一种为思茅松，实为印度次大陆的种类北上至此，针多 3 簇，主干弯曲，球果小，如云南松状，叶不呈下垂状。

由于松林的残存，故黏盖牛肝菌亦有发现。乔木树种有贡山厚朴，叶长达 80 厘米。另有多种茜草科植物。干表多为苔藓，树平藓、羽苔、平藓科和提灯藓科毛灯藓、蔓藓科粗蔓藓极茂盛，后者可长达 60 多厘米。林下有极密郁的寒竹，节处有刺状凸起，因山势陡峭，偶用手抓握，刺手难忍。林下珊瑚菌科第一次首见优势，有 3 种珊瑚菌、3 种枝瑚菌。由于林下太潮湿，后者发育欠佳。竹林下闻有鬼笔类散放孢子的臭气，但未见标本。据杨增宏博士说，在 2 400 米处见有黄色鬼笔属菌类 1 种，但未采。林下地衣种类不多，叶附生种类也没有钦朗当丰富，或因地势稍北和海拔稍高所致。

随行的一当地带路民工，着短裤，裹腿，身裹土制花条布，执手负篓，赤足于乱荆丛中开路。由于语言不通，唯做手势释疑。休息时，他拿出鸡蛋 6 个、黄瓜 4 个，坚持让我们入食，而他则食以荞麦制黑饼，不肯食自带的鸡蛋。人并不悉将在外野餐，又不悉所同行的人吃什么，敬感人均不相悉，如此热心和好客，可知民风纯朴的程度了。我幸带零钱 1 元，亲握其手中，唯恐其不收。因言语不通，仅以手握其手，幸获所允。

夜又微雨。在小溪中将湿衣湿裤（因汗水和摔跌所致）洗净，时已逾 7 时。标本苔藓至 3493 号，真菌至 528 号，采集环境的高度一般在海拔 2 200～2 250 米的残存森林下，下层主要为寒竹灌丛。

一九八二年八月廿七日　周五、　阴。

整理标本。上午大家多沿江顺曲振嵩方向採集。多已似乎不多，標本苦藓3650号，真菌535号。下午与解放军金营养剧连长谈独龙族语言，喜所谓地名，多者堪子也，为由振嵩、钦丽嵩，言与地方平坝之意。酒为此同，不具记。平时所用语言简列为下：

谢：俤：Na Aïem show；　　你好 Na Nei Negaum；

请帮下忙：Ryǎ Lei show Bowa Wang；　辛苦了 De sha mu sha；

我 Ka，　你 Na；　他 on；　伯：Lang La Yao mei ya；

龙元远眺

母: Ba ma Yao mei ya ; 兄: Aie Ying Ra Dei mong ; 弟: Aie Ying
a A Dai ; 人民解放军 Brasi ma mong ; 好: Gam ; 不好 Mon Gam ;
很好，极好: Da Di Gam ; 往那里走: Ya malong Kalei gee ?
(local name) Lei ma "A" Do ? (Lei = should be going to) ; 平地
芋 (土司) 称 Ho Bi, 相传为法口人先传入贡山，兰後引种至今。初纳前载
的作物: 玉米, 鸡爪谷, 芋子, 桃。继於年引进稻、巴莱亭。目前芥邪
主种荞麦。似乎在荒山荒地种荞麦的里著屇的。夜偶尺明月亮,
小学教师近校, 误声稀参唷耳, 子夜方休。

独龙族纹面女

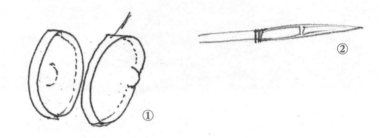

① 独龙族人所用铜锣
② 竹制标枪

独龙族除夕，下午全族跳
舞，臧穆也加入了跳舞的
队伍。

1982年8月28日　周六　阴转晴

独龙族春节之除夕，由下午（开始）全族跳舞。以自制的粗布为衣裙，由肩下垂。男着以短裤，罩以花布上肩。击铜锣，声简调按拍围环起舞。内圈者右手拿刀，左手随拍仰俯手掌，步伐合拍侧行；外围人群较多，合拍右旋而转之。妇女35岁以上纹面者较多。有秃头而只前额留刷线一片者，外观颇似列宾油画或俄罗斯图书中土耳其王的头形。锣形亦古老，中央凸起，击点声响如洪钟。此或曰金属型铸铜之法，不知（其来自于）自制或外传。

舞会是电影队花钱组织的。村里人来参加春节舞会者长幼兼集，有80余人。舞后，有两勇士，拿竹制标枪，先饮酒，后以标枪刺入牛之右前足之上侧7厘米处，鲜血直冒，涌如血泉。牛初尚有力挣扎，因两面夹攻，又被困在树桩上，接连再刺数枪，右腿伸直，睁眼而死，由刺入至断气仅约7分钟，这种尚保存的原始社会的节日，可能是今后甚少见的了。春节与汉族同。斩畜杀禽所行不同，但节日的庆丰和荤食，这是一种原始形式了。

夜8时许，场上锣声当当，群舞热烈之时，忽见村中失火，顿时火燃冲天。据说何其果、张大成同志立即赴现场救火，表现很勇敢。我因在宿舍，闻悉已晚，边远眺火焰，边防火守家，未到现场。9时许火被扑熄。除一宅外，并未蔓延。一家损失，除房板木材外，仅20余元的价值，可见生活之简朴。被毯得救，玉米20斤，余空无他物了。去年另一富家失火，（损失）价值300元，可见生活之一般。

龙元秋色

1982年8月29日　周日

　　至龙元[1]南海拔2000米之林下采集。近龙元3公里处，有空旷地一片，植鸡爪谷[2]，时与苋菜正熟，金黄色，微现秋色。远观有六七个山峰，栉比而立，其上生长的乔松呈翠绿色，宛如石青石绿相嵌于墨水画中，色浓而雅，调奇而秀。雄峰交错之间有山溪贯出，水声潺潺而有汇江入海之势，浪花微溅而孕万马奔腾之概。偶遇儿童两人，穿于谷丛之中，壮观

1 龙元：贡山县独龙江乡下辖行政村。
2 鸡爪谷：穆子在西藏地区的俗称，因穗部呈爪状而得名。

之中而有田园景色。这里没有牧童遥指杏花村的诗意，但大山大水之间，是另一种气魄，孕育着中华民族的国魂。独龙族长期生息栖居于此，与汉族和其他民族一起，共同铸成中华民族的伟大气魄。

由龙元南4公里处，顺山势而上至山脊海拔2 200米和海拔2 000米处。有乔松和思茅松及珍珠花等残存树种，山脊仅2米阔，两面成峭壁，路较危险，下山因无树可攀，仅步草丛基部下行，或滑或扭，也是很难下步的。

1982年9月2日　周四　晴

晨8时50分，离龙元。群众老幼相目送。民工61人，（考察队）每人的行装和工作用具由两位民工运送。每袋约50斤，连其自身食物共70余斤。（民工中）尤多妇孺，沿途行走，爬山涉水，沿江忽上忽下，每步维艰。而民工均头额前以带系袋，以颈力负重，日行3元。顿生恻隐，且感内疚。

沿独龙江西，在离江面50米处，或上或下，或栈道，或石缝根隙，缭绕而行。闻江声不断，或显或暗。两岸多思茅松，为下层，杂以乔松，而其上（此林层均有200米高）为阔叶林。此或为季风所影响。沿河谷较平缓的台地，主以蕨、禾本科剪股颖、薹草，在阴湿处叶苔仍普遍。

下午5时半，至雄当。这是一个周围为松林，位于独龙江西岸的近200米、稍缓的平坝。"雄"为"大"意，"当"为"坝"意，"雄当"汉语意为"大坝"。在群山之中有此缓冲地，也实在不易了。我们露营在小学的场地上。众民工来得较我们为迟。因分配不当，有些孺妇幼女，吃苦不厌，每见来者，莫不汗流浃背，脸上经络均高高凸起。

夜用蜡烛登记。一天行路，体力颇累。而大成、张建华等还能打球踢球，精力充沛，不感疲乏，可见五十之年忽然而至，精力不及人了。夜蚊虫极多，无法防御，可见避蚊药物的研究之重要。头、腋、手、腿，遍体鳞伤，唯一是找有火有烟的地方烤烤。

过雄当前经迪政当海拔约2 000米处，黄瓜极多。雄当苔藓标本至4306号，真菌至616号。

远眺雄当河谷

雄当，海拔 1 900～1 950 米，河滩地约 1 900 米。全村约 10 余户人家。周围种植玉米和鸡爪谷、桃树。河滩地多为岩石漫布，如开垦稻田有一定困难，而玉米生长也不良。山势较陡，75° 而有余。水势延此而曲折，有三绕，水速 2 米/秒。山脊之思茅松高约 30 厘米，但基部枝叶均成秃光，而存其挺直的干桩，胸径 40 厘米而有余。山坡有滑石倒塌现象。树冠层次单调式渐显。

林。仍以喀而松不齐稍间之。

迪政当河滩地

1982 年 9 月 3 日　周五　晴

　　晨 8 时 50 分离雄当,顺独龙江北上,忽见江水由清变浊,估计上游有山洪。在江两边攀岩面而行,凡陡峭处,总有石隙和树根,地下茎为上下扶手,甚惊险。

　　雄当之前,有迪政当。坝较雄当为大,人户较多。有供销店一,有盐、糖、烟供应。人极客气善良,中午在村稍息。多有来送玉米、黄瓜、早桃的,可谓络绎不绝。在该地小憩,然后至雄当,约 20 公里(补 2 日所行)。独龙江至斯涌,江分双叉,东流为麻比洛河,河面 18 米;西流为克劳洛河,河面 25 米或更阔。前者流清,后者流浊。至斯涌汇。由雄当北上,海拔 1 930 米处,即麻比洛和克劳洛之交汇处。两岸为松林,仍以喀西松和乔松间之。

　　河滩地有沙棘、豆科酸豆属植物及多种禾本科植物。沿克劳洛河西北上,山路险,有栈道。先至斑(海拔 1 950 米)。过斑,在沙滩地少息,采到蛇菰,与侯敏等拍近景。在穿过斑附近的一片阔叶林中,采到生于金龟子上的虫草和毛头乳菇，后遇思茅松，又拍摄电影一节。夜宿克劳洛河之江东岸，已过龙的耿。龙的耿海拔 2 020 米，在龙的耿之山坡上，依水扎营，夜有小雨。苔藓至 4434 号，真菌至 653 号。

龙的耿附近有一用木板搭成的吊桥，由西岸到东岸行 85 步。在摇晃不定的桥木上，足下是奔腾的克劳洛河。上游当天水已清。跨过前，金副连长为我背箩，让我单身过河。摄张大成过河照一张。众民工均在河滩地露营，炊火四起，天又微雨。我们营居于上位，要攀 20 米处，有一块伐林后的草地。整理完标本，时约 10 时，睡于营帐中，仍感闷热，只罩蚊帐而卧。观帐舷窗外围，半轮明月，或明或晦，半云遮月，残月射云，宛如大理石一方镶嵌天角。卧于帐中，倾听侯敏等同志聊天夜谭，言及慈母情意，颇为衷恳有趣。天明前，微有阵雨，起身洗漱，又紧紧赶程。

1982 年 9 月 4 日　周六　晴

晨 8 时半从龙的耿（海拔 2 020 米）步行，沿克劳洛河西北行，总在河之东侧。由于崖陡，尚有森林未被砍伐。沿河谷地海拔约 2 100 米，忽上忽下。石多平滑，岩为水成岩。侧水而上。过斯孔，名为村镇，实无人家。近至南代处，龙尤王河由南汇入，峰面海拔 2 780 米，远观有高山流石滩呈现。下沿为灌丛状松属植物。南代（海拔 2 020 米）前有开阔地，思茅松极为优势，高达 47 米或 50 米，胸径 60 厘米，由断材所窥年轮有 120～150 年的痕迹。由于下部枝叶已伐，只有树中央部，故均呈直杆削立。山脊上破岩面裸露，而松树根系均为平展，百年大树，根系深不到 3.5 米。村寨有 10 余户人家，有粟、谷合植。看来虽水流纵横，但水温低，水稻栽种要想办法。玉米长势不良，秆极细，但烟叶肥厚，且无病害。由屯前南望，山峰林立，多为针叶树，笔立

正至南代寨，龙尤王河由南汇入，
峰西海拔 2780 米，远观有高山流石滩
呈现。下沿为 Pinus 旗丛状。南代（海拔 2020 米）

南代村前南望
由村前南望，山峰林立，
多为针叶树笔立参天，且
云海云浪层层，形象甚美。

参天，且云海云浪层层，形象甚美，但难以落笔。

夜整理标本，苔藓至 4630 号，真菌至 692 号。有棱柄盘属、大型粉红色的鬼笔、盘菌目和金顶侧耳。

1982 年 9 月 5 日　周日　雨

在南代宿。大成在海拔 2 200 米处采得大量真菌。在 60 余号中，主要有：树耳菌、大量的柔膜菌和盘菌。苔藓至 4666 号，真菌至 763 号。夜洗足，被荆棘刺伤右足。血止，由杨清德医生涂碘药。夜即愈。

1982 年 9 月 6 日　雨　周一

晨 8 时 50 分由南代至王美[1]，为云南至西藏之最后一驿，为出差以来最危险的一天路。6 公里，行了一天，几上几下。半路中经迪布里[2]（海拔 2 270 米）。山势虽险但有路。水流

1 王美：独龙江乡孔当村小组。
2 迪布里：滇藏交界处地名。

迪布里河谷

湍急，两岸直壁矗立，铁杉、松树和槭树、椎树杂之。

迪布里，建于一个30米左右的冲积扇上，仅3家住舍，未见人烟。由坡越此，依水面山小憩。再向前渐近西藏。迪布里稍北，有基克瓦登优布得（江）注入独龙江，水势、山势均渐转险要。来往人民不多，唯靠3根竹藤做的溜索过江。河面约25米阔度，水冲岩面，流潜岩底。林中本无路，过后仰观来径，有如天都峰之梯路远景，恰似一幅险境图画。

山木纵横，古木成堆，犹显古意压境。空山之行，只有我队，从未遇来向行人。

在迪布里河谷海拔 2 270 米处，树种以槭树较普遍，但云南铁杉已分布至河床底部，远山直立的仍以思茅松为主，偶有孤立的乔松。3 户居民只栖舍于冲积扇上，种植玉米，未见桃树和瓜果。山竹普遍，似为寒竹。

独龙江水之上游，克劳洛河至此，由北而险。河水由北而南，折成直角形，是为西藏和云南分界处，并无明确的界石。人行此，等候迪政当队长李文华等探路放救生绳而行。渐由此处向北翻，人如串而攀，逢绝壁则成"之"字而叉。壁直，唯靠石隙和地下的树根为搭手。人人鱼贯而行，山静似远水声，遇瀑而不及闻瀑声。山路之选，真是鬼斧神工。栈道未有此险，迹痕未有此窄。竹竿虽细，可以扶手；草根虽纤，可以登足。汗雨交加，不顾湿滑。先我者的足跟，挨我额头仅 10 厘米或简直紧靠紧贴，已无心采标本和观赏景色，纯系探险队之行了。至山崖转处，武素功同志站角处，令人鱼贯单行而过。电影队的侯敏等同志已顺绳藤至绝壁下仰观直摄。人顺藤而下。女同志先下，在一树杈上，探路者将一活藤和救生绳搭在树上，顺势而下，笔直矗立，俨然天上地下，垂直而降。

绳索由上而下约 60 米，人由上而下。今日为最险路程，为了避开克劳洛河直角之溜索，则攀登此石壁和下此石壁。

众人顺绳攀越崖壁

绳索由上而下约 60 米，人由上而下。今日为最险路程，为了避开克劳洛河直角之溜索，则攀登此石壁和下此石壁。

1982年9月8日　周三　晴

　　由布拉多（海拔3 000米）上行。解放军和老乡将返程用的罐头和粮食均藏于此山林中，即使有来往行人，也不动于此。即有急需，必付款以偿，实夜不闭户，路无拾遗。

解放军和老乡存放返程物资处

　　由布拉多攀流石滩型的冲刷河谷，由下而上至海拔3 800米，为高山杜鹃和冷杉林。近海拔4 000米处，为高山型的杜鹃花科岩须属植物铺地，有绒盖牛肝菌和疣柄牛肝菌生于杜鹃花之根系。由此峰（垭口）南眺，尚可见克劳洛河注入独龙江的雄伟景色。群众屏障，如傅抱石的披麻皴。山水作墨不多，景色动人肺腑。

　　越过此垭口，下有天池，在冷杉林缘有沼泽存焉，周围为不甚高的草地。由此再顺山而下，有大片（约150米直径）的杜鹃林，干红褐色。再上最后一高山，真登高山仰视更有高山。民工串行而上，天又雨至。我们顺径而上，过此垭口而下，始到拉维鲁，鲁为沟（之意）。在拉维鲁附近（海拔3 700米）有高山草地，扎围以纯冷杉林。远有雪山，山顶冰雪冲刷的砾石滩明显，但石滩植物不详。夜宿林缘湿草地上。

在拉维鲁附近（3700m）为高山草地，扎营以纯冷杉林，远有雪山，山顶冰雪冲刷的碛石雕明显，但石嘴植物不详。硒客林1象湿炒地上。古径6010号，真简864号

拉维鲁高山草地

1982年9月9日 周四 晴

由拉维鲁至布劳龙，即海拔3 700米至海拔4 200米的垭口，在流石滩坡攀登至海拔3 060米之布劳龙。一天由上午8时半行至下午7时半。在垭口以南，可见独龙江；在垭口以北，可见日东河。

高山草地已显出黄色.
冷杉林唯见于山南.
河谷明显较北坡潮湿.
有冰川, 冲刷严重.

布劳龙高山草地
高山草地已显出黄色，冷杉林唯见于山南。河谷明显较北坡潮湿。有冰川，冲刷严重。

南北坡地势缓而较高。日东河源有3个冰川瀑布直贯而入，日东河在栉列的山峰中回缓北上。在海拔4 400米以下至3 900米的山脊多冲刷的流石滩，颜色丰富，下接草甸灌丛。在海拔4 200米的垭口附近，伞菌种类如下：鹅膏菌（近似毒鹅膏）、丝膜菌4种、疣柄牛肝菌（菌盖棕褐色，和另一锈伞科与小叶杜鹃呈现菌根关系）。在海拔4 100米以上尚有红菇、蜡伞和生于山萝卜上之锈菌。

路虽漫长兮终至目的，千里之行兮始于足下。夜雨，宿于群河环绕、山林茂密的布劳龙畔。

栉列群山中回缓北上的日东河

1982 年 9 月 10 日　周五　时晴时雨

　　布劳龙畔，也即为莫拢玉附近，为一较广的流石滩。竹溪相接，水波粼粼，江面行此，由于回转数折，故流速渐缓。周匝杨树高大，胸径达 2 米左右。营地宿此，大成设篝火于帐前，边烤标本，边取暖，甚好。宿此两夜，为 3 天行军之小憩。

1982 年 9 月 11 日　周六　雨

　　晨雨行止，路草尽湿。顺莫拢玉进入日东河。日东河东侧有一支流，全队顺此流误入约 4 公里。下午 2 时许，发现路错，再返至此支流与日东河交汇处露宿。路虽错入，但浅滩缓流，桦木参差，稍显秋风，黄叶铺地，唯有鸟鸣、流水，如入桃源。虽双足酸累，但心情怡旷，偶在大石小憩，辄有乐而忘返的情绪。

夜宿两江叉口处，林虽潮湿，但伐竹铺地，帐盖其上，曰"竹上清风"，也是久居城市的人不能理解之清福。

由于针叶林云杉两种占优势，且阔叶林如桦木等也较丰富，故真菌如枝瑚菌、红菇等种，红菇科的松乳菇极普遍。有幸首次见到银耳科胶勺，在此林下，松科的云杉与禾本科的青篱竹极为普遍，彩色粉红，水晶可爱，或单生或丛生，或成片，采不胜采，远非其他地方视为珍品，但人迹不及此林，无人认为可食，亦为憾事。

夜与大成在篝火前烤标本，至子夜，队员皆入睡。只有民工在雨中围火取暖，时有翻身缩腿之声，益显雨滴树叶念珠似的不断，夜更阑，山更静了。

臧穆在由云南进入西藏后，在高山湿冷的野外环境下做记录菌类颜色的标签及日记。

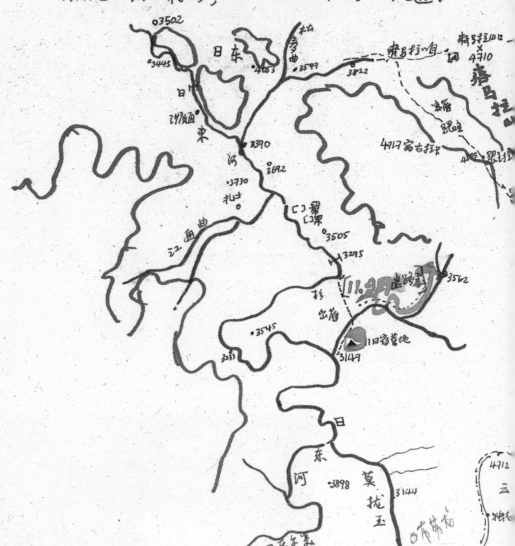

穿越无人区考察路线图

9月3日，龙元、斑至龙的耿，有虫草；

9月7日，龙的耿、南代至西藏的布拉多；

9月10日，西藏布拉多至布劳龙。

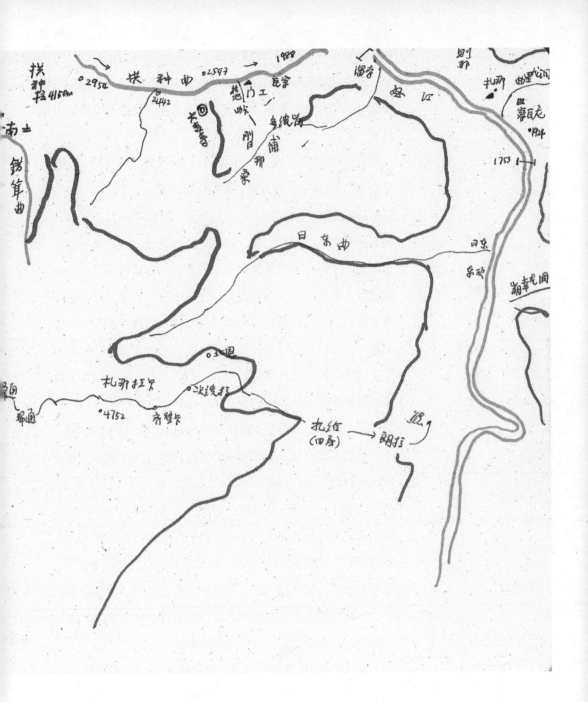

1982年9月12日 周日 雨

晨未闻钟伟参谋的起床笛，唯见两位年轻民工冒细雨站于帐外，等待背行李启程。急与大成起床，仓促整行李交与民工。

民工是很感人的。老有 60 岁，少有 14 岁，每人负 50 斤至 80 斤不等，所有重量，背在后面，顶在额前，上下崎岖，赤足过此荆棘之地，日行 10 余公里。此程又非行路，全在林下和灌木丛中穿行。上，则无止境地攀登；下，则不停息地用关节支撑身上的重量。每近我身后，唯闻哼哼之声，每让先行，即见满头大汗。夜间只偎在火旁，苦于又每天每夜地下雨。少数民族同胞的为人，为支持我们的考察工作，哪里是一天 3 块钱的报酬可及，而是他们把全身的力气都用出来了。生活的艰苦，莫过于他们。吃的东西，只有粗茶、炒面，没有任何菜蔬。他们少文化，少科学，少医缺药，一年看不到一次电影，见人只会咧着嘴笑，白天是不停地背和走。

中国人民的伟大是没有哪个外国民族可以比拟的。美国和日本我都去过，他们很多人是享受，是竞争。这种生活，他们是不懂的，是不理解的，在他们看来是糟糕的，但他们对改造这种局面是束手无策的。我们的改造，虽然缓慢，但还是在变，比解放前好多了。有了定居，没有剥削和杀害，有人关心了。虽然这一点，也有不少人发牢骚，说我们太落后，但发牢骚的人，未必敢来此一行，更未必敢来此改造一下面目。慎言笃行，总比乱吹不行要好。

今日爬高山，越过海拔 3 700 米的垭口，北上，下河（日东河）的谷底。沿河行至帮果[1]。喜遇迎接我们的西藏（军区）部队。合影。有胡在国教导员来此迎接。

帮果，是一个在日东河东岸的平坝，海拔 3 200 米左右，没有居民，只有一个约 1.5 公里窄长的草地。草地的组成主

---

1 帮果：帮果村，位于西藏自治区墨脱县帮辛乡。日记中的"邦果"应为"帮果"。

帮果草甸

要是禾草龙胆、垫状点地梅、风铃草、嵩草、蓼、菊科植物。禾草高者达 0.7 米，为一放马、牛的牧场。草地的下沿，即河谷的东岸，有发育较良好的青稞地。青稞已成熟、开镰，小麦尚未成熟。草地的上沿为云杉林，有 2 种，一种约为松科的紫果云杉，另一种叶片较大，前者有锈菌寄于叶面。云杉枝干上遍生长松萝，石青色，上图所示乱线即示地衣，唯画技拙劣，难以显实。在云杉之上，出现较优势的落叶阔叶林，主要有桦木科植物糙皮桦、红桦或白桦；再上层，包括高于此山之后山，在明显的冷杉林带，呈明显的墨绿色。针叶林夹杂着阔叶林，显示着高山面气温和水分的特殊现象。

夜宿于帮果。采集苔藓至 5460 号，真菌至 982 号。

1982年9月13日　周一　雨

晨 8 点半由帮果偕所同行的云南军区的解放军、当地民工和西藏军区的解放军沿日东河北行，坡不甚陡，沿路曾遇去察瓦龙的马帮，来日东行仍要折回此路。越过两个平坝，始见农舍，在微雨中藏民已在收割青稞。

连日在原始林中行走，无路开路，所见山如屏垒，水如银梭。昨日已见马粪羊屎，即觉已近人烟，其乐无比。今日见此金瓯一片，农舍炊烟，远闻犬吠鸡啼，顿感已入人境，其暖非常。拍摄农景二则，以舒内心之快慰。

稍登一山坡，见有灌丛草地，在蔷薇科植物枸子（一种小叶红果）的灌丛中，采有丝膜菌科的黏滑菇，或为一种锈伞，又增一高山肉质菌类的记录。该坡海拔高约 3 400 米。

行至日东[1]，已近午时，蒙蒙细雨，高山寒气逼人而来。更感人的是日东的藏民分两队列队站在村口路边，手捧新制的酥油茶暖来者的心。有 20 余名妇女，列于路旁微笑欢迎。

被欢迎的有我们科考队，有云南来的"金珠玛米"，有独龙族的农民。这种民族情意，是感人的。最后至日东解放军队部，有床有暖食，20 余日首次有床睡，也是不可多得也。

夜观电影《金钱梦》和《御马外传》。一夜秋雨声。

1982年9月14日　周二　雨

整理日记与标本。细查在帮果附近海拔 3 400 米的云杉林下的树干上采集的 No.990 标本，为花耳科的红胶杯耳。分布由川西、滇西北至西藏的帮果，是很有趣的一种银耳目真菌。如 *Mycologia*（《真菌学》）刊载，原分布点又显得不够完整。分类与分布有做不完的工作。整理苔藓标本至 5567 号，真菌至 991 号。野外生长的花耳科的胶杯耳颇似盘菌，紫红色，由于不同于干标本，当时不鉴其实，故未摄影。

1 指臧穆的生母和继母。

1982 年 9 月 15 日　周三　雨

下午开欢送云南军区解放军的联欢会，夜部分人又参加由电影队和日东队部举行的夜餐。

1982 年 9 月 18 日　周六　阴而后雨

9 时出发，在日东营部对面，东面的山谷，沿水流而上，有石灰状岩层，笔直而立，状如黄山之猴子望太平观。

在海拔 3 400 米至 3 600 米处主要有保存尚好的冷杉林，最上层似有圆柏，林下的腐木上，大成首次采到花斑烟杆藓，另在柳树干上采到红胶杯耳，新鲜时似近紫红色，而干后成深红色。

下午山雨即来，群山雨意正浓，峦际模糊，唯听泉水淙淙，偶有鸟啼相辅。林下有绿绒蒿，因海拔已高，花期已过，唯有果实。下午甚饥饿，有油条相待。深山老林中有此饭肴，当思来之不易了。

夜复左足阵痛。梦遇两位慈母[1]，醒来益觉夜寒浸膝，颇感苍凉。

日东营部东面的山谷

在欢送云南军区解放军的联欢会后，部分考察队员与解放军战士们合影留念。前排左起：康平（记者，站立者）、汪楣芝[1]、李沛琼[2]、武素功、臧穆、苏京军[3]。

在日东河滩与云南军区解放军战士分别留影，左起：钟伟（机要参谋）、杨清德（军医）、臧穆、金荣华（副连长）。

孢子植物组在西藏日东合影，左起：张大成、苏京军、臧穆、汪楣芝。

1 汪楣芝：植物学家汪发瓒之女，就职于中国科学院植物研究所，主要从事苔藓植物分类学研究。
2 李沛琼：时就职于中国科学院植物研究所，主要从事被子植物研究。
3 苏京军：时就职于中国科学院微生物研究所，主要从事地衣研究。

日东平坝

1982年9月19日　周日　晴和雨

  日东的平坝约有 2 公里长的农垦地带。青稞正在收割，小麦也已转黄。围绕连队的远山上，是笔直的云杉，也有些阔叶树。松萝是一个明朗的基调，像石涛和尚泼下的石绿。从图画的南面看，是不高的冷杉。这是破坏了以后再生的次生苗，墨绿色，显得高贵而庄重。它们的位置是不规则的，稀疏的，但很美。难得的晴天，明亮的阳光耀人双眼。蔚蓝的天空，我忘了去补色。远山的顶端是冷杉林，显得很纯很纯。秋天是逗人的，令人喜悦，虽然下午又来了一场秋雨。

1982年9月21日　周二　晴

  幸得晴天，去察隅方向，到民兵桥一带采集，标本甚多。为云杉、冷杉林，海拔 3 500～3 600 米，牛肝菌、枝瑚菌多。在帮果采的鬼笔，上午 11 时放，无裙，造孢组织有奇香。沿林主要为云杉、冷杉林，林象极郁密。林下主要是毛梳藓，厚如毯。倒木纵横，真菌极多，120 个，80 余号。牛肝菌科有 2 个新型未采到者，均为绒盖牛肝菌。另，牛肝菌其盖可达 25 厘米，巨型，肉质。大成又采到花斑烟杆藓（已拍影）。今日又采到虫草，肉质米红色，与美国所见者同型。鬼笔目孢子释放时几无香者，均为异臭者，今得香鬼笔，甚难得，摄影和拍影均存。

1982 年 9 月 23 日　周四　晴

整理行程事。晨起写总结，安毕会延。

下午，日光和煦，携写生本与彩色颜料至驻地前。观南面山峦，见草坡如茵而有赭色，岩面灰紫而蓄秋容。历 40 分钟写生此幅，唯树冠参差而成图案，一片翠绿而各具变化，实难以捉摸和落笔。

近处青稞和小麦已成熟，正待收割。所见小麦，曰"肥麦"，藏名 Gen-dro，为西德引进的品种，生长季为 1 年，头年 9 月种，次年 9 月收，生长季太长。青稞，禾本科大麦属，藏名曰 Nae，白青稞 Naega，红青稞 Nae-ma，黑青稞 Nae-na，5 月种 10 月收，称为春麦 Bi-dro。解放以来凡由内地引入者，称汉麦 Gia-dro，原来是藏麦者，称 Bi-dro。海拔 2 500 米以下的山南地区也有与独龙江相同的鸡爪谷 Yang-ba，但产量不高，只作酿酒之用。据南京农学院（现南京农业大学——编者注）来此调查的谢富祥同志说，西藏可能是大麦起源的中心。野生大麦，均易见于栽培的农田中，品种很多。农民多以杂草相待而除之。其特征是麦粒易脱落，往往在成熟时，穗轴成半光秆状，其次是颖稃紧抱子实，不易离落。据说不同色泽的野生大麦，是研究多样性的可靠依据，西藏是研究大麦起源的种子宝库。

日东驻地写生

　　下午篮球赛后，由胡在国教导员和董礼耕副连长等主持
欢送科考队。夜有月伴稀星，高原之上，愈感四周热隘之余，
高处不胜寥寞也。

1982 年 9 月 25 日　周六　晴

晨辞日东驻军诸同志。胡在国教导员北上察隅，我们随日东河南下，在帮果以北东行，沿松麦曲支流，盘江而上。由海拔 3 400 米上登至 4 000 米以上，山势随流石滩而开路，周围灌丛已稀疏。所见红景天生于石隙和缓坡处，与部分小叶杜鹃，均呈朱红和深红色，高山红丛盛染，已显深秋。夜宿山脚下。

1982 年 9 月 26 日　周日

上山，登齐马拉扎，石面苔藓以丛藓和紫萼藓为主，种子植物中的枸子丛中杂以蜡伞、丝膜菌等肉质真菌。

既登至齐马拉扎垭口，海拔 4 715 米，山脊流石冲刷至巨，山色呈土黄和灰黄色，从山尖向下，呈千皴万裂，组成披麻皴状的高原面。山顶为白雪皑皑的雪山所包围，山风凛冽。憩后，顺山而下，西坡红叶似更美丽。降至海拔 3 700

齐马拉扎垭口

米，杜鹃交织紧密，冷杉林发育良好，有平缓的草地，花楸红叶红果，"红叶胜似二月花"。至海拔3 500米之齐扎，为日东和察瓦龙交界处。周围环山均为冷杉和光叶高山栎（毛脉高山栎），树冠黄褐，愈显秋意深深，气候转干。依溪而营，夜宿齐扎，半轮明月挂于枝梢，所见松萝满悬，别是一般景色。流水、月色、如纱帐的松萝、篝火，布成一幅秋色的画。

1982年9月27日　周一　阴，晴

晨离齐扎，顺坡而攀，越高山栎、杜鹃和冷杉林而上，至拱种拉垭口，海拔4 150米，山脊有冷杉、花楸、小檗、杜鹃花。秋色似更突出。……周围红叶斑斑，点缀于75°的山坡上。近山如栅，山脊几无植被，东向有森林线。远眺群山，雪峰林立。梅里雪山有七峰，在云海弥漫中，偶现偶隐。难见群山真面目，只缘身在此山中。为了窥实，候2小时，未果而下山。

拱种拉垭口

夜宿拱种拉（供拉）。在供拉之上，即拱种拉垭口海拔4 150 米以下至 3 400 米之间，尤其是 3 800～3 400 米之间，有发育极好的针叶林，黄杉、云杉、冷杉巨干矗立，自成壮色。林下真菌红菇、松乳菇（红菇科）多之，牛肝菌（近似细网牛肝菌）色深红动人，发育均好。

由拱种拉下至海拔 3 800 米，冷杉、云杉和澜沧黄杉均为数人（3 人）合抱之木，幼树 10 龄之树亦发育良好。林深路静，偶闻鸟鸣陪山泉水声，犹如在万马军中偶闻琴声。林下层所见槭树和花楸树叶已红，在林深径暗中，益感媚艳。林下真菌如红菇科的白乳菇、松乳菇多为温带种类。翌晨，杨（增宏）博士用盐洒在后者用火烧烤，其味鲜美。又闻云南土沉香（大戟科）可解菌毒，中文名曰"土沉香"，其用法不详，而后者在干热河谷中为建群种。夜在供拉下之山坳中露营，有阵雨。周围森林已破坏，渐低渐趋干热。

拱种拉林景

1982年9月28日　周二　晴

　　顺拱种曲东行，渐向下，至海拔3 200米处，森林终断，河谷两岸均呈棕灰褐色，满布单刺仙人掌，此外如白花丹科的蓝雪花、云南土沉香，或花或果，丛丛簇簇，稀稀拉拉，呈现出干、热、多刺的景观。

　　至拱种曲与怒江交汇的地方，（该处）呈一垂直角状，怒江由北而南，拱种曲由西而东。门工位于两江交汇的南岸，房宿周围，广植胡桃，多有两人合抱的百年大材，果正熟，壳坚硬，每饥饿时，一人一只，可以补饥。

　　门工，昔为察瓦龙区的区府，曾有大喇嘛寺，今已遭破坏，改为民宅和马厩。下午与民乡小学的藏族教师诺布和米朗维之学藏语字母和拼音。夜宿门工，在大队的队部舞台上。

门工
从海拔3 400米处下览。

1982.9.28

怒江边的仙人掌林
赴西藏门工途中的怒江边
仙人掌林。左起：汪楣芝、
苏京军、臧穆。

1982年9月30日　周四　阴

　　由门工渡怒江，至江之西岸。顺怒江而下，至扎那[1]，沿路为干热河谷，以仙人掌为主要特色，果正黄，剖之，虽籽多，但味美如香蕉。偶有不慎，则毛刺刺人如荨麻然。

　　至扎那，干热。村周围有柳树、白刺花、白花而非紫花的砂生槐（白花上至怒江此岸），蓝雪花蓝花正放。满山有刺植物，一片旱象。夜宿扎那。洗冷水澡，不觉霄寒。

　　周围环山皆土赭色，已无森林，唯有冲刷后在坡势较缓处之灌丛。灌丛以白刺花和角刺花为主。山脊之上为较稀疏的光叶高山栎，但发育不良，陡峭路边见紫葳科角蒿，长果稀花，颇有白马所见的景色，然此地更接近云南，而白马则为怒江以上的藏东景色。

　　扎那海拔1 950米，相当于昆明的高度，但较干热。怒江两岸虽有耕地，但以植玉米为主，或有水稻，估计用水困难，且水温北下偏凉，不宜也不可能大面积栽种。9、10月来此，中午干热，以一件衬衫为宜。夜微有凉意，但不寒冷。蔬菜以南瓜最丰，辣椒也较普遍。绕村有柳，水流纤纤，江声远隔，已无在波音上之彻夜噪音贯耳之感觉。

1 扎那：林芝市察隅县察瓦龙乡辖行政村，为乡政府驻地。

札那风景

1982年10月1日　周五　晴

中秋节、国庆节集双节于一天。晨起烤标本。夜包饺子。

夜来，明月渐渐升起，藏族青年男女都赶到小学里来，在校园里尽情嬉闹。饭后独到校外，远山虽黑，但轮廓可辨。云淡星稀，明月格外显得皎洁。秋虫有节奏地嘀鸣，江水的响声似被压倒了。由扎西（演奏）的胡琴为首带动大家的歌唱，更显得清静了。鲁迅说的社戏在乌篷船外的夜外清音，在此更感到切人心腹了。山静，水静，歌声更静，秋天的夜，益显得静了。女生的半童音，男生的不协调的低沉，在这空谷高山中，也变成无比的幽静，与天上如白絮的片云，与稀疏可数的几颗灿星，协调得更幽静了。我坐在白白的漂石上，旁边有不高的灌丛，数月的奔走，如今，也幽静得忘返了。

1982年10月3日　周日　晴

晨由扎那与日东解放军5人分手。我们向西北，他们向西南。

由扎那西北行，路经一村，云旅行者，不能食水，外人饮此水往往引起暂时腹痛，仍居此者则无恙。过此，几直线上升，随"之"字形的羊肠山路，由海拔2 400米爬至3 200米，此垭口名字叫绿同拉。山东坡有高山栎和黄栎，海拔近2 900米处有华山松和云南松，基部为多刺的异叶帚菊、香薷、小檗，基部仅有旱藓、扭口藓等，而到海拔2 900米处，随松、栎等乔木型树种的郁密，白齿藓等附生植物显优势，喜得点柄乳牛肝菌。既至山顶（海拔3 200米），又喜见潮湿的生态环境。

下山以后，至西坡，山顶为铁杉，山腰为松，又有花斑烟杆藓。由松林以下，海拔3 000米左右，伐林植玉米，长势由于初垦尚好，估计2年后势必变得干旱。越下此山，越显得干旱，只有灌木丛，而无森林，不少河谷已经干涸。向西北，遇察五曲（扎那河），水流由西北而下，路顺水行，此为怒江支流，但流向在此竟相逆转。故藏民有句歌谣谈此江水，云：今天顺着江走的地方，明天转了方向又回来了（多走了）。倒流。"Ge Ma（白走），Chi Cai Wu Jiu（察五曲），A Re Ro Sai Song Ni Ao（藏语音节）。"至下游，此水注入怒江。近格保（藏音Ga Bu）过桥，越察五曲，夜宿格保，海拔2 300米。夜在马店之走廊上过夜。有月色。

1982年10月4日　周一　阴

由格保海拔2 300米，西北行，越海拔3 200米的垭口，近似荒漠，多为有刺植物组成的灌木丛，醉鱼草有黄毛背者多之，黄荆未再见锈菌。下坡，仍逆察五曲向上行至瓦布

1 瓦堡：西藏自治区察隅县瓦龙乡辖行政区。

（堡），海拔 2 650 米，住一藏民家，沿天井的走廊，大家卧地而睡，也算是好环境了。昨天行 20 公里，今天则仅 10 公里。瓦布有苹果梨，味甚甘甜。行村巷中，遇一老太，顺手赠送水果，谢后食之，其味甚佳。村际仍有胡桃树。玉米已在收割。山势已黄。夜宿瓦堡[1]。

1982年10月5日 周二 晴阴

晨离瓦堡，海拔 2 700 米，向东北上攀，南坡为黄栎和高山栎林，至俄里拉山垭口（甲拉山垭口），海拔 3 950 米。山脊红叶红遍，冷杉翠绿，远山雪山环抱，令人神旷。由此山而下，东坡林突变潮湿，疣柄牛肝菌和虎掌菌多之，是为北坡。下窥扎那曲，（察五曲）已属左贡县，不属察瓦龙，又名必突曲（甲拉曲），水流由西向东，再转南注入怒江。甲拉位于江之东，故东坡阴，西坡潮，但东坡之河滩基仍旱象严重，下仍为灌丛植物，多刺。夜宿甲拉。

俄里拉山垭口
海拔 3 950 米。花楸、小檗、钝叶蔷薇已红。

1982.10.5

1982 年 10 月 7 日　周四　晴

　　一日步行，由甲拉自北而来，初沿扎玉曲，后在与扎玉曲相交汇的拉戛曲龙，由西而东，顺拉戛曲龙的河谷上上下下。

　　在盘山道上，基本是干热河谷，虽仙人掌科植物比较稀疏，但小檗和云南土沉香仍占优势，偶见的铁线莲尚在干热环境中，竞放白花，愈显秋色壮朴舒旷，颜色雄壮而清淡。在两江（即扎玉曲和拉戛曲龙）相交处，海拔约 2 823 米，而攀山至来得，海拔 2 900 米，崎岖小路，所随的马帮也称路不好走。在这约 16 公里的路途中，又干又热，幸有胡桃和玉米充饥。拼命赶至来得，两腿几不能直，幸服硝酸甘油，乃觉心跳有律。

　　来得村[1]，建在群山之中的一块孤立的台地上，田有 10 余亩，住居六七家，村舍以胡桃树相围。远眺群峰顶峙，诸林相不一，凡河谷底部为干旱有刺植物，西坡主要以高山栎为主，海拔 3 400 米以上尤占优势。东坡或北坡较潮湿，有云杉和冷杉，山坡不呈赭绿色而呈深绿色，但松萝极多，故树冠多有衰竭者，发育不甚好。

　　夜居一农民家，我、大成、张建华和扎西，宿于半露天的二楼屋廊下。户主为老病妇，人只能围火而坐，全身关节不能挠动。人民缺医少药，生栖维艰。在由甲拉来此的途中，所购活鸡 2 只，一天行走因无水可饮，竟而干死。此是 10 月天气，如在 8 月中午行此，真是白日炎炎似火烧，不知何处可以躲藏呢。

1982 年 10 月 8 日　周五　晴又遇小雪

　　晨由来得（海拔 2 900 米）向东一步一攀，在海拔 3 500 米处，近西南坡为干坡，主要为纯光叶高山栎林，树冠赭黄和土黄色，林下落叶层单纯而柔软。灌木也以小檗为主，多

来得村

青厚
2900米

刺。附生植物多长松萝，由枝干下垂，几达 2 米长，满树满山，组成石青翠色，如幔，如帏，如帐，如幕。举目所见，艳色银光如入仙境。其实仙境谁也没见过，而此地是如此优雅、恬静，偶有几只飞鸟越过，几无往日不断耳的水声。

渐上至海拔 3 800 米处，松萝转成茶褐色的一种，而近海拔 4 000 米处，又显出橙色的一种，长如松萝，而基部又似树花科树花，多生于刺柏、藏柏的枝干上。路是"之"字形，左右摇曳，渐行渐上。登至海拔 4 107 米处，为第一垭口平台地，名叫迈秋邦吾，森林已为上限，小檗、花楸均呈红色，远山山脊，或雪，或石，或冲刷的流石滩，形成极奇特而怪的赭红、土灰等错综复杂的颜色。如果按真色写实，必有人谓我失真也。在山顶小息，电影队摄外景，然后继续攀登。

叔拉（也作树拉——编者注）垭口海拔 4 715 米，是梅里雪山的顶峰，为西藏与云南两省区的分界。山西坡、南坡属西藏自治区，以极大的流石滩呈不同形状的三角锥堆积，有石柱状立石杂于堆石中，草以禾本科植物为主，苔藓以丛藓科和紫萼藓科为主，只见于石缝和石面，地衣有 10 种之多，呈黑底绿点、灰色、红色、黑色等。采到一些海拔 4 600 米以上者，待鉴定。真菌标本因时已太晚未见。

下午 2 时半至叔拉垭口，风吼空谷，人莫能立。垭口处，凡过山藏民，均以积石而祈福，或以 3 块板岩堆成小屋状，内舍硬币，多以 2 分镍币为主。同行者扎西定主同志，纳西族名为木青华（他是德钦县红山公社鲁瓦大队梅里石小队人）也积石为祷，愿自己今年上梁大吉。他说，至此勿多语，因高山乏氧。又云，两月前有一藏民已越此境，到北坡，因山风大著，冻死于此。此山为高黎贡山之北沿，山峰顶部之裂石缝中，虽有积雪，但为数不多。山顶垭口处过往行人均以布旗为福，上有藏文，架于山脊，随风抖舞。在玉琼晶洁的"天国"边，有此五彩缤纷的风旗，是在无人迹处见人迹，还是人烟的可贵了。由此垭口向南而下，进入云南境，有红色冲积石，似为红色砂岩，在壮观中益显壮丽。

随路而下至海拔 3 600 米处，有冷杉林，有流水。过牧草地，在龙宫处依林傍水而夜营。水极寒冷，在龙宫度夜，只待明日，即可到达梅里石之出路旁以待来车了。

1982 年 10 月 13 日　周三　晴

晨由德钦启程，行约数里，在满山秋色中，远眺太子雪山的雄姿，令人神往。皑皑白雪，顶天立地连成一片，玉璧琼晶，耀人眼目。过此，下坡再上坡又至白芒雪山，在海拔 4 230 米的垭口处，在杜鹃灌丛中采集约半小时，苔藓标本至 8867 号，已无新意。沿路所见，森林已严重破坏，只砍不栽，只用不蓄，锦绣山河，如一片被蹂躏的景象，令人不畅，看来遭大自然的惩罚，为期不远了。下午 4 时许至迪庆州州府中甸（香格里拉）。4 个月来的山山水水，今日首见不太大的平原，顿感心情舒展，别是一番滋味在心头。

夜遇下关省林勘五大队的黄其泰同志（住下关一中），谈及虫草在本州产地最多的地方是东旺公社（即七林旺丹家处）。采的方法是天明前拂晓时携竹鈱上山，藉天明前的晨曦，辨子座上的露滴，插鈱作标，天明后相有鈱下采取。夜宿中甸州招待所，已是较新的楼房，不是1976年与吴先生来此之荒凉景色了。地方也是进步很快的。但植林却是个大问题。

1982年10月17日　周日　晴

孢子植物部分从贡山出发至德钦一段，昆明所采真菌标本计1 353号，苔藓植物8 870号；昆明所包括维西一带，总计真菌1 603号，苔藓11 370号，共计12 973号。另外，科学院微生物所所采地衣、真菌和中科院植物所所采苔藓约13 000号。其中独龙江上游，尤以滇藏交界处为处女地，所获得的资料，均为首次，具体报告将在鉴定整理后予以报道。据初步估计，这一地区由于峡谷的纵横切割严重，小环境复杂，交通阻塞，保留了不少特有的种类，并呈现出热、温、寒三带植物属种之交会、分化的独特现象。在这一区域海拔2 000米以下的低地，蕴育着大量属于热带成分的科属，菌类中如不同类型的鬼笔菌、竹荪菌、牛舌菌，苔藓植物中蔓藓科、羽苔科和叶附生的细鳞苔科均极丰富。在海拔4 000米以上地区，科考队员们也重点进行了考察，对毒蘑菌、牛肝菌以及后者与种子植物的菌根关系，均进行了研究、采集和摄影，搜集了大量第一手资料，这对今后研究这一地区的植物分类、植物地理、区系成分和资源开发，均是极为重要的。

下午全组会议，由武宣讲工作总结。

1982年10月20日　周三　晴

晨至黑龙潭公园。霁日秋影，得月楼寂失栏干花著露，秋日暖，淡烟浮，白花满湖，无数瓦楼，一片白云，我欲久留湖滨，无奈更恋书声，早归。回顾郭沫若所提旧联，不胜依依。

今读10月20日《云南日报》第二版，记者段继彩报道："9月中旬贡山独龙族自治县通往独龙江地区的驿道被洪水冲塌，桥梁被冲毁，100多名赶马工人和400多匹骡马被困在雪山……独龙江公社离贡山县城60多公里，要翻越海拔3 800米的雪山垭口，每年有半年时间大雪封山。9月11日由于雪山上连降大雨，山洪冲毁了3万多米长的驿道，400多匹骡马，百余名赶马人被围雪山……9月中下旬转返……"9月11日，我们已进入日东河。即在到邦果的前一天。幸哉此行，如被困在山，势难完成任务。

黑龙潭秋景

臧穆自独龙江科考返昆后，来不及剃掉胡须，换下野外工作服，即陪同家人前往昆明翠湖游览。照片为黎兴江、臧穆在翠湖边合影。

左起：臧穆、臧穆的母亲、儿子臧键、黎兴江。

山川纪行 1988（贵州 香港 山东 上海）臧穆

1988 年

贵州梵净山；云南昭通

山鸟鸣空谷，瀑泻震耳，众谈笑自若。极乐，极宜，极寂，极静。

1988 年 6—7 月，硕士研究生刘培贵、王鸣、杨祝良和张力首次跟随导师臧穆、黎兴江赴贵州梵净山地区开展野外实习和标本采集工作。同年 12 月，臧穆又前往云南昭通地区进行真菌考察。

页岩方瓦

1988年6月17日 周五 多云

晨8时，集于贵州科学院门前，食贵州著名面食肠旺面。肠者猪肠也，旺者猪血。面糊粉高于云南，有韧劲，佳于云南。唯旺有腥气，为美中不足。

8时10分，车至，为个体户的中型轿车，价18元至龙宫[1]与黄果树瀑布[2]。由贵阳至安顺约105公里，由安顺至关岭约55公里，途经平坝、七眼桥、蔡官。沿路有稻田，始插秧，节令稍迟于昆明，亦多属河谷台地，阔在1～4华里。两侧山地或为丘，或为峰，近似桂林景色，唯山多呈灰色。屋舍由钙质石块所垒，几无屋瓦。瓦为页岩，厚5～7厘米，呈方形，以栉鳞状压于屋顶。此法与维西[3]所见木瓦结构之法相似。山水多呈黄乳色，或为雨后之故，然有土质贫瘠感。山水虽与桂林略有所似，然无"山作碧玉簪，水成翠罗带"之誉，有单调和贫乏感。沿路村舍城镇衍列，为薄苗杂之。虽有育山护林的石牌，但无林木。灌木生于石隙，多为木贞属灌丛。杉木长势优于云南昆明。

七眼桥风光

七眼桥（镇）一带的村舍，舍白而水曲，稻田绕之。山丘高80米上下，石裸露，灌木杂之。车过平坝县，山势大升。公路沿山腰凿成，几成淡灰或灰白色，沿河巍列于两侧，陡峭峥嵘，气势磅礴，使人精神为之一振。由此曲展而越。

　　车至龙宫游地，势近平缓，依山傍水，很多旅游馆舍如雨后春笋，正在大兴土木。有桥系之。桥侧，广植莲荷，叶如盘，花始放，朱白兼之，清雅之极。沿荷塘之前侧，有山丘，高约40米，过之，为龙宫天池。池径约80米，随舟入洞，洞口有"龙宫"二字，为刘海粟所书，刻于洞口之岩面。因石面不平，"宫"字不正。红色因为所用油漆一般，丹彤不足，有失神韵和古朴。随船入，景色大开。顶高达百米，石钟乳有的低达水面，这真是"水面初平云脚'底'"。导者介绍，洞内水深处有达20米者。两侧岩壁千态万状，灯色迷离，水岩交融，极为壮观。岩洞有口，船可出，但因洪水季节，山洪水旺，船过有危险，故历时一刻钟，船即返回。洞口有峭壁直起，泛舟沿壁，雨点蒙蒙，不输东坡的赤壁夜游 [1]。闻风而起，水波不兴，或即此心情。上船，见湖侧有另一岩洞，水咆哮而入，从洞外飞泻而下。大家随路再谒龙门飞瀑。

　　过一线天，入另一岩洞。洞暗，目力难辨。臧键随应建浙 [2] 先生而行，忽大呼一声，只身落水。众大惊，然其一跃而起，虽两腿尽湿，而无恙。仅几秒后，兴江在我身后，哇一声又下水。众皆惊愕，不明水之深浅。我返身不见一切，唯抓住一手臂。王鸣讲："这是我的手。"不闻兴江声，立松也在叫，后王鸣将兴江拉起。只见王鸣手心有鲜血，兴江右腿有伤口。惊人落水，老应亦面有惧色，欲退。这条黑暗水洞有困难，欲前，要越过由洞口涌出的飞瀑前的石阶，溅水而过。思之再三，还是向前，后退是没有出路的。故由阶，扶铁链而越前飞瀑。事后，老应说：今日是"龙口历险记"或是"龙口落水记"。

1 赤壁夜游：指宋代苏轼《前赤壁赋》中所描绘的景物。

2 应建浙：1928年出生，中国科学院微生物研究所研究员，主要从事以伞菌目为主的大型真菌研究。与臧穆共同编著《西南地区大型经济真菌》，任第一作者。

黄果树瀑布，位于安顺之关岭侧。[1] 上有潭约 2 台，阔 50～70 米，瀑布越此，垂直而下，飞泻为帘，珠雾缭绕。因雨水过后，水呈淡黄色。明朝徐霞客曾到此。古时交通不便，由江苏之江阴步行到此，实为不易。临瀑的小镇，商店和房舍失之杂乱，绕瀑的建筑也散乱无序。我国山水壮观，唯失之脏乱。

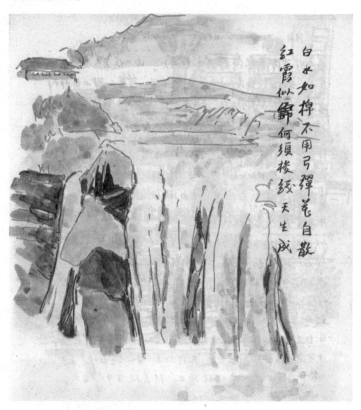

黄果树瀑布
白水如棉不用弓弹花自散，
红霞似锦何须梭织天生成。

1988 年 6 月 18 日　周六　雨

晨，原订的个体户失约。立松与张力奔走疾呼，另雇到去遵义的车。行 150 里，至遵义。城中心甚美，有欧洲风味，宿遵义宾馆。夜谒遵义林科所所长王人亮同志。王为上海人，1962 年从南京林学院毕业至此，说一口标准的贵州话。今日五月端午。中饭在赤水，有赤水鱼，味美。行车时李宇、王鸣、张力唱歌，立松唱京戏。真趣。

1 邓萍（1908—1935）：四川富
顺人。著名的红军将领，1935年
2月27日在遵义战役中英勇牺牲。

1988年6月19日　周日　多云

晨8时至红军纪念碑。（碑）气魄甚大，由四位巨人头组成基座（分别是老红军、农民、女红军和青年红军），高耸的碑上有邓小平题字"红军烈士永垂不朽"，后有邓萍[1]墓。山后为马尾松林，菌类少，时似尚早。

中午编标本号。毕，至遵义会议会址。（下）图为市内的湘江，隔江近眺，新旧中西建筑参差栉比，黄褐诸色交融。在这民贫地薄的环境中，在此发展中，别有所思。在老市区，购得浙江冻石1枚，价4元。下午参观遵义会议会址，举行会议是在1935年1月15—17日。此楼两层，有周恩来、朱德、刘少奇、杨尚昆、彭德怀等人的住室。但不知毛主席当时居于何室。

由此宅馆的后花园出后门，左行50米，有一天主教堂，建于清同治五年（1866）。（教）堂维修竣工，很美丽，为中西合璧式。左厅门联：圣家无穷群伦在抱，心情靡极万物

遵义市湘江之畔

遵义天主教堂

归怀。正厅门联：德冠古今爱超慈母，恩流中外敬笃尊亲。
右厅门联：赞主鸿猷昭垂万世，保民厚泽普遍五洲。

　　堂侧有紫薇，已成巨树，当为后代栽者。此约为法国传教士 Giraldii 住过，此人采了大量苔藓标本，后经 Stephani 鉴定发表；另一法国传教士为 Cavalii，采真菌标本，经 Patuillard 鉴定发表。古宅依在，又为长征前的著名会议地址，颇饶趣味。遵义会议时，毛主席、周总理、秦邦宪（博古）曾在此礼拜堂作报告，总结经验。其中大树为梓树，胸径约60厘米，高于教堂顶尖。

1 弹琴蛙: *Nidirana adenopleura*
（Boulenger, 1909），蛙科琴蛙属。

2 刘承钊（1900—1976）: 动物学
家，中国科学院院士，长期从事
两栖类动物的研究，发表了大量
新属种。

3 保兰格: 英国生物学家乔治·阿
尔伯特·保兰格（George Albert
Boulenger），19世纪末20世纪初
曾发表了许多中国原生的两栖爬
行类新物种。

1988年6月20日　周一　多云

中午11时40分，离遵义，北行。下午4时至绥阳北之宽阔水林场的茶场。夜有雨。10人聚于一室，应建浙以幔纬一层挤于室角。此地海拔1 400米。

《绥阳县志·地理篇》载："宽阔水山，在城东北旺（旺草），至山最高，居民茅屋，终年住云雾中。"宽阔水为绥阳、桐梓、正安三县交界地。树种：光叶水青冈、大箭竹、多脉青冈、耳叶柯、栲树、方竹。

1988年6月21日　周二

阴雨。登太阳山，海拔1 500米，最高处海拔1 700米，刘培贵采到星状弹球菌。围宅周的池溏，有弹琴蛙[1]，叮咚而鸣，极幽静，相传为刘承钊[2]所订名，但现为保兰格[3]（Boulenger）所订，不知谁确。夜在暗灯下，无事可做，聊天达子夜。

1988年6月22日　周三　晴

由茶场至水库。环水而采集，竹林多之。下为方竹，基有凉山虫草，子囊壳少有成熟。环境阴湿。竹竿上有隔担子菌属，为建群种。林下之栲叶上栲树，多有一种白色的皮伞，甚多，优势种，待鉴定分析。山相对高度多在50～100米。水流环之，竹丛杂之，偶有杉属和铁杉属，而少见松属，只有一种华山松，发育不好。林下柃木多之。藓类见有尖叶油藓，但尚无叶附生苔类。越数峰，顺山路而下有小水坝。

宽阔水林场之飞瀑

越坝，山道顺峰而回转，有深壑而下。仰回首，在此页岩上有银瀑直泻，分成"人"字形，高约 50 米，水珠四溅，有彩虹击之。同行者宗毓臣、刘培贵、王鸣、张力、李宇、立松，环石而坐，仰观飞瀑，疑是银河落九天。山鸟鸣空谷，瀑泻震耳，众谈笑自若。极乐，极宜，极寂，极静。

夜大家畅谈，或谈"吃凉粉"，或谈"绿下下"[1]，众皆捧腹大笑。

1988 年 6 月 23 日　周四　晴

至茶场附近采集。见粉褶菌属约 7 种。牛肝菌科不多，见粉孢牛肝菌属。昨日在下面水库游泳，今日在茶场附近水库游泳。水面平静，茶园环之。水鸟、幼童戏水击浪，极为清静。仰游观天，一乐。

1 "吃凉粉""绿下下"：云南方言，表示夸张的感叹词。

1988.6.23

1988年6月24日　周五　晴

中午离宽阔水，由群峦而下，至平地稻田区。气温变热，皮肤湿黏不爽。沿路有卖云南之水果杨梅，极酸。望梅止渴，虽不是指此杨梅，但有同工之效。下午5时半至遵义。居遵义地区行署招待所，兴江已在前天来此。夜闷热。

1988年6月27日　周一　雨

晨5时起身，辞应建浙、李宇，离遵义地委行署招待所。天大雨，立松与张力冒雨出门雇车，幸遇一车，才将行李等运到汽车站。站虽高大，但屋顶漏水，大厅中积水近6厘米，坑坑洼洼，旅客要跳弹启步，甚为不便。下午至印江[1]，雨如珠，印江水清，穿市而过，远山模糊，无灯火映水，气压极低。夜闻雨声，待天明。

1988年6月28日　周二　阴转晴

6时半由印江启程。车在微雨中行，两岸山不甚高，稻田杂之。车过缠溪一带，有瀑布4处，细长如帘带，甚妩媚。中午至江口县[2]，遇苏志云、方瑞征、陶德定和小陆[3]。兴江胃不适，下午至梵净山环保局，谒局长杨业勤总工程师。

在江口市场上购得竹簧，草医云采于梵净山箭竹上，在浙江此菌亦见于此箭竹上。此城天晴时，较湿热，海拔498米，盘溪河自梵净山由东向西集于此处，故曰江口。在此低洼地，稻田平缓，气候湿润。

1 印江：指印江土家族苗族自治县，隶属贵州省铜仁市。
2 江口县：贵州省铜仁市辖县，县境内有著名的世界自然遗产梵净山。
3 此处四人为中国科学院昆明植物研究所研究人员，时该所承担了中国科学院植物研究所路安民主持的重大考察项目任务，苏、方等赴湘、黔接壤处的武陵山遵义、铜仁地区的15个县考察资源植物利用情况。

江口县街景

　　此城尚贫，为原始老城。建筑正在动工，尚未变貌。摊贩林立，街道虽狭窄，但旌旗招展，人群熙熙攘攘。

　　原拟明日启程进山，因大家云有肚泻和疲乏，连日半夜起身，且车票未果，加以兴江腹泻胃不好，只得顺延。

1988年6月29日　周三　晴

至医院，新舍尚未落成，旧舍为瓦屋平房，院落泥泞。分中、西医部，挂号、付款、批价、看病、发药，要排队多次，麻烦之极，又无规章说明，病人来此，殊多困难。有些农民来看病更为困难，问无人答，在烈日下排队，久排无人过问。民风如此，可见教育的重要。

昨夜与小陆等谈及梵净山蛇之多，蛇毒之烈，大家为之失色，野外工作不得不审慎。

江口，时正盛产桃。红色，虽个体较小，但尚可适口。一角可买三四个，极便宜，亦有香瓜和西瓜，风味近江浙，与云南似异。招待所有风扇、凉席，在酷暑中尚可纳凉。

江口古城民宅

古城民宅内的照壁和墙隔多单面向，上方瓦棱为饰，甚为美观。29日晨临窗写此。

江口城，为梵净山江水注入此城角。城西有群峦相抱，峻峭蕴奇，水色青绿。临城孤山有寺，远眺金檐朱槛，益觉清淡壮观。老城仍有古意，墨瓦灰墙。虽寓破烂感，但有朴素典雅之态。人民生活属贫，近贫困县。中草药较普及，火炙之法盛行。

1988年6月30日　周四　晴、热

江口中午奇热，至车站已汗流浃背。车离站至黑湾共30公里，黑湾周围有茅竹围绕，山涧水极清澈。环村而下，游泳近2小时，水光山色极美。采得类似粉盖牛肝菌或绒盖牛肝菌1号，或为新种。夜明月当空，蚊虫极多，又无蚊帐，几一夜未成眠。

1988年7月1日　周五　晴

步黑湾河公路上，登茅竹林，林海拔约150米位差。离住所1公里处，左上越桥，攀林区瞭望台，钢筋为架，有4台，每台有4级"之"形扶梯。攀至第3台，居高临下，突感树干摇曳，台架颤动，左右摇晃的差距近半米。众皆手脚发麻，即顺阶而下。

在台上的林下，采得蛹虫草、粉褶菌。

1988年7月3日　周日　阴、雨

上午11时，由黑湾登山，共7.5公里，至铜矿山、铜矿厂、桑木沟。海拔800米，有宿舍5间，每间4至5床。沿路有飞瀑数处，亭阁两筑，多位于泉瀑旁。听泉观瀑，山中极为幽静。时晴，时雨，时阴，时雾。身在此山中，难见真面目。至桑木沟，仰观对面的金顶，耸立如双柱，时显时隐。

夜，兴江又吐又泻。灯火如绳，蚊虫极多，床极潮湿。明日可否走成，尚难定。唯她坚持励行，只有拼命向前。

1988年7月5日　周二　阴雨

晨，由金顶招待所茶店约海拔2 200米向上攀登。近山脊海拔2 250米处，有残庙，殿台均荡然无存，有残碑一片，记云清同治十五年，是乡人赠捐香火和建庙的纪实。据说也列为贵州省的文物保护地，其（实）则是瓦砾场一片。越旧庙址向南行，约4公里达南茶顶。路经山脊，奇石怪岩层出不穷。岩多成片，右侧名万卷书，万层积压，高达20米。左侧有蘑菇岩，与基层岩石微作扭曲，别有妩媚之态。山坡多为杜鹃花丛，传在每年4月锦团佳色，引人入胜。山脊云雾极大，时阴时雨，偶晴偶风，难以捉摸。岩层中有古寺一，唯在岩石上有椽梁旧印，门窗均失。古佛石座斩胸去首，近代信士仅将残石以供，红幅缠身，托保平安。某某还愿，均书为"还怨"。迷信未除，古址尽毁。山地苔藓林，多红本杜鹃，大树有合抱之粗，龄在百年上下。苔藓附生干枝，可谓壮观。下午登金顶摩崖，高百米，有铁索系于绝壁上，在岩石上凿以步阶，在85°左右，只一人可登。垂直绝壁，令人心寒。传方瑞征步此，不敢登而返。我踌躇之后毅然以登，爬、跪，均专心以用。至顶，有天桥连接两寺，一为如来殿，一为释迦殿，空空荡荡，但铁瓦石壁，筑之维艰。工人如何运上，真是鬼斧神工。山腰有约4厘米的横缝，众皆掷石投之，我连掷三石，均牢然以寄。连中三元，也算诚心登山，乐然以返。

1 唐业忠：时为中国科学院昆明
动物研究所研究生。现为中国科
学院成都生物研究所研究员。

1988年7月6日　周三　雨

昨夜一夜大风雨，晨起门前积水有 2 寸余。（兴）江夜
起两次，余随后在岩帘下，唯见满山云雾，雨声震耳。采有
鹅膏属。

天既明，满山仍不辨真面目。由陈德江及杨东成之子随
我、张力、唐业忠[1]、杨祝良，经山脊，至锯齿山的分路口时，
取左路而至剪刀峡。（路）沿山脊而起伏，阔 4 ～ 10 米不
等，两向陡峭，山石嶙峋。石缝中有黄杉，多枝横卧。针叶
树依山势而生神，石有杉态而出韵。虽山雨依人，但山水之
美大胜漫漫的阔叶林，显得有骨有势，令人神怡。约 4 公里，
行至剪刀峡。两石笔立，呈一线天，阔不及半米，攀阶而上
（传说此石有较强的磁性，人过此，表即失灵，故未带相机

剪刀峡风景

1988.7.6

和表至此）。越峡，仅20余步石级，顺壁而凿，即到一山顶，但非绝顶，山上仍有高山，峰前仍有多峰。在此峰脊环览群山，北见印江和其高耸的电视塔，下有太子石笔立峻峭，有黄山之奇。众峰环此，如栉而序立，因山雨时显时隐，唯不见摩崖的真面目。剪刀峡周围以杜鹃苔藓林为主，有外担子菌，但其他真菌甚少。归时，我行在前，快速而进，以（全程）1小时20分钟的速度冒雨返家。整理标本之余，夜与诸同行的年轻同事和杨东成等向导讲《赵氏孤儿》。雨声虽大，而围于室内，山风山雨之中，此室足可聊避风雨。

1988年7月7日　周四　阴

梵净山顶很有凉意，高处不胜寒。前天有新华社3人（着）短裤短衫，登山后因太冷而当天下山。今日，大家下山，我把昨天在剪刀峡采的一块有石黄衣的青石带下山来，顺6 300级边下边采集，于上午11时下山，下午5时返铜矿厂。半夜灯火出楼台，不见他处。在山村又黑又湿的石壁屋内，也是别有风趣。

1988年7月8日　周五　晴

晨起磨青石，实践杵磨针之举。得此地衣石，亦甚宝之。下午大家同返黑湾，半路中遇一毒蛇，立松与业忠（将其）击毙。夜整理标本至12时半，正与业忠等议论关于"人不为己，天诛地灭"之说的不确，臧键忽报附近2公里外有两农民来求助，云有一农民被蛇咬而不可救，特来求救。虽邻居有一副县长在此蹲点，但无法去求。结果键、业忠、立松、张力、祝良均跃床而起，（前）去救人。归时已3时半，云有毒蛇近张力左足，极惊险。

1988年7月9日　周六　晴热

晨6时起身，6时半推行李行2公里，登车返江口。一个私营的小面包车，12座，结果乘了45人，还有行李10余件，人挤得透不过气来。9时到江口，9时40分乘汽车至铜仁。中午到铜仁，约80公里，居锦江宾馆。天奇热，下午至铜仁林科所访张信民，因病未果，由副所长张治跃、肖正森接洽。夜高暑。下午购得《蒋介石生平》一书。

修文阳明洞

1988年7月16日　周六

至修文。谒阳明洞。修文县城，发展有待。城中心平屋瓦房仍为主，从贵阳有公路通此，因为阳明洞和三潮水而著名。城之东，有阳明洞，有假山成丘，植树成荫。古柏一株，有合抱之粗，参天立地，处石叠丛中，有江南风色。花墙沿山而设，楼阁依墙而立，钩心斗角，黑瓦白墙，加以幽洞通幽，山石接山，确是一个极好的东方古代庭园。明朝王阳明（王文成公）曾寓此讲学，何以来此，史源待考。山洞有石文镌云"阳明先生遗爱"处，有石座数尊置于洞口。沿洞口，侧有石阶，沿阶20余级，有碑亭一座，与王文成公祠遥遥相鉴，距离不过20步。祠门左右联云：三载栖迟，洞古山深含至乐；一宵觉悟，文经武纬是全才。从祠人，为一方形庭院，有一戏台状亭台，有匾额一，书"培养元气"四字。临亭之厢房为两层木楼，窗框构制精细，颇为美观（贵州北部、东部所见乡村农舍建筑均为简陋的木制结构，唯窗框精细，大有京华所见的宫廷式样，在贫困中见工艺）。此楼屋脊有铜制的金凤一只，垂尾反首，很为精美。

　　由阳明洞回城，再北往，行仅半公里，在路边有一新建的台亭，甚朴素无奇。亭中有碑，书有"三潮水"三字，亭下有石凿龙头，吐泉水而出。一日三潮，水满而止，水溢再注。夜抑或有三次。时正 11 时（上午），龙口仍有泉水喷泻而出，池径 10 米许，已近盈满，故兴江喜云：今日走运，得以观此龙头吐水，如再晚来 1 小时，则无此景象了。在此速写原形，即随车离此。

三潮水

1988 年 11 月 20 日

晨雨，7 时半离所。乘易门铜矿的车，经金殿至小哨，越马过河（镇）。曲靖，为诸葛武侯渡此者，城市公园湖泊尚称美丽。[1] 至天生桥，车误行至富源，由富源寻土路走后所、基场，又错路 30 余里，夜至宣威。夜宿宣威，与周铉[2]、周游同榻，从 1972 年同榻至今已 16 年，友谊仍存。夜路艰险。沿路黄叶满山峦，秋高气爽，夜有寒意。

1988 年 11 月 21 日

中午在贵州威宁彝族回族苗族自治县之黑石头镇，海拔 2 100 米，有收购芳香鬼笔的菌体，鲜重价 50 元 1 斤，干的云 200 元 1 斤。本地松林，云有竹林。夜至昭通[3]。宿昭通。

1988 年 11 月 22 日

晨由昭通启程，东北行 67 公里至彝良[4]，途经昭通北 1 公里处，有一松林公园。松弯曲，仍为云南松，有地下水洞。顺坡而上，渐高渐冷，两岸陡险，气温湿冷，有独龙江高原的同感。夜宿在不到林场小草坝[5]的一农民家。小草坝的山势近川、贵，种天麻似可致富。

1988 年 11 月 23 日

天阴，往年 11 月多雪，气候湿冷。上午至林场，周铉在此由 1968 年始到 1980 年 10 余年进行天麻栽培研究，与当地老乡很熟，亦实难得。在此，不能读外语，只是实践。联系生产的贡献很大，取之不易。此地人民吃玉米饭和土豆、山芋。我尚能适应，如果住上年把，也能适应，但毕竟舍家离井，云游天下，不是一件易事。

1 曲靖为诸葛亮与孟获会盟之地，城内的白石江公园建有"诸葛亮七擒孟获"大型浮雕。
2 周铉：中国科学院昆明植物研究所天麻研究专家，被誉为"中国天麻之父"。
3 昭通：云南省下辖地级市，位于云南省东北部，地处云、贵、川三省结合部的乌蒙山区腹地。
4 彝良：昭通市辖县。
5 小草坝：彝良县小草坝乡，境内有牛角岩自然风景区。2012 年撤乡建镇。

1988 年 11 月 24 日

晨 6 时起身，7 时启程离小草坝，海拔 2 100 米，向东北走，天大雾，伸手几乎不见五指。至草坝镇，向左走，至朝天马。弃车，与周铉同志疾步行 5 华里处欲至其朝天马旧居。行至 5 华里处，周云：是 5 公里。而限时只得 12 分钟归，故行至去宜宾的分河口，止步，虽离老旧居尚 1 公里许，但止之。两旁矮竹密之，云雾缭绕，极湿冷。岩石有贝壳化石，速行返之。再顺坡而下，下至牛街，海拔 800 米，此牛街汽车站。

午后，我们到达坐落在大关河边上的牛街镇，该河直通宜宾。在大约 100 年前，法国传教士赖神甫乘船从武汉到达宜宾，从宜宾步行至成凤山。他在那里采集到许多显花植物标本。在大关河边的村庄里，有许多柑橘树。柑橘在 11 月恰好成熟，橘黄色和浅红色点缀在深绿色的树叶中，分外美丽，极为养眼。此地平均温度大约在 7℃，有时在 11 月也会有小雪降临。

大关河夜景

　　夜顺大关河而逆上，公路沿左侧之绝壁，弯曲而行。两岸陡壁峻峭，水离路面百仞或不等。水色蔚蓝，或穿石而出，或凿穴而入，湍急浪白。两岸千仞而起，险性不亚栈道。在此滇川交界处竟如三峡之胜。车路宽不及5米，单行道尚可，如有来往车辆相错，险情顿生。加以夜幕趋临，山高月小，雾满江谷，偶有山灯如豆，挂于悬崖绝壁上，星灯难辨，不知天上人间，如入仙境。山川佳色之胜，无句笔录；苍茫丹青之幽，无画笔可捉。祖国江山如此多姿，即甘作十辈子华人，也实万幸也。

　　夜宿大关。大关是昭通北河谷地带一小县城。楼房基础均为砂岩和石灰岩所筑，壁厚而窗小，旅社夜舍有如夜半歌声的楼阁，阴森而有神秘感。

1 鲁甸：昭通市辖县。

1988年11月25日

晨由大关南下，越岭，越水砂桥，在桥北有并连的多个飞瀑直泻而下。河流向北，车路向南。天有小雨，颇寒。湿冷的天气，看来是昭通的气候特点。两岸林木，也多被砍伐，除华山松外，尚有爬地松。田地也多为45°，如鳞栉比，没有大面积可（供）耕种。农舍前后，或有淡竹，或有棕榈，在湿冷之中似尚有暖意。中午至昭通。

1988年11月26日

夜宿鲁甸[1]，为一山脊的小县城，招待所甚简陋。夜与周铉爷孙同室，楼下有烟煤气上升，周咳而头晕，余开窗以透气。从体力来看，周略长我4岁，我睡眠良好，无不良预感。厕所极脏，生活水平低，好在我是什么艰苦生活都能适应，也可乐在其中。

天明启程，顺山岔上下。由江底而上，越岭从二顺镇再上坡。天暗，而大雾起，车灯大开，只能看到10米以内。路随山转，坡陡路急折。在近百里的山路中，很多车辆均停在路旁，不敢行驶。司机在驾驶台上，把腿伸在窗外，等到天明。殊不知此工作极为辛苦矣。铜矿的杨金福师傅，39岁，精力尚旺盛，冒雾而行，车左拐右折，真是神眼慧通。我在车上，噤若寒蝉，心如绳扣，极为紧张。夜12时到羊街。宿之。这一段路使我联想起1975年9月，因敏烈病重，我从西藏返程，乘唐天贵的汽车，行至康定上，（车）灯无电，靠手电顺山而下，也是夜行，情景与此酷似。敏烈辞世已13年了，思之怅然。

1988年11月27日

由华街过寻甸、杨林、嵩明，于中午返昆明。

山川纪行 1994（勐海　哀牢山　开平　武昌）臧穆

1994 年

云南西双版纳、哀牢山

他们流汗、刻苦，奋力自强。一砖砖，一石石，建楼筑馆，有了令人起敬的规模。榭、园、药、花草，都在晨露下闪着亮晶晶的光芒。

1994 年 7 月底至 9 月初，臧穆担任中日东喜马拉雅地区植物及真菌联合考察的中方负责人，负责考察的组织协调工作。日方有 9 位植物与真菌方面的专家参加了此次考察。

1 津田盛也：日本植物保护与真菌学家，日本东京大学农学院教授。

2 土居：指土居祥兑，日本真菌学家，时为日本国立科学博物馆真菌学研究室主任。

3 秦祥堃：上海自然科学博物馆植物部前主任，研究员。

4 叉丝菌属：白蚁地下穴内鸡㙡菌的伴生真菌。

1994 年 7 月 31 日

日本友人等来。津田盛也[1]教授为金石世家，1993 年来华曾（为）其购石印痕，如获至宝。1994 年春，余偶得百寿图印痕以赠先生，并祝尊太公大人长寿大吉。

"携手土居[2]游黄山，采芝携蕈两相宜。再忆云雨苍茫中，风餐露宿共知己"，诗赠土居。

1994 年 8 月 4 日　周四

晨启程。夜宿墨江宾馆。天热。夜与秦祥堃[3]同室。

1994 年 8 月 6 日

思茅至江城途中，经大寨村，路标 676 号，海拔 1 200 米。稻田下为玉米田。坡上有鸡㙡菌，蚁巢径 20 厘米，高 15 厘米，松叶褐色，上有小白点，点 0.1 毫米至 0.1～0.2 厘米，菌柄基呈圆盘状。蚁巢周围之壁极光滑，并有腔道相通，基座平，与土表悬空。

鸡㙡菌与蚁巢
叉丝菌属[4]，直径 0.5 毫米～1 毫米。

1 武穆: 岳飞的谥号。

2 糯山: 位于景洪到勐海的公路旁, 距勐海县城 24千米, 是西双版纳有名的茶叶产地。

上午至附近采集。内山茂君 (Shigura Uchiyama) 采了 3 种虫草, 亦属首见者。

下午至书店购武穆[1]写《前后出师表》的缩写印本, 后有:

绍兴戊午秋八月望前, 过南阳, 谒武侯祠, 遇雨, 遂宿于祠内。更深秉烛, 细观壁间昔贤所赞先生文词、诗赋及祠前石刻二表, 不觉泪下如雨。是夜, 竟不成眠, 坐以待旦。道士献茶毕, 出纸索字, 挥涕走笔, 不计工拙, 稍舒胸中抑郁耳。岳飞并识。

1994 年 8 月 7 日　周日

晨由思茅直放勐海, 全程 200 多公里。估计今晨俞韵梅先生要返南京, 81 岁高龄访昆, 亦属危险之举。唯人之所求, 则应尽力以助, 全其所求, 是为心慰。

车行至景洪, 中午天气极热, 在小勐养用餐, 下午 5 时抵勐海, 城镇市容较 1974 年来访时已今非昔比, 其旅游业发展的程度逊于景洪。金三角为泰、缅、老交界处, 位于我 (国) 南方, 迄今仍为一危险区。夜宿勐海人民政府招待所。

1994 年 8 月 8 日　周一

晨晴, 下午大雨。南糯山[2]林中有很多大叶茶的乔木状小树, 树干粗 5～10 厘米, 分枝弯曲如古梅。如为栽种者, 看来也逾 10 年。

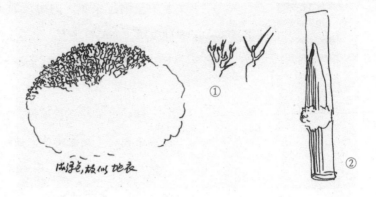

由浮毛，放大地表

由 Koboyashi 初订名的日本刺银耳（如图①所示），其上，在苏麻竹的竹箨银耳上，寄生有长喙壳状菌属（如图②所示）。其中有蚜虫、小煤炱菌、煤炱（银耳属，长喙壳状菌）。忆 1986 年约瑟夫·班多尼[1]首次访华，余偕其访勐仑、西双版纳和勐海，其曾告诉我刺银耳，今日又采之，且量很多，生于竹竿上，其生物多样性很复杂。群落组合有昆虫、3 种真菌，其相互关系是互相结合交织的，昆虫的分泌物与煤炱霉的关系尤为紧密。

下午大雨。因雨大，流急，故未能与土居重谒茶树王。

1994 年 8 月 9 日　周二　雨

晨六时启程至打洛[2]。沿路来回两次遇泥石塌方。两次浸水而为开车而助力。王建国师傅两次陷车，亦辛苦以极。日本客人亦倾力相助。中午在打洛用午饭。

中午至打洛。打洛为傣语，"多民族相居之渡口"之意，以傣族、哈尼族、布朗族为主聚居，人口 1.6 万。南宋绍兴三十年（1160 年），傣族叭雅真统一西双版纳，立勐泐国，即景陇金殿国。明隆庆四年（1570 年）设十二版纳，景洛（打洛）为一版纳，称康洛满，隶属景洪宣慰司。清雍正六年（1728 年）归勐遮土千总兼辖，称勐景洛。1913 年称勐海，1927

独树成林

年隶属佛海，1950 年称板洛区，即今打洛。此为茶叶商道，普洱茶由此出缅、泰、印，洋贸易由此而人。1930 年（民国十九年）在此设海关通道。海拔 598～2 175 米。

打洛海拔 650 米，平均气温 21℃，雨量 1 500 毫米，南览河即打洛河，另有南兰河、南撇河、南板河，均为澜沧水系。到曼谷 1 250 公里，到泰国清迈 550 公里。独树成林，树高 70 米，树幅 120 平方米。与掸邦接壤 36.5 公里，接近金三角。

1994 年 8 月 13 日　周六　雨

由勐腊东去望天树的自然保护区。中午在勐伴。而勐伴与勐腊间的勐棒，为望天树之自然保护区。（望天树）自然界现存者，不过 40 余株，全境在山垭中，约百米见方之处，而周围，尤近公路处则均为稻田或玉米田。

Parashorea sinensis, Protaceae. distributed in Mengla County. discovered in 1975.

勐腊望天树自然保护区空中走廊
望天树，龙脑香科，1975 年发现，分布在勐腊县。

1 崔鸿宾（1928—1994）：植物
分类学家，曾任《植物分类学报》
副主编。

　　龙脑香科植物在东南亚热带分布极丰富，有 40 余种，其鲜花随季节而不同，而昆虫诱粉随鲜花而异。我国此科植物不多，望天树为其仅有的少数代表。"文革"期间曾发现此种，因发现的人多，认识的少，故一旦要发表新分类群时，矛盾极大，均相径庭，投文至《植物分类学报》时，崔鸿宾[1]以调和的态度用了多作者的名义予以发表。现在的名称如何，当予核实。

1994 年 8 月 14 日　周日

天雨。上午由勐海行 40 公里至勐棒八农分场一队。有黄某接待以茶。此橡胶园有 40 余人，昨夜有两头象来村中吃玉米。闻有 40 ～ 50 头象栖居于此。有一农民上山砍竹笋，被象击毙，牙插于其背后，一伤洞残存。周围森林保护良好。唯雨水不断，路无径相连，故无法入内。只在外缘相采。内山茂（Uchiyama）采得虫草，生于蜘蛛上。彼所采极细，发现多个虫草菌。余摄菌根菌照片数张，冒雨而归。夜宿勐腊。1974 年来此，已 20 年，城镇变化至巨，但均以饭店、货摊为主。中午在勐哈用膳。

1994 年 8 月 15 日　周一

一天时晴时雨，可谓之奇。由勐腊上午启程北上，下午五时抵勐仑。沿路时停时行。在勐醒附近，在草叶上采得虫草一帧，雪白色，为瘤座霉菌。其直径不足 0.2 毫米，有多次分枝（如下图所示）。

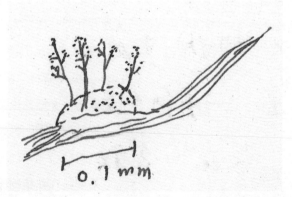

在采集中，日方友人工作极为认真，不怕艰苦。我则感到力气和精力不及从前，时有疲倦之感，亦实无奈。夜宿勐仑植物园。天气极热，空气湿度几达 100%，使人有透不过气的感觉。夜雨达旦。

1 许再富：时任中国科学院西双版纳热带植物园园（所）长。

2 近田文弘：日本民族植物学家，日本静冈大学教授。

3 曾孝濂：中国科学院昆明植物所教授级高级工程师，生物艺术画家。

4 蔡公：指中国科学院昆明植物研究所及中国科学院西双版纳热带植物园创始人之一、植物学家蔡希陶。

5 魏江春：地衣真菌学家，中国科学院院士，中国科学院微生物研究所研究员。

1994年8月16日　周二

上午谒余彩。与许再富[1]相会。近田文弘[2]（Konda）先生相赠以礼品，彼此客气相待。上午独行至吊桥大门处，见曾孝濂[3]所绘雨林的大理石刻石，绕于门柱之中间，因周围地域极大，故显得画面笔画过于纤细，无山水之胜。加以门大，江远，故在伟大江山中显得失其粗旷。远江江水一片，荡然随波逐流。过桥两岸，摊贩栉比。蔡公[4]一生辛苦，绝唱随江东去，虽有其伟大事业留在人间，然后无继者，即鞠躬尽瘁，死而后已，颇像武侯之一生，英雄一世，后无来者。仁者取仁，义者取义，现在是名者追名，利者追利。

隔岸远江望去，只有饭店林立，熙攘之中，回忆1974年偕蔡（希陶）老初访此时，已是20年前事。空影江水滔滔，心潮逐浪高。

1994年8月17日　周三

冒雨至勐仑53公里处的自然保护区采集，遇路之塌方。采两个虫草。上午在翠屏山区，下午在小勐养区。丛生丝孔菌为多孔菌，夜发光，为腐木生。

夜有亚历山大·N·提托博士（Dr. Alexander N. Titou，俄罗斯科学院植物研究所苔藓学与地衣学实验室博士）来访，并赠其论文。为魏江春[5]资助来此工作。

夜整理标本，烘烤洗过的衣服。一夜不停的雨滴，滴滴声声到天明。

从罗梭江在植物园处隔岸相眺，勐仑镇已有不多建筑拔地而起。近水楼台多为饭店、竹楼和阁台，汉傣之势兼之。沿江所立，颇有四川风味。

1994年8月18日　周四　晴

由勐仑至思茅，宿思茅宾馆。

当（年）蔡公呕心沥血在不毛之地建园时，没有得力的人，只是一些没有受过专业训练的潜在人才。他们流汗、刻苦，奋力自强。一砖砖，一石石，建楼筑馆，有了令人起敬的规模。榭、园、药、花草，都在晨露下闪着亮晶晶的光芒。

但人的生命历程是短暂的，蔡老的无私，使他去得太快。他不愿意把时间伏在案头，不愿意去推敲词句。他无意把精力写在罗梭江畔。

炎热、蚂蚁、虫鸣、蚊蚋都变得渺小和不值一顾。罗梭江水不停地流动，大江东去，浪淘尽千古风流人物，俱往矣，（他）留给（后）人的纪念是厚重的。

1994年8月19日　周五　阴历七月十三日

由思茅向西北行180公里至景谷。由思茅至中兴，海拔则由1 400米至1 200米，顺河而下。松林渐较多地占据山顶，而山均仍不高，气候趋于干热。低处仍有热带芒果和番木瓜。地势渐平。由中兴向北，渐由1 200米至1 410米，景谷、景东或为无量山和哀牢山的地域名，景谷位于河谷地。地处谷地，周围环山而抱。横断山由北而南，至此而断。澜沧江环无量山。

1994年8月20日　阴历七月十四日　周六

上午由景谷北行至永平。永平海拔1 200米，有芒果和番木瓜，冬无雪，为一低热平地，周围有山，为无量山之谷地。周围山上，多为思茅松。路极不平，为数十年未改的土路。傣、彝合居，为贫困地。

景谷县大寨勐卧佛寺双塔建于明末至清顺治初，1628—

1644 年。佛塔建成后，以禽鸟作媒，巧播榕树种子，在双塔上周匝生出菩提宝树。数百年树龄，双树入霄。塔抱树，树抱塔，树塔入云；佛佑民，民仰佛，佛光普照。其塔基有石雕，其中除象、虎、龟、兽、浪、天、地等图像外，并有灵芝图，亦见瑞光普照之意。傣汉文化相汇统一，相融结合。侧门檐顶有孔雀图案，不同于汉族的龙凤。谒时普降微雨。婆娑树下，颇有清静之感。

卧佛寺双塔

1 张伯荣：时任中国科学院云南天文台台长，中国科学院昆明分院院长。

1994 年 8 月 21 日　周日　阴历七月十五日

夜宿景东。此城位于哀牢山脚下。西隔无量山，东接哀牢山。夜雨后，有淡淡明月悬空。天气虽有余暑，唯此地海拔亦在 1 400 米以上，故夜至开窗，仍有凉风相迎。景东宾馆，即政府招待所，新楼落成，尚无电水，故洗衣、洗澡均成问题。本城有烈士纪念塔一座，全碑无镌文，不知何故。有碣碑而无记述，对后人和来访的外地人颇不方便。

1994 年 8 月 22 日　周一　阴历七月十六日

上午大雨。与刘培贵同志拜访本县（景东县）哀牢山国家级自然保护区张兴伟所长，联系登哀牢山事。下午在宾馆中整理笔记，未外出。

罗成昌云：哀牢山生态观察站 1984 年建成。1980 年开始生态调查，迄今已有 14 年历史。邱学忠今年来此，自云晨起脉搏中断，故只停一夜即下山。张兴伟云：此地杜鹃花只在无量山有大王杜鹃，哀牢山的杜鹃花期是 2 月底到 3 月初为花期盛季。

1994 年 8 月 23 日　周二　阴历七月十七日

上午大雨，冒雨购菜。由罗成昌带路，由景东启程，乘车至哀牢山。天雨，路滑，过把边江到哀牢山，车至徐家坝，至水库处。湖近不规则图形，水极清澈。左侧林相极好，均为山地苔藓林，树有合抱者，林下有 *Shima** 的白花瓣由树冠落下。坐游艇来接我们的人为生态所分类生态实验站的杨国平同志，为一年轻人，自言为吴幼幼的学生。张伯荣 [1] 来此一天，据说想立一天文观察站，当前无经费亦属困难。李应辉和王立松因路不好，车轮下滑，几遭危险，幸而由两位

① 徐家坝水库秋色
② 森林系统生态定位站

农民协助，化险为夷。夜宿徐家坝生态站。

满山已近秋意，湖旁平原地带有野菊争放，花序黄白兼之，清旷洁雅，树平天远。林下菌类梁山虫草亦见于此。采有钟菌，以及白色和金黄色的菌寄生真菌两种。昨夜雨滴到天明。

徐家坝位于哀牢山之中上部位。地处海拔2 550米，其间筑一水库，水清澈荡漾，清风徐来，水波微起。周围山林尚好。苔藓满布树干，绿茵绒绒，阳光射入如兀龙行天；林下落叶层厚达5～10厘米，保护尚算良好。唯西坡临水库处，林尽砍伐，就自然保护而言，有不尽如人意处。湖之尽头有中国科学院昆明生态研究所森林系统生态定位站。房舍为四合院式，木瓦结构，有6人工作于此。即罗成昌、杨国平，另有杨、李二人等。有的有家眷居此。

1994年8月24日　周三　阴历七月十八日

　　昨夜雨，今天晴。上午至森林生态系统站（坐）渡船，到湖东采集。采到笠盖粉褶菇，为北美和东亚之分布种。下午至住宿之后山三棵树并爬到山顶。采到一介于竹荪和鬼笔属的有趣菌类。不甚有异味，微有香气，盖极大，而菌幕短于盖，有膜质状分化，似香笔菌，但全株和盖部均为粉红色，故应属于鬼笔属而接近竹荪属。这是来此之大发现。

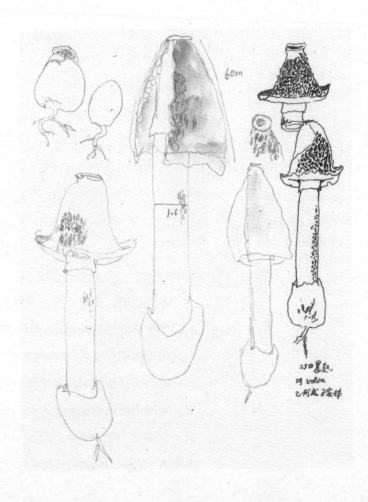

介于竹荪属和鬼笔属之间的有趣菌类
25 日晨起发现此菌托，开裂，长出菌盖菌柄，已形成子实体。

下午在山顶海拔 2 600 米处环视群山，山林凡未伐砍处，则郁郁葱葱；凡砍处，则荒山待植。无量和衰牢二山系横断山南下，至此而终断。以南之地，不属横断山系。可惜华牛肝菌属[1]未曾再发现。看来此地颇有新奇之珍藏，值得深入研究鉴定。陪我们采集的同志，叫李寿昌，会医术，曾认识大茂。

近田文弘先生采到两个新记录种的蕨类：禾叶蕨科的梳叶蕨属和蒿蕨属。

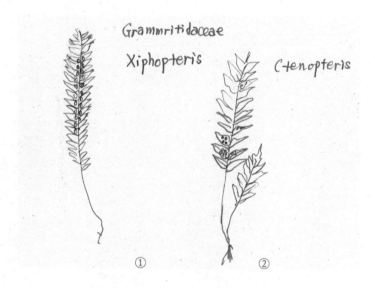

① 梳叶蕨属种类。
② 高蕨属种类。

在登山时，偶见此蕨，但未去采，误认为是铁角蕨，其实是完全不同的禾叶蕨科，均可能为哀牢山之特有种，应分一点给朱维明[2]先生，或有增补并收藏也。与日本友人工作，可见他们工作和学习均非常努力，几乎是昼以继夜。在夜谈中，知内山茂先生在多年的虫草采集工作中，小林义雄曾发表一纪念他的种：*Cordyceps uchiyamai* Koboyashi（内山虫草），待查。夜静，中方友人在玩扑克，而吴嘉丽、近田文弘、高桥诸君均工作至深夜。蚂蟥所叮腿部，曾流血不止。腿伤后，仍流血多时。下山时，两腿已不中用，见立松下山健步如飞，余之余年，忽然老矣，已不敢快走，不像前些年摔跤，即可爬起。而现在只要误步不慎，皮肤破后，即流血难止（这是臧穆患糖尿病的症状之一——编者注）。夜闻犬吠，晨闻鸡鸣。深山之中，真是云深人未识，山远不知处了。

1994年8月25日　周四　阴历七月十九日

夜雨。晨起，昨天所采的一个香鬼笔的卵，已开启成一完整的担子果。

夜思日之所见，拟哀牢山胜地的对联：哀牢名山，物华佳境，月月花开花落。学者游客，慕此胜地，年年有来有往。

为森林生态系统定位站诸同志拟联：身居深山，风餐露宿，为科学，为国家，可佩可敬。志在环保，护林为民，靠志气，靠奉献，为楷为模。

1994年8月26日

至水坝湖周围，上午至大火塘，海拔高至2 600米，有虎皮乳牛肝菌生于华山松下，林下摄影一。下午在湖旁采集遇雨。该湖积水计54万立方米，水深达15米，水位海拔2 486米。采得重孔华牛肝菌4株，生于景东石栎（林下）。

下午与立松、祥堃等至水库的南岸，沿溪行，渐入深林，藤如游龙，树如万柱擎天，高山冷地苔藓雨林，树干无论枯活，均满布悬藓属、树平藓属、羽苔属和耳叶苔属等。内有蕨类、苦苣苔科和天南星植物。时值大雨，（下）图为与立松岩下躲雨之地，夜记之。

水坝湖林间避雨处

1994 年 8 月 27 日　周六

　　由景东乘车至楚雄。公路为土路，两天的雨，塌方有 6 处，行车有一下陷，来往车辆则中断，停车。夜 10 时 20 分，立松与李应辉的车才到，因补胎花 3 小时，一度令我甚急忧。吴嘉丽先生笑我多事担忧。

1994 年 8 月 28 日　周日　阴历七月二十三日

　　上午至紫溪山，是一个以云南松为主的山林，海拔在 2 600 米左右。山上有一庙，为紫顶寺。

　　紫溪山，山高 2 500～2 600 米，上端为云南松、油杉，果刚熟。有紫溪寺，为宋代建寺，已被毁，唯寺面后山，有古银杏一株，高 30 余米，多分叉，枝已枯萎，虽有新枝叶，但（若）不加重视，也可能像勐海南糯山之古茶树的枯萎下场。宋代银杏名公孙树，言生长很慢，祖公栽树，而子孙得果。

下午在山顶上拟采松茸而迷路，遇到7位昆明电校的学生，同路下山。下午遇一路亭，有一陈嫂，带我去找松茸，冒雨而去，未果。林为锥栎。石栎碎米花杜鹃，小叶。

1994年8月29日

下午在万松林山庄用膳时，天大雨。地面流水如注。3时后转阴。登山复觅松茸，未果。

夜读（唐）贾岛有关菌蕈诗句：二十年中饵茯苓，致身半是老君经。另有：常言吃药全胜饭，华岳松边采茯苓。不遣髭须一茎白，拟为白日上升人。另：阳崖一梦伴云根，仙菌灵芝梦魂里。（唐）李咸用：径柳拂云绿，山樱带雪红。南边青嶂下，时见采芝翁。

口蘑，张大千考称为"沙菌"，元朝许有壬《上京十咏》有关沙菌的诗句：牛羊膏润足，物产借英华。帐脚骈遮地，钉头怒戴沙。斋厨供玉食，霜索出毡车。莫作垂涎想，家园有莫邪。

1994年9月1日

晨送别近田文弘、高桥弘、内山茂和秦祥堃。昨天送吴嘉丽。各赠以薄礼以作友谊之答。

悉崔鸿宾同志于7月中病逝，其长我2岁，憾极！

山川纪行 1996（湖北 庐山 勐仑 黄山）臧穆

山川纪行 1996（湖北 庐山 勐仑 黄山）臧穆

1995[1] 年

云南中甸、麻栗坡、屏边；贵州

从海拔 3 900 米行至 4 100 米处，那种有两人高的海绵杜鹃，粉花锦团艳簇，或白，或粉红，在雨水和山风中，益显娇艳。这种常绿的树种，满山遍野，在深绿中，杂以千万白点，镶嵌在无边无际的林海之中……江山如此多娇，祖国山河，其壮丽的程度，非天下其他国家可比。

1995 年，中国和日本的真菌学与植物学专家在云南和贵州开展了中日真菌植物野外联合考察。云南省重点考察了迪庆藏族自治州中甸（香格里拉）地区的高山虫草，文山壮族苗族自治州麻栗坡县的老君山林场及红河哈尼族彝族自治州屏边县大围山林场。

1 该册手稿封面日期为"1996"，
实则应为"1995"。

编者按

6月7日—11日，中日云南真菌联合考察。日方学者有金城典子、吉见昭一、远藤宏一、中西纯一。

1995年6月11日　周日　雨

昨天一夜夏雨，上午 11 时许至丽江。下午偕日友人去四方街。知其已采得虫草。

1995年6月12日

晨取 4 章（见下图）赠友人。一天雨。车行金沙江畔，金城已寐，正酣。至小中甸处，采标本两小时。

远眺中甸

1995 年 6 月 13 日 周二 晨阴，微晴

连日来 4 天下雨，今日则时晴时雨时亦奇。上午 9 时乘汽车从中甸城东南行。车行 22 公里处，为碧塔海森林公园的入口处，步行到碧塔海要 16 华里。一般人只是在雨如丝、日光如霞的情况下在两坡的夹峪中采集。所见标本不多。下午 2 时乘车归，近城处，日霞顿放，平原上尽是点点金黄，为狼毒的盛花期。牦牛和马群在草原上觅食，只是不吃狼毒，这也是在自然竞争中的长期适应。藏民的民居，均用巨木为柱，都是两人合抱之粗，状如宫殿。

碧塔海，碧塔藏语"栎树成毡"的地方。此圣水之地。面积 160 公顷，海拔 3 540 米，中有湖心岛、雪花石，端阳节前后为观赏杜鹃醉鱼的最佳季节。

夜与中西纯一谈明日去德钦日程事。谈及去德钦对采集事应注意（事项），其答曰："这不行，我要与金城商量，因为来即是采集。"我进一步说明我国的政策，因德钦为未开放区，如政府不允许采集应以法律为准。希明确以友谊合作为主，不能想当然。我很不客气。中国有中国的特点，一切只是不卑不亢。今日采标本事，他又似有为难，余不甚悦，今夜也使他了解我的个性。

1995 年 6 月 14 日 周三 时晴时雨

晨 9 时半由中甸启程北上，中午至奔子栏，气温已只适穿衬衫。既上，仍为干热河谷。夜与中西纯一君同室。明晨将教其打太极拳。

昨天经过垭口附近，见满山杜鹃怒放，白红、粉红，艳丽异常。落叶松新叶初放，娇嫩动人。建群种海绵杜鹃，在海拔 4 000 米以上，蔚为壮观。遇费勇陪英国人在此旅游。其中有约翰·理查德是报春花属专家。下午饭后，吉见昭一

先生赠我他写的两本日本菌类图谱和虫草照片数张。归时则必赠其拙著，以谢赠意。

"梅里"，藏文意思为"雪的故乡"。

1995年6月15日 周四 雨

上午11时，与傈僳族一青年鲁自和大茂同行至虫草老垭去采虫草。他们俩均生于1966年，29岁。从虫草基地在公路边约海拔3 800米处冒雨顺公路上行3公里处，转入右侧的山路，沿山间小路攀登。两侧有次生的白桦和多种杜鹃花，时山雨由濛濛而渐渐沥不断，裤脚尽湿。我叫大茂等先快行，应让他们在工作时，我慢步赶上，故一步一喘，不敢稍作停顿。

从海拔3 900米行至4 100米处，那种有两人高的海绵杜鹃，粉花锦团艳簇，或白，或粉红，在雨水和山风中，益显娇艳。这种常绿的树种，满山遍野，在深绿中，杂以千万白点，镶嵌在无边无际的林海之中。只是急于赶路，不能停留赏玩。江山如此多娇，祖国山河，其壮丽的程度，非天下其他国家可比。另见到大量雪茶、岩须属，红红的报春花和成团的点地梅嵌在一种匍匐在地的紫红小花的杜鹃丛中，已在海拔4 200米以上了。

行至第一垭口处，山风大作，几乎要把人吹倒，要靠把脚插在杜鹃枝叶丛中，才能向前行走。至下午2时半，到了垭口的凹处，而遥远山梁的对岸虫草老洼已在大雾和纷纷细雨中，时隐时显。这是一个以断续的岩块，分散排列的50°～60°斜坡。矮小的杜鹃成丛与岩石相嵌，紫色的小花，满山遍野。在间隔中，生长着圆穗蓼，叶片都很小，偶有粉红色的花序，这是虫草着生的环境了。在海拔4 400～4 500米处，不像玉龙山虫草地的已经没有杜鹃了，

虫草老洼

而此地紫色小花的杜鹃依然成建群种。虫草的子座呈紫褐红色，顶部伸出土表，高约 3 厘米，虫体横卧或作倾斜状埋在土下 6～9 厘米。这大概是阔孢虫草这个种，柄基略有毛绒和土质，活的虫依然有。这一天是阴历五月十八日。如果说丽江在小满成熟，而德钦则为芒种前后。传，今年的季节是偏晚一些，而本月底约为终期。

　　虫草老洼，海拔 4 400～4 600 米。在山脊处，相对平坦和缓冲，岩石呈碎块状间断平铺。紫杜鹃，花正紫红，远坡有残雪，雨中有小雪片，可谓六月雪。再徒步南行，约 20 公里处有虫草新洼。

高山杜鹃灌丛及远山

从 虫草栽培站，3600m
顺公路向上行三公里，
由一入口，昂穿入杜鹃
灌丛林，内杂以槭木，
杜鹃花序呈白球团
状，抱艳葩，已近谢
期。上攀至3900 m，有
Abies georgii 和 Sorbus
Salix 间之，爬至4100m 
杜鹃已成
伏地出花
而芳苞含蕾
待放者，有 Thamno
lia vermicularis 大量
出现，紫色 Primula，
和十字花科的蕨生
南地型在岩缝中与
Arenaria? Androsace
成堆生长，但尚不见
Saussurea. 虫草地
正则羌族同胞，正
在采集虫草。此图一
般。

从虫草栽培站（海拔 3 600 米）顺公路向上行 3 公里，由一人口，即穿入杜鹃灌丛林，间杂以桦木，杜鹃花序呈白球团状，极艳葩，已近谢期。上攀至海拔 3 900 米，有长苞冷杉和花楸柳树间之。爬至海拔 4 100 米，杜鹃还成伏地紫花和黄花含蕾待放者，有雪茶大量出现。紫色的报春花属和十字花科的簇生匐地型在岩缝中与 *Aredinaria**、点地梅属成堆生长，但尚不见风毛菊属。在虫草地遇到藏族同胞，正在采集虫草，1.5 元一枝。归时，天仍小雨，衣裤尽湿。由海拔 3 700 ～ 4 420 米，行程约 17 公里，总算完成了观察虫草生态的采集和拍照。

余今年 65 岁。下山时，眼力模糊，在重体力消耗下，眼睛又模糊不清起来，此现象如前年登武夷黄岗峰行程 30 余公里的夜行时所犯。由键儿给我巧克力 3 块，食后略好。归至垭口虫草住所，大家盼望能得到东西，望眼欲穿。我告以采到了，众皆高兴。尤金城典子女士见我衣衫尽湿竟抱头大哭，自然是为得到标本而高兴，但我之对人，总尽了我的责任。如兴江在，必不让我登山为此拼命。但既是协作，不身入虎穴，焉得虎子，故总要亲临其境。

谈及寺川博典先生，现为齿科大学名誉教授，为金城典子女士的业师，今尚在。每年都与之去见昭一先生，年会一次，估计年纪在 70 上下。不知是医学家或是其他专业。金氏曾访问北微 [1]，也到过昆明石林，对中国菌物界识人很多，也与黄年来等极熟。其对人很客气，分离菌种技术甚高，唯自己闲在房中，隔人一层。可由中西介绍我，在得到资源方面，自然是最理想的事。我的一生外方内圆，总是宁要天下人负我，而我不负天下人。这也是一个所以不能一生到"达"的人，只是迷恋于学问而清贫、远离飞黄的过客。夜浑身疼痛，双手微肿，左侧睡则左侧痛，右侧睡则右侧疼，翻来覆去，浑身不舒服。与中西同室，又怕影响他，故夜尽无声，迷迷糊糊达旦。所摄胶卷，交金城，请她拷贝，因她未曾上山，有极地生境，并请其寄一原卷给我。望能完璧，见其行止。

1995 年 6 月 16 日　周五

难得天晴，经两座大山，经白马雪山和近德钦的梅里雪山。在遥望白马雪山的路边 139 道班垭口处为可采到虫草之地。虫已枯，时间略晚 10 天或半月。因海拔较低，3 900 米，较昨日（15 日）在虫草老洼处所采的地为早，故要对证阴历的日期。

137 垭口

1995 年 6 月 20 日

外宾：金城典子、吉见昭一、中西纯一、远藤宏一，四人于 6 月 14 至 16 日访问德钦。20 日访昆明所。

1995 年 9 月 26 日　周二

下午 4 时离家，去机场，6 时半起飞，7 时 40 分抵贵阳。宿花溪公园旁之明珠宾馆。

1995年 中国調査第三隊日程

1.	Sept. 15.	成田→上海
2.	" 16.	上海→貴阳市
3.	" 17.	貴阳滞在；貴州省政府打合
4.	" 18.	貴阳→遵義市
5.	" 19.	遵義滞在
6.	" 20	遵義→印江
7.	" 21.	印江→梵浄山
8.	" 22.	梵浄山（山麓—山頂）7,000 stone steps
9.	" 23.	〃 （山頂-山麓）
10.	" 24.	梵浄山→印江；休養
11.	" 25.	印江→鎮远（or 黄平）
12.	" 26.	鎮远→貴阳
13.	" 27.	貴阳滞在
14.	" 28.	貴阳→关岭；黄果樹瀑布,宾館泊
15.	" 29.	关岭→興義（火）
16.	" 30.	興義→开远（or 文山）
17.	Oct. 1.	开远→麻栗坡
18.	" 2.	麻栗坡→南温河；招待所泊
19.	" 3.	南温河↔老君山
20	" 4.	〃
21.	" 5.	南温河→麻栗坡
22.	" 6.	麻栗坡→屏辺
23.	" 7.	屏辺↔大囲山
24.	" 8.	〃
25.	" 9.	〃
26.	" 10.	屏辺→金平
27.	" 11.	金平↔分水岭
28.	" 12.	〃
29.	" 13.	金平→开远（or 个旧）
30.	" 14.	个旧→昆明
31.	" 15.	昆明
32.	" 16.	昆明→上海
33.	" 17.	上海→成田

1995 年 9 月 15 日—10 月 17 日中国调查第三队日程

黄果树瀑布

　　下午沿岩阶过水帘洞，背穿黄果树瀑布。地名源于黄
葛榕，俗称黄果树。大瀑倾立，见一蝴蝶轻翔瀑布之侧，
正在逍遥时，不慎被水珠冲刷而下，顷刻之间不知踪迹。
所谓"慎"字，如此重要，虫尚如此，人何以堪。

1995年9月28日

晨大雨，由安顺冒雨启程，时晨 8:40。上关 9:45，花江 10:00，文山 11:30，牛场 12:10，兴仁 12:35，巴铃 1:25，梨树坪 2:35，有杉和竹，山势平，有云南松出现。雨樟 2:55，围山湖 3:15，在两山之间有人工湖，始现稻田。

从花江远眺，有待收割的稻田。在河床和山基河滩地为多年形成的稻田，在满山岩石的地貌中，有此耕作区，实属黔西的江南。远山不高，与桂林山水相近，甚美。

花江远眺

下午至顶效，时 4:05，为南昆铁路所经之地。时大桥的群桩已立，待铺铁轨建站。本年底通车，亦是大业之一。下午 5 时至兴义，是一正在兴起的山城。在南盘江之侧，呈一峡谷相隔，有瀑布数挂，颇为壮观。水势飘逸，颇似在美国俄勒冈州所见的飞瀑，美极。夜宿云海宾馆，为一新开业的宾馆，坐落在遵义路县政府之隔邻。今夜宿贵州，明日将入滇境。

兴义远眺

远山为簪，稻田为金，微雨之中，似入江南。

同行者：秦祥堃、顾锦辉、郝思军、臧键、王立松、王建德、土居祥兑、近田文弘、高桥弘、平山良治。

1995年9月29日　雨

兴义 8:50，西行有山，有松林。乌洲 9:20，幸见李榄（忍冬属）、流苏树属。黄泥河 9:15，有桥到岔江（10:05），抉择河 10:25。至云南，板桥 11:05，罗平 11:30，砂锅寨 12:25，南盘江大桥 3:00，高良乡 3:15。夜宿邱北银行宾馆。

1995年9月30日　周五　时雨时晴

8:10，由邱北启程；8:20 锦屏，见水漫稻田，约 6 顷之地，在没胸的水中，很多农民男女均在水中抢救水稻。路旁观望的人多，而插手的人少。在抗灾面前，单干户实在是困难。车行至 9:50，有滇油杉的大片林，树干有胸高，径多在 30 厘米上下，是一个有 20 多年的林龄。9:55 至双房。统卡 10:00，文山 11:00，先至岔江。12:13，西畴莲花塘。夜宿麻栗坡县的县级宾馆。

上海自然博物馆张向华（女）今在费城，在卡内基自然历史博物馆工作，有联系上海馆的业务交往。下午至麻栗坡县政府，与秦本健联系。并电话与老君山林场的张荣场长言好，明天 8 时启程，10 时后至南温河，转老君山林场。

1995年10月1日　周日

昨夜一夜大雨，滴滴答答到天明。8 时半启程，约 20 余公里，至南温河，处低海拔，海拔仅 500 余米。约 10 时许，有麻栗坡县国营老君山林场杨志良副场长来迎接。张荣场长在麻栗坡，另有李清汉副场长未见，而欧刚良在安排住宿。

下午陪上山的林业员陆兴庄，与云大陆树刚相谈，云去年陆曾到此。

中午在麻栎坡用中饭。所谓南温河，河径约 20 米，水黄而湍急，由西北而东南，流入越南。对越自卫反击战时，相传在此集兵。大茂在此参加过反攻战役。由此隔越南国境线，仅 10 余公里，可谓近在咫尺。饭后，由杨志良带路上山，共 18 公里。

去老君山。公路，因昨夜大雨，有多处塌方，数处天险，化险为夷。车行在一塌方处，王建德师傅车由钢丝拉断一次，第二次脱险，顺利通过。日本友人和顾锦辉等同志均尽力推车。日本友人，以土居祥兑先生极为尽力，不怕险阻。待大茂车过难境时，车轮突然横滑，右侧为新砌的石块路边，极不固定，而土居正站在右车门处。车在摇晃之时，土居已无处立足，立跳于岩下，约两米高。如车翻下，则键儿与土居先生危险大矣。余惊而大呼，幸土居立稳，此行逢凶而化吉矣。因无被，故立松和顾锦辉又随杨志良返南温河。下午至近山采集，得虫草两棵。夜宿一同志床上。半夜前微有热意，后半夜气候转凉。

图中遇险场景

1995年10月2日　周一

　　晨大雾，中午转晴，至白脸岩，海拔 1 800 米。天晴时，山顶有一白色石面，状如白脸，故名。山基植八角，果实正熟。树下种草果，红果累累，极为美丽，红色成串。无人绘此，实则（是）极好的花卉画（题材）。

　　晨 8 时半出发，下午 2 时归。行至山顶，我为最后，已无路可寻。待至 12 时 10 分，余始单独下山。闻水声，知水在左侧。下山为步，几次迷路，逢绝壁，只能再向上爬。大树有合抱之粗，藤本缠绕。有藤竹，上生真菌，采之。顺山而下，两次跌倒。遇蜂，蛰吾左手背和左肩，两小时后，手背尽肿，痛但可忍。幸于 1 时遇到近田文弘和高桥弘。遇到同路人，极为高兴。65 岁后，亦算有惊无险。

　　麻栗坡县国营老君山林场，坐落在南温河支流的一侧。水流湍急而清澈，流水声如鸣佩弦。水岸广植草果沙仁，10 月正熟。山基森林已砍伐，而山顶部有茂密的林木。山不在高，但无松林，亦不见壳斗科林。山基种杉木长势良好。下午诸同志齐上司皇而共煮饭菜。郝思军为大师傅，秦祥堃操炊火，我则在旁吃锅巴和油炸。土居祥兑先生今日在白脸岩下，采到香菇。夜间，由手背至手指的末向关节，手肿得很厉害。幸亏是左手，如果是右手，则写字工作就颇不方便了。

猎手的卧室

在山林中，老君山林场一个猎手的卧室里，一张床，一盏8时以后来电的电灯，一张用木板支成的桌子，窗外是安静的虫鸣和河水的湍流声。太虚清静，人也没有丝毫的杂念。没有书刊，没有报纸，与外界似乎隔绝。工人们吃过饭，就蹲在石阶上，有一支烟那是很高兴的。房间内一只破镜片，是唯一的装饰。算盘在此墙壁上，成了唯一的美学装饰品。全室中除了墙上贴着几张报纸外，没有一本书也没有一本杂志。但木板地很舒服。

1995年10月3日　周二

上午由陆兴庄带路，在麻栗坡县老君山林场顺右路登山，沿河流的山林已被砍伐，始栽杉木，近水处尚有树蕨和密林。中午12时返林场，下午12时半始返南温河。车行至半山，王建德师傅（车）后轮脱落，幸臧键协力抢修，用两个千斤顶顶起。秦祥堃找到五个螺丝帽，我在路边找到一个。一场危险，又一个化险为夷。王建德汗水满面，也是非常紧张的。

远望老君山

  在修车时，远见老君山，始在云层中露出真面目。山不在高，但云雾长聚，高近 2 000 米，植被已是模糊难辨。近山是梯田成片，偶有杉木，已是不择其粗而尽伐之矣。水稻基本已收割。山下的南温河，水正红，可见林之破坏，水不清澈。山绿水红，如梵高的彩画，红绿间杂，在自然中果有此美艳丹青。过南温河，18 公里。再 20 公里至麻栗坡县城。再北上 86 公里，宿文山，居兰花宾馆，独一室居木楼单间房。夜洗衣毕，提笔写此。明日将去河口，或宿前一站。

下图系老君山林场由溪水而上之清涧。石立水中，水清澈见底，而潺潺转远，碧草杂之，一片冷色景象。3 日余临此久之，心怡神旷，但潺潺叮咚流水声最难写之。

老君山林场的清涧

1995 年 10 月 4 日　周三

晨与土居祥兑、平山良治去文山南郊采土壤（热带红壤）剖面标本。当地林型为思茅松林，下仅见褐孔小牛肝菌属牛肝菌标本 1 号。约 10 时，由文山启程西南行，至马关 12:50,约 80 余公里。在马关吃中饭。马关县城位于河谷地，周围为群山环抱。远山为喀斯特地形，山为丘，不高，而连绵为睡佛状。因饱受战争创伤，烈士陵园极为普遍，壮哉，悲哉。人民之伟大见乎此。

周围水稻已熟，大部分已收割，而甘蔗尚在成长中。过马关至河口途中，为土路。而近河口附近，已筑新路，但泥石流严重,新路被冲垮达 6 处之多。部分山地(应)当保留(了)不少棕林和芭蕉林。远观之，极为茂密，热带景观极浓。山坡广植菠萝,呈翠青绿色。气候已转热，由马关再行 78 公里，至河口。河口海拔 130 米。已是云南很低的低海拔了。

12:50 至马关。

马关县城

1 河口：指云南省河口瑶族自治县。

2 此处作者记忆有误。对越自卫反击战指 1979 年 2 月 17 日—3 月 16 日期间在中国和越南之间的战争，是十年中越边境战争的开始。

夜 6 时至河口[1]。余第一次访此时为 1974 年，而 1984 年为对越自卫反击战开始[2]。两岸当时已因战事既起，双方都殆尽破坏。而时隔 11 年后，高楼叠起，10 余层者已颇具新城市的特色。夜市既起，摊贩熙熙攘攘，人群摩肩接踵。灯色五色缤纷，气温极高。在银行宾馆九层楼上俯视，人群鼎沸，灯红酒绿，颇似太平盛世，似无后患之忧。果真如此，则人民万幸也。

饭后，偕随大家逛夜市。有卖柚子者，一元二角一只。问其为何处人，答云是越南人，来华做生意者，一家三口，似为三代人。老妪，不会讲汉话，而年幼女孩，则可讲汉语，几与汉人无异也。热闹与水土流失，繁华与森林破坏，如何从长远的眼光来看建国大业，是令人深思的。

1995 年 10 月 5 日　周四

河口 150 米，极热，下午去屏边。海拔 1 000 米以上，气温变凉，夜雨。宿屏边大围山宾馆。

1995 年 10 月 6 日　周五

上午访问大围山林场场长刘忠排，副场长杨林、杨国福。带路人李围达、秦叙保。

大围山，由屏边去林场约 15 公里，最高处为海拔2 654 米；最低处为水围城，海拔约 800 米。半山有招待所。

清代赵翼（1727—1814），字云崧，号瓯北，阳湖县（今江苏常州市）人，清乾隆年间进士。曾为官贵西兵备道时，巡视大围山等中越边境一带森林，作《树海歌》收入《瓯北诗钞》：

> 洪荒距今几万载，人间尚有草昧在。我行远到交趾边，放眼忽惊看树海。……十年犹难长一寸。径皆盈丈高百寻……株株挤作长身撑。大都瘦硬干如铁，斧劈不入其声铿。……空山白昼百怪惊。绿荫连天密无缝，那辨乔峰与深洞。但见高低千百层，并作一片碧云冻。有时风撼万叶翻，恍惚诸山爪甲动。我行万里半天下，中原尺土皆耕稼。到此奇观得未曾，榆塞邓林讵足亚。邓尉香雪黄山云，犹以海名巧相借。……

邓尉指苏州太湖边光福里之邓尉山香雪海。余两年前游之，见清奇古怪的古梅，今日记忆犹新。

所谓水围城，是大围山自然保护区的一个风景区新设点，海拔 1 500 米。有一人为的水池，有一个围城餐厅筑于此，背山绕水，风景宜人，但入山出路颠簸至巨，来此游玩不易。且宾馆无卫生设备，故需要改进。

水围城餐厅

顺水池而上，高峰海拔 2 000 米，森林保护尚好。林木有润楠属、毛锥、冬青属等大乔木，并有散生的桫椤，高约 4 米许。水流潺潺，林下荫蔽。

1995 年 10 月 7 日　周六

至大围山之尖山，海拔 2 400 米，林甚好。我左腿和右脚均遭蚂蟥咬吸，行路因关节不灵活，感到蹒跚不力。爬山，采不少不认识的真菌。

一九九五年十月八日，周日，天雨、由大围山
在水围城沿人工湖而上，湖尽只留清溪，海拔2100m处有密林，林冠如海，藤条如走蛟龙，虽已深秋，但无秋色，雨中记此。

1 诗为《花下自劝酒》。

1995年10月8日　周日　天雨

由大围山在水围城沿人工湖而上，湖尽只留清溪，海拔2 100米处有密林，林冠如海，藤条如走蛟龙，虽已深秋，但无秋色。雨中记此。

夜，屏边外事办主任刘国民来访，并介绍给近田文弘。日方云将在明年再来。寒暄有时，大家对我方均感兴趣。夜在餐厅就餐时，见有白居易诗，大意是：酒盏酌来须满满，花枝看即落纷纷。莫言三十是年少，百岁三分已一分。[1]

1995年10月9日　周一　闰月八月十五中秋

上午9时谒刘国民主任，10时半启程离屏边至蒙自。过屏边，有滴水瀑布，在出路之下，白如练，高度约30米，细而直，上为稻田，下为河谷，没有"疑是银河落九天"的气势。凡有飞瀑者，须有怪洼、奇树为衬，如只有孤单一瀑，似嫌不足。

大围山自然保护区在屏边县城东北角，距城 15 公里，南北长 30 公里，东西宽 6 公里，总面积 23 万亩，系热带森林生态型。最高峰 2 365 米，次高峰大尖山 2 354 米，最低海拔 225 米。保护区坐落在南溪河及红河之间。大围山山脊为两河的分水岭。山中有 1 000 平方米的林中小湖。

本县有南方丝绸之路的灵宝山，山中有莲花洞石刻，位于昆河铁路 30 公里之白云乡境内，距县城 70 公里，海拔 2 130 米。夜宿个旧，此为一平原丘岭小城，城市亦不免是属于发展中，但零乱，人多，地摊遍地。气候近似昆明，为一富饶稻米之乡。

在书店购得费正清自传《费正清中国回忆录》一书。

过桥米线，个旧相传为正宗起源地。桥，今存于南湖公园内。相传乾隆年间，桥一端有赌局，一人善赌，然终日迷于其中，无暇食热饭。其妻贤能，用热汤为之，过桥送饭，故热气蒸蒸。此传说与欧洲三明治的夹菜面包相似。此膳食（过桥米线）今传至云南多地，花样越来越多。9 日晨在小天鹅宾馆前食此，有菊花瓣为菜引，此亦本地盛行。花瓣清香，在天高气爽的秋季以菊为膳，甚有特色。不知陶令生前曾以此为食否。昨夜膳后归时，在夜中的路灯下，有男女老人，分席坐于路旁台阶上，以录音带的乡土音乐为伴奏，各启口齐唱，用音低而缓合，节拍自然，各念以同词，虽听不懂，然颇有乡土古意。明月当空，别有他乡风味。

1995 年 10 月 10 日　周二

　　晨 8 时 50 分，启行北上。由于两车之先后不在一起，故到弥勒处，已失散，先找了七个宾馆和招待所。红烟宾馆是双星级，本地最豪华者。我们最后住在红烟的分馆，亦甚好。夜与近田文弘、高桥弘谈中日植物学家的轶事多则，颇有趣味。

　　仓田悟，生前为东京大学教授，蕨类分类学家，民俗植物学家，秃头，下颚微有短须，人消瘦而修正，终生未婚，为中池的老师。据云其手稿现存中池的手中。后者 1993 年我陪其谒朱维明。云，其风度、样子，颇像其业师仓田悟。

　　田川基二，生前为京都大学教授，蕨类学家、植物形态学家，平生重实践、重采集，知识面博。在我认识的现代日本学者中，有岩槻邦男、近田文弘，其博士毕业论文为蕨类，后专攻地植物和萝藦科。北村尚史也为其学生。田川基二属京都学派，与同时代的蕨类学家加藤雅启（东京学派）有学术上的争论。但近田文弘均得二人的指导和帮助，由于加藤的介绍和推荐，故近田在日本到处进行调查和采集时，深得诸地同行的支持和方便。

倉田悟
KURATA SATORU

田川基二
TAGAWA MOTOJI

Kado
加藤雅啓
KATO MASAHIRO

从隰勒至石林，路经豆黑村，只数家居民，房宅均为单独隔离。门前户后，多植 Diospyrus kake. 叶尽落而柿花正红，在疏林状的岩石山前，益显其为楼头美俏

豆黑村民居旁，柿果正红

石林

1 此处臧穆以花喻果，将柿果喻称为"柿花"。

从弥勒至石林，路经豆黑村，只数家居民，房宅均为单独隔离。门前户后，多植柿树。叶尽落而柿花 [1] 正红，在石林状的岩石山前，益显甚为朴素爽洁。

深秋已至，群山基下有人家。此柿花极美丽。记得1993年与兴江访日本西广岛时，看到日本民宅前偶有柿树数株，挂果下垂，亦甚美丽。今日见此，益思兴江，久不相见也。夜宿石林宾馆。

1995 年 10 月 12 日

晨由石林返昆明。

山川纪行 1998（昭通 片马）臧穆

ZANG COLLECTION

一九九八年
戊寅記
剧
臧穆

1998 年

云南昭通、怒江州

夜寐前，出门少息。见明月半轮，高悬夜空，周围山岭环抱，泉水潺潺，由四面而来，水声响而不噪，益感宇宙宁静，万籁无声也。人在寂寞中是一乐趣，人不甘寂寞是更高层的乐趣。

1998 年，臧穆主持中日植物与真菌合作考察，对滇东北昭通和滇西片马等地区的植物和真菌继续考察与采集。本次考察分为两段行程，一为 9 月 15—23 日昭通地区考察，二为 9 月 25 日—10 月 13 日的滇西北怒江傈僳族自治州（简称"怒江州"）的考察。

1 龙云（1884—1962）：云南省
彝族人，国民党滇军高级将领，
曾任云南省国民政府主席。
2 大龙洞道观：滇东北最负盛名
的道观，位于云南省昭通市城北
10千米的九龙山下。
3 文齐公：四川梓潼人，东汉人。
汉平帝时，文齐在昭通任都尉，
率彝汉民众开凿大龙洞水源，修
沟渠，兴水利。

1998年9月15日

　　晨8时10分备齐，由杨松、臧键驾车直至昭通。夜11时杨松车至昭通，键车先至，众日本外宾一切均安。车行驶至一地。周铉云，（此地）原有原始林，有土匪出没，石路为龙云[1]所筑。远山山坡为荞麦地。淡绿色，极美丽。

大龙洞道观[2]石舫

大龙洞道观。从喀斯特溶洞中有清泉溢出，流出观前注入一池。池周约百米见方，水尚清澈，流出此观，而灌溉昭通古城。此系文齐公[3]之千秋功颐。池侧有石舫一艘，造型仿北京颐和园昆明湖之石舫，唯失之粗糙，但尚古朴，无北京花窗和教堂式的玻璃，故而无中西不谐之感。其观中，除两厢客房外，有戏台一座，亦是仿颐和园的戏台式样，但失之精规玲珑，而胜之以湖光山色、松林泉石，更接近自然和田园。

1998 年 9 月 16 日　星期三

　　晨乘车由昭通，海拔 1 600 米，访大龙洞道观，（此）系一古道观，有石洞渗清泉流至四方。观有联，道家思想与儒家、佛家近似，如：放眼千秋，趁虬松飞霞凉亭雅洞，品一盏清茶好脱几分俗气；回头一笑，看龙潭印月青山绿水，享三餐淡饭却添一点道心。观此有泉，有池，有戏台，环山有松林。

　　约 1 小时，随车至彝良。海拔降至 910 米，极酷热。居县委招待所、迎宾馆，为干热河谷地带。外宾居迎宾馆，我们居侧楼。下午 3 时陪外宾沿河谷采集。首次见香椿之果，极美丽。

　　夜宿彝良地委招待所。与吴声华、冉□寿君同屋，天极热。有蚊虫极扰。可在 9 月天气中，洗冷水浴。

　　日本的汉字，有所创造，不尽与中国汉字相同。如"丼"是"碗"意，"蒤"是"蒜苔"之意。此均为茶余酒后，或在饭桌上闲谈所及。昨夜酷热。因无卫生设备，极感不便。人在顺中遇逆而不适，如由逆而转顺，则由逆而易适者也。

1998 年 9 月 17 日

　　晨至小草坝。由小草坝再乘三车至牛角岩，海拔 1 300 米。彝良为干热河谷。无湿冷植物，唯在谷边有榕属植物。而仅百余里，在牛角岩处，为水青树与珙桐。后者时正果，状如榄仁。

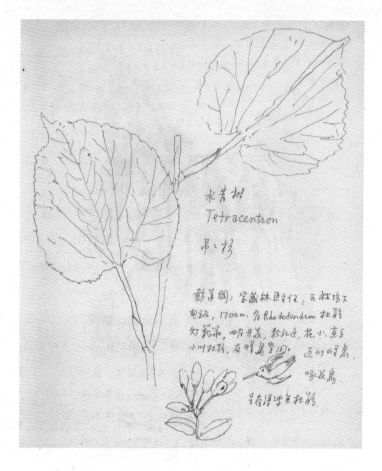

水青树

彭华纲（宝藏林区主任）云，林场下电站（海拔 1 700 米）有杜鹃（花科树萝卜属）灯笼花，4 月开花，粉红色，花小。直立小叶杜鹃，有近似蜂鸟的啄花鸟穿于其间。另有深紫色杜鹃。

牛角岩处有不太高、约 25 米的飞瀑。如果说彝良是以角蒿属和禾本科植物为代表的干旱河谷型植被类型，则此处为湿度较大、颇具四川和贵州（特点）的植被类型。林下有炬樱木属等阴湿植物，而水青树属为其代表。珙桐果正熟，而萌发期极短，仅 2 周便失其发芽率，又蕴有热带成分。

1998 年 9 月 18 日

经磨巢，至后河，出现较干燥寒冷的环境。革盖菌属、

半角岩飞瀑

刺革菌属多见，今见领春木（果为一束的翅果）和南鹅掌柴属，后者为两人合抱之粗树。归时微雨。付驾驶员各200元。

磨巢附近，有一棵大树，有两人合抱之粗。分枝庞大，树冠覆盖约30米。名七叶树（鹅掌柴），有果，状如猕猴桃。树基民建土地庙，有树神塑像，红布缠绕，以此类树，虽迷信不可取，但因为能护林，亦属不得已的良方妙药。

夜由该县副县长刘先生请客，寒暄良久。获原博光先生寿辰，余等购生日蛋糕，尽兴而庆，亦称热烈。在磨巢处，周铉公云有古战场，不知为何年代。小山峰上石有洞，为人之所凿，传为战壕。残垣断壁，横卧山脊，山屯高约200米，山基约400米相围，现筑公路与山相望，不及百米，有河

山峰石洞，传为战壕

相隔。问周战场始于何年代，云早于明初。估计为少数民族，或为彝族之间，或为汉彝之间的争地之战，不知史书之有记载否？如在明代前，或更古的时代，则有新解矣。汉习楼船，唐标铁柱，宋挥玉斧，元跨革囊，只写到元朝，元之后则未作墨，有待考矣。

云叶树
Euptelea pleiospermum

云叶科[1]。其果弯肾形，成串下垂。为单科属，古老濒危树种，亦为珍贵树种。产本区。

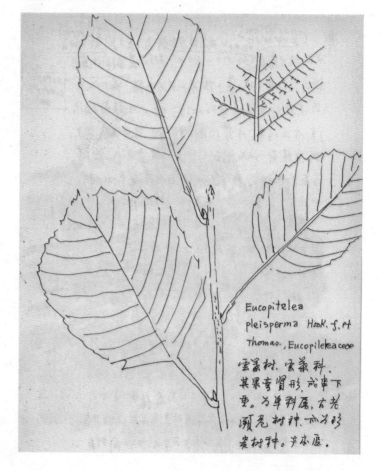

Eucopitelea
pleisperma Hook. f. et
Thomas, Eucopileleaceae

云叶树，云叶科，其果弯肾形，成串下垂。为单科属，古老濒危树种，亦为珍贵树种，产本区。

---

1 即领春木科，云叶科为其旧称。

本区，彝良县朝天马一带，民食以玉米、马铃薯为主，稻米较珍贵。民风朴实，而生活艰苦，（民）多居于河谷两岸。以彝良城而言，城围亦仅长不及 2 里，阔约 80 米而已，有泥石流，则冲刷至巨。

义河低于彝良，海拔 910 米。迎宾楼外坡为海拔 600 ~ 850 米。主河为洛车河，海拔 1 840 米，由彝良流此，另两支流集于桥前。义河小镇，海拔 1 865，数 10 户人家，为过往行客车队集散必经之地。此镇或称洛泽，今改（称）洛车。

三江口镇
去木杆途中俯览之概况。

此镇周围群山笔立，岩石陡峭，由于地质横列，故呈片压之势。多为片麻平压，纵向呈灰色，有铅砂粒下积。山路呈"之"字状。山顶为玉米垦地，少有的平坦，人之无耕地如此。上下攀登，高 400～500 米，山路险峻，不知从何人。人在此山中，云深不知处。

夜宿木杆[1]，小镇不洁。夜雨，与外宾等分居两处，卫生条件极差。夜，蛾类极多，黑褐而大，扑灯而来，大小相聚，颇似钟馗灯火，满天蝙蝠扑灯相戏。夜雨滴点，至天明。

木杆海拔 1 100 米，1957 年之前森林茂密，初拟建内昆铁路，即内江至昆明线，后因改建成昆铁路，加以中苏关系恶化，故停建此线，今又建之。山间传有巨木伐后，多已腐烂。故今天环顾众山，已无森林，均裸露无遗。此处交通不便，但矿产资源丰富，除有铅矿外，并有锗等微量元素，但因技术落后，不能提取，故自然富有，而人民贫穷。

昭通是一贫穷的地区，耕地面积少，交通不方便，人口和教育素质待提高，这使得森林砍伐后，带来诸多其他问题，沿途所见泥石流的冲刷现象较普遍。所谓普遍，即每天外出（所见）山林，凡在较陡的河流地带和三角扇形淤积地，均有直径约 1～4 米的石头与泥悬于流水冲刷处。山顶为极贫乏的农垦地带，下即壁陡的岩石，无树木，无雨则旱，有雨则涝，土表无承受积水的能力。贫穷地区，没有经济能力，或经济能力极薄弱，砍树是一个收入（来源）。如果在云南利用水电资源，或是一个解决贫困的方法。

由小草坝去木杆途中所见

1998 年 9 月 20 日　周日

　　晨有小雨，至木杆林场。在林场平房对面约 400 米处，为一开阔地。有河流贯穿，周围为次生森林，以山茶科或山茶属、壳斗科、杨柳科、桦木科为主。大家在周匝采集。林下，秋深已晚。树冠已转黄绿色，虽无红叶，以焉知秋矣。

木杆林场草图
附近高树为扁刺锥。

1 三江口林场自然保护区：现为云南乌蒙山国家级自然保护区三江口片区。

1998 年 9 月 21 日　周一

晨，似将有雨。（由）木杆（镇）至林场，由一护林员带路，从林场后绕，约爬越三重山丘（高 50～100 米），行约 6 公里，至一界河。河东为大关县，河西为永善县，（林场）为两县的自然保护区。树多为珙桐。珙桐干高 20 余米，粗 30 厘米上下，多分枝。此树成片，早春季节，树冠白色苞片随风招展，而杜鹃粉红，艳色华丽，堪称一绝。据井上说，其见有大树杜鹃，树径 30 厘米，大树可观，或为树形杜鹃。栽有杉木，长势较滇中平原为佳。壳斗科仍较多，林地蘑菇长势已过，偶采到绒盖牛肝菌属、牛肝菌属各一份。林下见蛹虫草和红皮美口菌，潮湿度仍较朝天马微干。

三江口林场自然保护区 [1]，（有）木瓦房 1 座，3 间一家，门前有猪食槽 1 个，屋门悬木质蜂箱 1 个。门户紧闭，护林员外出未归。门前植爪豆一片，草房有草料未干。清溪需下俯 20 米处取水，儿童教育十分困难，医药条件根本无保障。如果说用"采菊东篱下，悠然见南山"来理解此环境，未免太脱离实际。

此林屋（所在地），为我们攀登的最高地。小山和全队其他人亦登此高山。在山顶上，空山鸟语，流水潺潺，绝无人迹。护林工人已锁屋远去。本想访问一番，询问护林事宜，但人去屋空，只得匝行一周，空思悠悠。在此长居，生病问题、孩子教育问题、生活问题、安全问题，均有说不尽的困难。在基层工作，如不解决诸如此类的困难，不能很好地解决后顾之忧，森林保护是很难办好的。凡落实政策，均多注意城市和大专家，而一线的基层工作人员和关键做事者，则不甚被注意。落实于基层，极为重要。

属永胜县。该房书为：昭通市三江口林场自然保护区。2100 ん

1880 m. N 28°13″778″
E 103°56′710″

永善县. 沈沙乡. 河坝场

三江口林场护林员的住处

属永胜县，该房书为"昭通市三江口林场自然保护区"，海拔 2 100 米，永善县细沙乡河坝场。

筇竹，是林缘开阔地和林下的主要植被。据说在森林茂密处（林下）也是筇竹。（此竹）竹节膨大，状如佛肚，故曰罗汉竹。其节易断，或为原始型。此竹林高2～3米，平平复复，密密集集，对树不利。故森林的发展，是一个问题。

竹科专家耿伯介先生今年去世，故对此筇竹属的标准和合理性如何，未闻耿先生的见解。其花的构造是否符合分属的标准，均不详其内容。已入初秋，树冠上部已微现黄叶，而珙桐的叶，已开始脱落。满林落叶，秋无声而至也。山道上下弯曲，根系树桩筑成了林间小路。（这）使我忆起初到云南时，正43岁，去绿春途中，随马帮而疾步、越行、跨步、跃涧，时已26年。今下坡辄感腿力不支，而上坡的速度亦大为逊色。从中凹草地，周览环山，郁郁葱葱，顿觉人在绿色世界中，虽体力很累，但心绪开阔，人在自然中，无比快乐。

筇竹 Qiongzhuea tumiidinosa Hsich et Yi（蒋纪如，易同培）

林下筇竹

1998 年 9 月 22 日

离木杆，至大关。南部之黄连河片，为古城营盘遗址，总面积共 107 平方公里。有瀑布群，高达百米，较黄果树瀑布为高。夜宿昭通。

1998 年 9 月 23 日　周三

由昭通经长麦地至巧家（长巧线）。下午经 300 多里至宣威，为红军经过之地。行路（时天）已黑，至曲靖转快速公路，沿路均想入睡，故大家唱歌取乐，并谈及汉语和日语事，颇有兴味。

大关县黄连河瀑布高于黄果树瀑布，亦有水帘洞。群山合抱，水流诸多飞瀑，环围直泻，虽然没有庐山"飞流直下三千尺，疑是银河落九天"的气势，但环围分流，直立如柱，计有六七个之多，实是神态怡景，颇有独特之处。

黄连河瀑布

1998年9月24日

在昆明。准备出发事。

1998年9月25日　周五

天晴。晨8时10分离昆明，12时至楚雄。

午饭后，由此北上。快速公路已建至祥云，路面极平坦，时速可达百里。两厢土坡已用网状水泥格保护。中间有细长的禾草，若达半米，下垂，柔且细。间以杂草红花，秋英花期正盛，颇为清雅壮观。两边山峰，虽为红土，但植树成行，如能护林数年，必蔚然成林矣。车速疾行，两岸翠峰，较以往的荒山土坝好得多。偶见标语有"为官一任，造树成林"，如能如此抓而落实，实为幸甚。

夜宿下关曼湾宾馆。夜，土居、柿岛、小杨、小王以110元乘出租车去大理，12时平安归。其为购大理石等。多处宾馆林立，发展甚快。周铉未来，亦觉惜然。急水难留滩头月，也只得如此。夜寐，有蚊虫，小杨归时，已入梦多时。

高速公路上的水泥护网

1998年9月26日　周六

晨由下关西行。由下关至西洱河电站已有新路筑成，但不通车。工人正在艰苦奋战，为早日通车而努力。沿路工棚林立，（工人）生活仍相当艰苦。值得学习的，是这些不畏劳苦的人。

行时天晴，白云皑皑，蓝天蔚蔚。行约2小时，天转雨，乌云密布，不知从何而来。天雨之后，车行数湾，连转群峰，天又转晴。这真是天晴时方好，有雨亦称奇，欲把此地比江乡，淡妆浓抹总相宜。

河谷地带芒属植物正白花浓放，一片秋色。时水稻已开割，或待割，金瓯秋色，一片金黄。行过澜沧江，天又大雨，近保山市前，山水直泻，倾天而来。数民工冒雨顶风，极为感人。余等乘车而过，涉水攀坡。一天数晴数雨，十里不同天。

白荻满壑现秋意，时晴时雨染山色。半路中见有村妇卖香橼者，状如佛手而不分枝。食用部分不是瓣囊部而是中果皮，状如瓜果。微甜，微苦，水分少。据说有滋补、助消化的作用。初次见此，可能是柚的栽培品种。夜记于保山金叶大厦。

永平附近秋色

1998 年 9 月 27 日　周日

雨。由保山至泸水，经六库。六库海拔很低，紧临怒江西岸。顺江而上至泸水。六库热，泸水寒。夜宿泸水县委宾馆。一天时晴时雨。泸水夜有寒意。六库海拔 800 米，泸水海拔 1 700 米。

泸水晨眺

1998 年 9 月 28 日　周一　晴

晨凭栏远眺，晨曦灿烂，沿远山天边，呈紫红色，群山起伏。在翠绿中，杂以金黄色梯田，镶嵌在山腰较平坦的地方。通信电台悬尖直入太空，风静山宁。小镇居民尚未起床，门掩窗闭，炊烟不冒，益显得宇宙平静，安谧异常。天晴，碧空万里，白云片片，山城栽有润楠属和南洋杉属植物，露天成行，虽在高原面上，却使诸热带树种生长良好。

由六库至片马，公路已修通，比我 1978 年来时，大为不同，虽有泥石流冲刷的处处所所，见车行平稳，路面亦算不错，在风和日丽的今天，实属难得。记得以往来此时，连日天雨，采集调查，甚为艰苦。在马帮路上行走，有横木桩陷于烂泥中，一步一陷，腿骨总是碰在横木桩上，使腿青一块紫一块，举步维艰。而今日乘车至此，可见 20 余年来，变化不少。

车过鲁掌河，再至双米地村，渐曲攀而上，至片马最高的垭口，即风雪垭口，此处海拔高3 072米。我20年前曾在此宿3夜，有战士等互相讲故事，当时有：何庆安、张启泰、余绍文、王世林、杨刚、张敖罗、刘伦辉等人。今诸先生多已退休，再来此者，唯我而已。诸宜事迁，人各东西。孜孜以菌学为乐者，实属为数不多。自以雕虫小技，仅以燕雀之志，不知诸鸿雁之高飞也。不少旧友，或高官厚禄，或家存万贯，华居丽车，自显华贵。自甘避贵而躲进寒居，以学术而自乐，这叫做孤芳自赏吧。

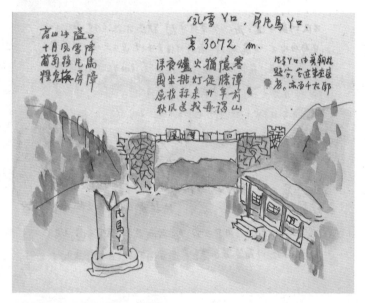

片马垭口

1998年9月29日　周二

　　昨夜宿片马宾馆。余上片马古路旁，时有流水潺潺，周围大树有木荷，白花正落地，片片白色。下有腐生菌。采有一酷似马鞍菌属的喇叭菌，灰色。停车处为离片马镇向上16公里处。有桥梁一座，有河水由山上而下。主要大树为木荷，白花，多已落掉，大量散见于林下。有多种色彩的盘菌，多生于木荷枯腐木上。见有一状似马鞍菌的灰白色的喇叭菌。

一九九八年九月廿九日　周二

昨夜宿片马宾馆。老闿为东北人，王金元，名片为高级经济师，为政协辽宁省委员会。夫妻二人掌管此馆。于上片马古道旁，以竹搭水厂，周围大树为木荷 Shima，白花正落地，片片白色。下方

店上有，拣有一
碗似 Helvella in Craterellus. 灰色。

停车处为宿片马镇白上16古里处。有棱量棵一座方河水由山上而下。量大树为木荷 Shima，白花纪落操。大量散已于林下。有另种色影的 Piziza 多生于木荷枯腐木上。已有一状似 Helvella 的灰白色的 Craterellus

片马古道旁

远眺片马人民抗英胜利纪念碑

1900 年 2 月 13 日，英军千余人侵我腾越厅茨竹、派赖、滚马，清守备左孝臣抗之。1910 年英两千人又侵，从密支那始，经小江流域。1911 年 1 月 4 日侵片马，（双方）多次搏斗。片马管事勒墨夺扒及褚来四率景颇、傈僳、独龙、怒、汉、白等族人民抗之，迫英撤离。半世纪来，（抗英斗争）未断。胡耀邦书记，以惊人的毅力在 1980 年访问片马镇，亲自题了纪念碑的字。他为政时，访问了全国三分之二的农村县，落实政策、反乱纠正，可谓勇敢地做了大事业。来此谒此塔，更怀念他的功绩。

片马人民抗英胜利纪念碑

　　此塔旁建一抗英博物馆，因关门未及参观。门前有一飞机残骸，上有"中国航空"四个大字，传为陈纳德所率飞虎队在美国空军志愿队来华支援抗日战争时所留。当时（1942年或1943年）由缅甸飞来，在大凹塘，离片马60公里，美军遇难。今将残骸运至此地。此飞机不是以飞虎队的形式，而以"中国航空"为标志。看来抗战，不只是共产党的一方面，国民党也是抗战的另一主要面，这才是我们中华民族。

1998年9月30日　周三

晨8时半，由大茂驾车，送土居祥兑、柿岛真、杨祝良离片马，赴保山，明天即国庆节抵昆明。今日留宿片马者10人。

9时半，我偕留片马者10人，至片马镇下行的下片马镇，（此地）为中缅交界处之我境。日本客人对国境线非常兴奋和新奇。小山说，因为日本国为海洋包围，无陆地国境线，今日亲临别国的国境线，亦倍感神奇。

继后，由片马镇西行，经过湾草坪，行至垭口。下为小江，为中缅交界的河流。右侧为高黎贡山。砍树是砍到缅甸境界。归时见有大量红豆杉属堆木，传为缅甸运来。选树皮一袋，不知有否紫杉霉。在腐朽竹竿上采到一株很小的鬼伞。杨松驾车，技术甚佳。

1998年10月1日　周四　晴

晨由杨松驾车离片马，至半山腰垭口下，有黄杉属大树，但呈分隔状。在停车处，有一山洞，顺流而上，较陡，腿力已感不支，勉强登之。见双皮菌属，白色，并杂有小皮伞属。

中日科学家在中缅国界片马界碑处合影留念

前排左起：高桥弘、前川二太郎；后排左起：杨松（司机）、北山太树、臧穆、小山博滋、宫崎和弘、松井透、井上正铁、荻原博光。

片马国界

1 李恒：女，1929年生，植物分类学家，中国科学院昆明植物研究所研究员，天南星科专家。曾在独龙江进行了为期 8个月的越冬考察。

中午过垭口。因不好在垭口采集，我带诸日本友人过垭口处，即离开军事站口。后有一军人来，我与之交谈，知其曾在独龙江停过，认识李恒[1]，相谈后知我是植物学家，未做不便，客气分手。下山后，住在姚家坝，是一高黎贡山自然保护区。有竹楼，外宾居之，我与大茂、杨松住一室。有鲁掌河绕于此自然保护区林地。

在鲁掌河之上，海拔近 3 000 米处，有古老而稀疏的针叶树，或许是黄杉，应查其确名。古木挺拔，远隔翠山清水，极为壮观。有伐木山道，宛转山峦，远山微显秋色，益显静穆。林下密布山竹，凡大树被伐后，盘根错节，均是山竹的天下。下为鲁掌河，应为鲁腮河。

经鲁掌镇，下行为自然保护区，有一竹楼在焉，曰姚家坝。夜宿姚家坝。20 年前所居山屋，记得是木槿满园，今不知去向。变革至巨，所观山林尚不算裸露地被，虽创有自然保护区，但法律不健全，难以执行。北山毕业于北海道大学，其云土居先生曾说我略懂日语，其实非也，值得深思。与前川谈及牛山六男逝世，小松光雄虽退休，但仍在鸟取工作。

附近有一双米地。日本少数民族阿伊努族，居北海道，有语言，而无文字，原始，似我们的一些无文字的少数民族。夜观小山自己注射胰岛素，可见吃药的重要。并谈土居、柿岛、杨祝良等均安返昆明。昨日送大茂至保山，今日下午 3 时抵片马的姚家坪（海拔 2 420 米）。并悉，土居购得大理石瓶、杯等，在过关时，开箱查看，见是大理石，故互相大笑。并悉金城典子将在 10 月 12 日至昆，云有话，相约一聚。

夜寐前，出门少息。见明月半轮，高悬夜空，周围山岭环抱，泉水潺潺，由四面而来，水声响而不噪，益感宇宙宁静，万籁无声也。人在寂寞中是一乐趣，人不甘寂寞是更高层的乐趣。再见外宾居竹室中，每窗明亮，闭门各自埋头工作。日本民族的拼搏精神，堪师法矣。

下为鲁甸河，左为鲁腮河.

鲁腮河秋色

1998年10月2日　周五　晴

晨7时起身，天尚未亮，山间不知曙至。沿鲁腮河洗漱，壮观天地间。在桥上习太极拳一套，腰眼功夫有不及之感。姚家坪海拔2 400米，下行围越泸水，遥望六库大桥、折北而上。怒江畔，海拔998米，已是干热河谷。路旁有攀枝花（木棉）、石栗属油桐、大戟属、芭蕉属等。此地，即海拔998米处，名曰王拉坝。下为汹涌奔腾的怒江，有铁丝桥横穿。135公里处为蜡门里，146公里处为称嘎乡（今名秤杆乡，可能是汉译的名字。Qing Ga是傈僳族语，语意不详）。到153公里处，因峡谷变窄，宫崎所带仪器，无法测量，云：因太窄，卫星探测不准，故无法标出。即下午2时，到206公里处，为子里平，有一沿江饭店，位于匹河，食怒江的裂腹鱼，价昂贵，120元一条。鱼无鳞，肉质极细。

仰观怒江两岸的高山，田地很陡。山上200米高处玉米已妥采，秆已枯。沿江20米以下的稻田，金瓯一片，正待收割。多由女子收割，而男子少见。

（右）图是在秤杆乡以北的地区，江面窄险，水流湍急，险峻无比。仅忆其概貌，飞石穿空，卷起千堆雪。如傅抱石先生见此，必能飞笔写出雄姿，我则不及其万一。

夜宿福贡。接（兴）江电话，希能早返昆一天。余希能8号返大理。

山水画，要搜尽天下奇石打草稿。凡所见大山大川，西南犹雄。大千出于四川，故有《长江万里图》，以盖平生业绩。云南大山犹奇，惜无著名的山水画家，如抱石、可染先生来此，必有惊世大作。有些画家，如吴冠中、（吴）作人等，虽来云南，然未入大山，故未见此气势，难能有传世之作，也不可能在短期访问中，蕴有雄伟的气势。科学也是如此，如停止深入调查，不可能有完整的了解。今年余68岁，来日做野外工作的幸运，日减一日，故夕阳无限好，可惜已黄昏。

秤杆乡以北所见之江景

阿尼补教堂

通常称为阿尼布教堂，位于云南省福贡县上帕镇上帕村。

1998年10月3日　周六

　　晨阴。居福贡宾馆。

　　10时至上帕镇阿尼补教堂。福贡县上帕镇普友恒海拔1 300米。阿尼补教堂位于福贡沿公路北行约2公里处。右手上山路缓行约40分钟，在一悬崖处筑一简陋教堂，内悬石松干枝以保绿茵茵的色泽，室暗而整洁。据说周日上午有人做礼拜。返回时，另有一教堂，门口有十字架，门前有一二十米见方的小广场，有一铁钟悬于门外，但均无塔状的尖屋顶，看来是本地人所建，无欧美的建筑形式。百年前外国人传教至此，虽各有目的，但实属艰辛。由此教堂远眺，怒江滔滔由北泻下，由此弯曲南下，远处山坡已收割，满山栽有石栗、油桐，果正熟，已在采摘。下午晴。

↑阿尼补教堂远眺

山脊飞瀑

　　由阿尼补教堂顺山路而上，右手转弯，沿山路顺畅而上，有吊桥一座，越之再向上，虽陡，但仍有稻田栉比排列，长不等，阔仅 5～10 米，成窄带条状，已收割。山脊有松树数十棵，为云南松。俯山对面观，河谷间隔约 30 米，有两条瀑布由上而下，高 40 米以上，细如链，奔流而下，有怒吼水声，弯折数匝，颇为壮观。在山脊，余正在写瀑时，小山先生过来将我的相机带换一宽带。此公心很细，而严己宽人。每日负病，爬山采集，调查记录，凡事事必躬亲，实属不易。

1 此则日记"基金版"未完整收录，且未标注日期，本书予以补充。

1998 年 10 月 4 日　周日[1]

夜访丙中洛乡书记李文（傈僳族），并悉下列信息：

·英人詹姆斯·希尔顿（1900—1954）在 1933 年出版了《消失的地平线》一书，该书启用了"Shangri-La"（音）一词，是"世外桃源"的意思。此字的译音，可能来于我国，即丙中洛一带。在这一带，有甲生、秋那桶、双□等地。丙中洛西临独龙江，北接西藏。有 823 平方公里，东为碧罗雪山，西为高黎贡山，有 133 户人家，人口 6 071 人。耕地多在山坡和陡坡上，少有平积和冲积土，加起来共 14 135 亩。山脊林木 1.78 万亩。有珙桐，相传此树由此经腾冲传至法国。这里有喇嘛教的普化寺，和重丁教堂，自古以来，相处为安。

·在詹姆斯·希尔顿的《消失的地平线》一书中，首次提到的"Shangri-La"（音），可能是傈僳语，原意是"以后再来"。或是藏语"Xung Ge Li La"（音），意为"兄弟共在的地方"，还有"Jia Ge Li La"（音），意为"佛教圣地从此起飞"。西藏察隅一带称丙中洛一带曰"Jia Ge Li La"，即是"以上"的意思。附近有甲菖蒲桶，藏语称怒江为菖蒲（或康蒲）。当时藏族也定居于此，故文字杂交的现实是频繁的。

·清道光年间，有藏传佛教喇嘛来丙中洛建庙寺。当时此地称"碧中"，意为"藏族村庄"。后加以"洛"，"洛"为"箐"之意。故今称丙中洛。

·此地教堂很多，以重丁最有名。

·早期英国人康威作为外交官身份与三个挚友来到此地，认为这一冰天雪地之地，有多种民族平安共居，是神仙居住的地方，不然何以有如此多的庙宇。

·抗战时，约在 1943 年，有一叫阿都的人，到高黎贡山采贝母。曾遇到驼岭飞来的驾驶员普领（Puling），把他救到普化寺，普领在此与一藏族女子同居，并生一女孩，碧眼黑发。后普领由印度而返美。当时在高黎贡山遇难时，普领曾送甲格安（印度的钱币）数枚以答谢阿都的救命之恩。后其女儿17岁时病死。而普领经察瓦龙到印度。察瓦龙在西藏境内，怒江边。我曾在那里住了数夜。普领驾驶的飞机，坠落在丙中洛的高山湖，名曰"阿莫洛底"黑丹索，据说飞机残骸仍浸湖底，并有藻类附生，翅膀状如鱼翅。这一高山带，以"雪山为域，江河为地"而著名。在《消失的地平线》一书中，曾记有 Kalakal 的地名。丙中洛西北部确有Kawakab（嘎娃嘎普）山峰，高5 128米。

由福贡北行，近石月亮处，现修竣望（观月台）上有大石，某人题诗云：皎皎碧罗雪，萧萧贡山秋。明月伴石月，万古照江流。福贡海拔约1 480～1 600米。下午至贡山，在用中饭之前，我到县政府，问一女士，问孔志清先生家住何处。答曰：今年5月孔志清先生已谢世，享年84岁。

夜宿丙中洛一饭馆木楼上。月色甚好。与宫崎、松井同房间。

丙中洛水边的榄仁树，
并远眺西藏方向的山脉。

1 普化寺：位于云南省怒江州贡山县丙中洛乡，是唯一一座藏传佛教噶举派的寺院。

1998年10月5日　周一　八月中秋

　　丙中洛，海拔1 730米。晨饭后顺丙中洛的水源上行，约8公里，至林区边缘，夹山水涌，河水碧清。水之西侧有高山，常年积雪。晨有朱霞，美丽以极。神圣而冰清玉洁，仙地也。所见未砍伐的大树为榄仁，有两人合抱之粗，（另一棵——编者注）惜已被伐，不久原始林殆尽了。下午4时半抵丙中洛镇。

　　见一种长在石上的绿藻：橘色藻属，红色。从泉道的顶末端，西眺西藏方向的山脉，近处可看的针叶林，或稀或密可以看得清楚。而最远可见的山峰呈淡紫红色，已无树林可见，顶端赤裸。在白云青天的毗连中，显得雄壮而朴素，此淡妆犹胜浓抹也。

　　普化寺[1]后，两座巨山而遥而恃，中间通道约20余米，名曰石门，真有一人把关、万夫莫人之势。

　　想起1973年在绿春、元阳的乡居时，也有歌舞升平，那时正在创业，干劲比现在大，现已68岁，虽仍在工作，但老骥长征，毕竟老矣。夜较热，短衣短裤整理笔记，犹不感寒也。

远眺石门关普化寺

1998 年 10 月 6 日　周二　晴

晨起观雪山，约 40 分钟，仍难见雪山真面目。饭后登山，下箐沟，再登一极大的平面台地，稻熟一片，正在收割。再上登，有村庄，侧面是石门关。普化寺居中，标准高为 1 740 米。由乡长夫人杨秀妹带路，并找一小喇嘛，开佛寺之门，内有破坏了的壁画，有 4 卷清朝的佛画，多已片朽破碎，但绫上的墨迹和颜色，尚清晰可辨。周围有黄绫裱装，为汉族佛画，无藏族唐卡风格。所陈佛经，为藏文，庙已破毁，仅为应酬来访者，以新木梁架起而已。

翻山而下，过桥，攀登而上。下山最困难。山陡，路险，只能手抓草叶、枯枝，沿山而下。全身汗水尽湿。仅采到一份标本，约为黑粉菌属，生于莎草属穗上。

下午归时在溪水中洗衣、洗澡。10 月的天气，极为温暖，夜间并有热感。据说冬 12 月、次年 1 月，此地有雪，厚为 10～20 厘米。野外工作已基本结束。

丙中洛天主教堂，是法国传教士所建立。或为清光绪二年（1876），可能是任安，他死于此地，也葬在此地。坟冢为重修坟。此堂的前左侧，有被砍的大板栗树，相传由法国人带来的种子萌发所成，树径有两人合抱，惜被砍，其堂右今有 4 棵，树胸径约 30 厘米，果实正成熟，余拾食数枚。门左侧有一橘树，传为第二代法国传教士所栽，树干枒瘤叠起，状如古梅。

遇一怒族老农，自云年56岁，尚记得其少时（6岁时，即50年前），第二代的2位法国人居此传教。教堂系前几年修竣，非原来者。钟，原有两枚，此枚较大，直径约50厘米。悬于此钟楼上，击之，声音洪亮，传至山外。名曰：Dersadanba；另一枚，名Aluba，现移至卡马洛教堂。

丙中洛天主教堂

1 刘波（1927—2017）：北京人，山西大学教授，著名真菌学家。

1998 年 10 月 7 日　周三

　　晨 5 时起身，6 时半由丙中洛启程，经贡山南下。车行路一天，夜宿大理州云龙县金月亮山庄。夜鼠甚多。天亮时大雨，路不太湿。

　　刘波[1] 所著《中国药用真菌》，于 1982 年由难波恒雄、布目慎勇译成《中国的药用菌类》，为平塚直秀之后再译。

菌菇图

布衣暖，蕈菇香，菌学研究滋味长。时在二○○三年元旦，戏笔写此遥寄。刘波教授清赏并指正。臧穆兴江。

云龙柳荫

1998年10月8日　周四

晨，由金月亮山庄，路经漕涧，翻山，在澜沧江口331公里处，再远眺云岭，东为□□，西为云龙，一山两隔。夜雨洗轻尘，山风凉霜寒。野外近一月，不知秋叶渐。两腿下蹲，已感困难，老之已至，光阴不多。在云龙一带山低处偶见平行柳荫数行，河涧潺潺，不是江南胜似江南。夜宿大理红山茶宾馆。

1998年10月9日　周五

晨，小山和北山太树去湖边，由大茂开车带路。我与其他人乘车登点苍山，系首次登主峰。汽车由杨松驾驶，至海拔3 110米，以上则为人行道，无汽车路。

遥见对面山，系绝壁，但无大树。远观洱海因云雾缭绕，时明时暗，时显时露。近处荻花怒放，白芒劲劲坚，疾风知劲草。山坡秋叶已红黄间之。植物甚多，与竹类呈建群种。采有2种斑痣盘菌。由海拔3 110米攀登至杉飓亭，海拔3 440米。

中和寺在半山，远观之，黄顶，朱门。忆刘慎谔和王荷生先生。王采标本于此，丧生于斯。

3120m

洱海点苍山

　　下午购得大理石一块。野外工作可告一段落。

　　夜仍宿大理。这么一个涉外城，如诗如画，外宾甚多。
一个古城，已成著名的旅游消费城市。夜游夜市，卖所谓古
董的零售小贩，比比皆是，时过午夜仍熙熙攘攘，不绝于市。

1998年10月10日

登苍山，近顶处，山势陡峭，峦青峰翠，颇为壮观，虽无黄山的清奇，但面水依山，气势惊人，且风大势猛，时正秋叶映山，或黄或朱，满山红遍，引人入胜。

远眺苍山杉飑亭

基部为杉飑亭立于山脊，远望有黄墙小亭立于悬崖中，远山有瀑布，已无水。远亭上下，红黄相映，秋色盎然。冷杉尚存一片，亭亭玉立，高处不胜寒矣。下午三时半始下山，山顶风大，云起云落无定时，苍山云雾变化无常。

速写本

Su Xie Ben

山川纪行 2000（思茅 菜阳河）臧穆

山川纪行 2000（思茅 菜阳河）臧穆

2000 年

云南思茅与中西部地区

这朵蓝花拈自泸沽。湖水天色，蓝呈一片。自然之美，大可陶冶身心，万事流水，都可一笑付之。

2000 年，臧穆参加了云南省思茅市莱阳河自然保护区科考，之后主持并参加了中日云南隐花植物联合科考。

思茅莱阳河保护区科考是应"中荷合作云南省森林保护与社区发展项目（FCCDP）"之邀参加的，臧穆是其中大型真菌组的首席专家。莱阳河属于南亚热带地区，与白蚂蚁共生的真菌鸡枞（蚁巢伞）较为常见。在文中，作者多次提到华鸡枞属及该属的几个种，这是作者发表的新属和新种。中日云南隐花植物联合科考分为两段，一是 9 月上旬有 4 位日本学者参加的为期一周的考察，一是 9 月下旬由另外 4 位日本学者参加的为期近一个月的考察。考察地区主要在云南西北部。

作者除了记载其野外的科学发现外，也描绘了各地的山川美景，尤其对泸沽湖的湖光山景，着墨甚多，诸多文字堪称写景佳篇。

1 菜阳河自然保护区：位于云南省思茅县东南部，因菜阳河从其中部穿过而得名，属省级保护区。

2 干巴菌：*Thelephora ganbajun* M. Zang，革菌科革菌属。云南珍贵的野生食用菌，又名干巴革菌、对花菌。由臧穆命名发表。

2000 年 6 月 13 日　周二

昆明晨雨，天晴之后，颇有寒意。（臧）键冒雨相送，与（兴）江病中相别。1 时抵机场，与省林业厅规划设计院邓永红和云南大学宋普球同志相会，同行至思茅。飞行 40 分钟。抵思茅时，观机场建设又呈新色，新筑新貌，滇南旧镇，换新颜焉。出机场后由设计院武辉同志驾车迎接，乘车环山而上，至菜阳河自然保护区[1]。

时正 6 月中，山区沿路，有农民初撷新鲜菌类铺地陈设出售。其中大量肉柄华鸡㙡，成捆（直径 6～8 厘米）出让，讨价 10 元，约 5 元可成交。见有一个乳头蘑，盖径达 25 厘米，可谓少见。偶少停所见，有黄色革菌属，也称干巴菌[2]，或为新族。因匆匆赶路，不知路之远近，故失之交臂，颇为憾事。离思茅约 60 公里，宿于菜阳河自然保护区的树上人家。周围环树，雨中路颇泥泞。

据悉，本课题在此工作者有：西南农学院鸟类专家韩联宪、昆明动物研究所哺乳类（专家）马尧来、昆虫类（专家）熊江（并偕南开大学两人来此，或为萧采瑜先生门下）、爬行类（专家）饶定齐；菜阳河自然保护区张金明、陈云红将与我们始终共事。另有两（名）荷兰外宾：哈默尔先生、胡布·盖曼、□□□夫人、珍妮特·范·莱索特。

夜间聚餐，相谈有关计划和工作趣事。哈默尔先生对蛇颇有兴趣，当夜随饶定齐去采蛇，观动态未果。其同行译员杨蒴，毕业于民族学院外语系，口语不错。次日陪同至景洪。

夜雨，蝉噪声不断。忆唐诗："蝉噪林愈静，鸟鸣山更幽。"

2000 年 6 月 14 日　周三

上午雨。与外宾等拍照一帧。别。下午天晴，与陈云红、邓、宋诸君在附近罗罗新寨（海拔 1 698 米）采集。幸遇天

树上人家

晴数小时，顿时晴空万里，采后夜又（大雨）倾盆。购得肉柄华鸡枞，柄长 35 厘米或更长。

由罗罗新寨至天壁度假村 2 公里，至保护区管理所 7 公里，至黑龙潭（海拔 1 444 米）5 公里。附近村庄有小坝子、蓝门山、鱼塘、玉生田、菜阳河、大小塘、叠马河、松山林。

菜阳河自然保护区建成后，此为罗罗新寨，海拔约 1 500 米，木筑门卫，建筑粗犷。大门书"树上人家"，颇有史前钻木取火、人披兽皮、索居树上的原始的风貌。终日雨滴不断，蝉鸣不停。山中方三日，世上已千年。

2000年6月15日　周四　雨

一天小雨，阴暗不晴。一天两餐。下午1时冒雨出发，由罗罗新寨"树上人家"出发，朝思茅鱼塘方向，顺路采集。发现粉孢牛肝菌属一个新的分类群，即 *Tylopilus scabrosus Zang*，类似红鳞黏盖牛肝菌，极美丽，子实层灰紫色。沿路采得肝色牛排菌、铁杉灵芝、厚鳞条孢牛肝菌。此热带成分，渐觉显著。

菜阳河自然保护区海拔1 500米。阔叶树下有红椿，见有似腹牛肝菌属，菌肉淡白色，割伤处不变色，菌柄淡白色至淡黄色。这一腹菌形式，舌环厚而明显。柄基有缘托残存且薄，菌管黄白色，弯生。菌盖绒状，淡赭褐色，平滑不光滑，绒盖牛肝菌状，似易裂。

夜雨达旦。

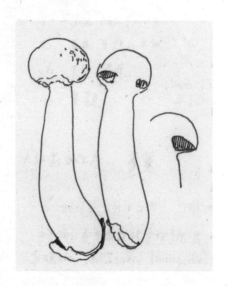

似腹牛肝菌的一种腹菌

2000年6月16日　周五

上午雨，乘车至森林管理所，即黑龙潭。雨中采到肉柄华鸡㙡和柔毛棒束孢。此区蝉鸣极欢，种类多，估计棒束孢也有多种。夜雨。

蘑菇烤房

　　蘑菇烤房，基用木炭木材烧烤，约 80℃ 左右。通过火笼由地下部穿台而上，由烟囱拔烟，约烤 48 小时，菇在铁丝网上，即可烘干。连续 3 年来，没有减产。每年从 5 — 7 月，以 5 — 6 月为多，7 月较少。每年收购约 700 公斤，每公斤约 25 元，即投资 17 500 元，按 1 吨变干为 140 公斤，每公斤 220 元，即 30 800 元，即 3 万多元，赚 1 万多元。华鸡枞此地有 2 种，即空柄华鸡枞和肉柄华鸡枞。后者今天冒雨采得，并摄影数帧。

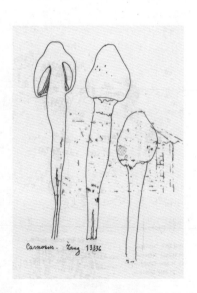

肉柄华鸡枞

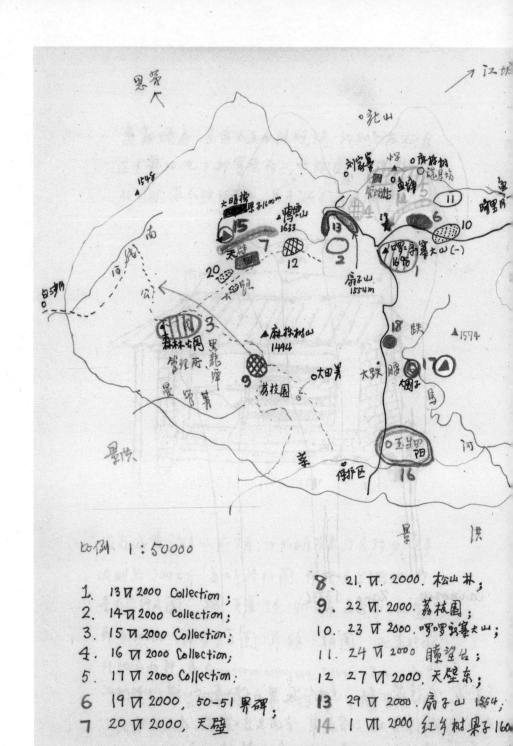

比例 1:50000

1. 13 Ⅵ 2000 Collection；
2. 14 Ⅵ 2000 Collection；
3. 15 Ⅵ 2000 Collection；
4. 16 Ⅵ 2000 Collection；
5. 17 Ⅵ 2000 Collection；
6 19 Ⅵ 2000, 50-51界碑；
7 20 Ⅵ 2000, 天壁

8. 21. Ⅵ. 2000. 松山林；
9. 22 Ⅵ 2000. 荔枝园；
10. 23 Ⅵ 2000. 哕哕豉寨大山
11. 24 Ⅵ 2000 瞭望台；
12 27 Ⅵ 2000. 天壁东；
13 29 Ⅵ 2000. 扇子山 1554；
14 1 Ⅶ 2000 红乡树果子160a

思茅地区采集点

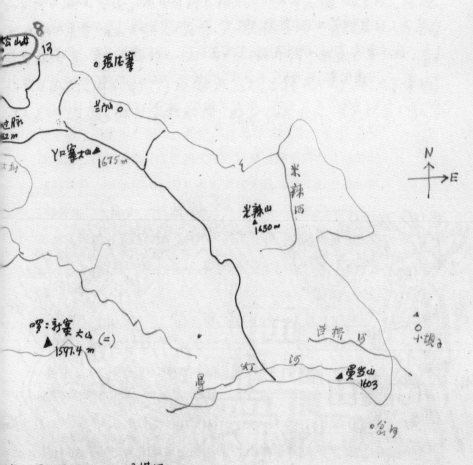

15. 2 VII 2000. 大明搅凉子 1600 m.
16. 3 VII 2000. 玉生田 1100 m
17. 3 VII 2000. 大園子. 板状根森林 1200m
18. 3 VII 2000. 黄竹林菁. 山背菁道 1350m
19. 5 VII 2000. 50号界碑. 1530 m.
20. 6 VII 2000. 天壁大门口 的两侧山脊 1550

1 黄蜀琼: 植物分类学家, 中国
科学院昆明植物研究所研究员,
曾参加《中国植物志》的编写,
共编写 3 科 8 属 133 种。

冒小雨, 乘车至思茅太阳河自然保护站。保护站的驾驶员张健民, (载我) 与张云辉、宋普球至去思茅方向的鱼塘、洗马场采集。有思茅松, 故采到干巴革菌。到越河涧, 采到空柄华鸡㙡, 挖到蚁巢 2 个, 标本 10 余株。此菌称蚂蚁故堆菌。其盛期是阴历五月端午前后, 现在尚是盛季, 但很快即属尾期。8 月后, (会有) 淡褐色的鸡㙡, 估计尚有多种。

夜思本月 9 日, 去看黄蜀琼[1]遗体。她 6 月 7 日去世, 享年 79 岁。其一生虽能超然处事, 保持与世无争, 但心脏病和后期的糖尿病, 搞得她也无能为力。她退休后, 因木犀科的工作还未完, 我求方瑞征为其描述, 我绘图, 总算在其生前把未竟之业, 草率完成, 而又活了约 10 年, 与世长辞。她与兴江很友好, 在 "文化大革命" 期间能互相照顾, 能谈谈真话, 也算是同舟过来的人。

2000 年 6 月 18 日　周日　雨

整理标本和主要采集真菌名录, 约存到 70 余种。连日天雨, 绵绵不停。雨中蝉鸣, 夜中蝉鸣, 不断于耳, 太虚益静。

2000 年 6 月 19 日　周一　雨

在罗罗新寨, 树上人家住处上坡略北至 50 — 51 自然保护区界碑处, 山脊梁箐上, 密林下, 采到分化较大的小菇属和马毛小皮伞等小型担子菌。行路山坡土壁上有蛹虫草, 其生态型与四川瓦屋山的有相似处。在蝉上有大量棒束孢属的分化类型。

2000 年 6 月 20 日　周二

至天壁, 为一旅游区。水泽长约 250 米, 宽约 40 米。沿山坡弯曲, 在低凹地, 形成水草围绕, 随地势起伏, 在开

天壁疗养所

阔地，有紫茎泽兰侵占，而随山势渐起，有壳斗科柯属、腰果属、大戟叶下珠属，大戟科植物和所谓红毛树（红花荷）生存。在林下，有重孔华牛肝菌和一艳红、洋红而黏的猩红牛肝菌出现。此天壁疗养所，为普洱（思茅）水泥厂集资兴建，职工有 10 余人，楼多闲散，何人来此消闲，据说访者甚少。由武辉兄驾车来此，约离住处 4 公里。有思茅栲、大叶石栎。

2000 年 6 月 21 日　周三

上午冒雨乘车北上，至松山林。由住处至松山林，约20 公里。松山林为一新栽林地，近 20 年，栽思茅松，树干胸径 20 厘米上下，少有达 30 厘米者。林下落叶厚 2～4 厘米，松针已经蔽地。山坡约 35°，下部为阔叶林，无甚大树，有藤本植物阔藤子，荚果长约 30 厘米。松林下，牛肝菌多被金黄菌寄生，分散成堆，呈橘黄色、金黄色，极为显眼。在雨中，觅到数根亚脐菇，淡褐黄色，渴望能培养成功，能提取出对松杉腺虫有抑制作用的物质。林下落果上有果生炭角

2000.6.21

菌和少量蛹虫草,在松林带已出现栎金钱菌和钉菇等两个种,其中一种是喇叭菌,灰黑色。

在雨中,雨滴频频,有蚂蟥叮于腿上。归时雨势益大。

下午约2时,动物所的饶定齐和林业设计院的栗冰峰由武辉送至思茅返昆明。据说饶定齐将于下月去独龙江,而由贡山至独龙江已有汽车送达。1982年去时,一路只能步行,今已通车,变化至巨。

松山林林顶概貌

松山林位于一个(绵延)数里(约10里)的山脊,纯栽思茅松。树干长得不好,片落很厉害。树距太密,不可能形成大树。看来思茅松的耐湿性比云南松强,云南松的耐旱性比思茅松强。林下牛肝菌类很多,但多腐烂,看来菌类的成熟期和腐烂期,也就是天余,不会超过2天。湿度极大。上图为雨中临松山林的林顶概况。

蒙蒙山雨中,攀藤涉水登山,上方为松林,仍有流水蝉鸣。偶撷山梨野果,苦酸中有余香。

2000 年 6 月 22 日　周四　雨

上午至中午，武辉同志驾车，过黑龙潭至荔枝园。此为一阔叶次生林林地，植物以豆科、大戟科、壳斗科、无患子科、鳞薜科为主。林下较潮湿，蛇形半网菌成片，金黄色，其原生质团阶段甚强盛。在阴湿处，也见有黑口胶鼓菌，胶质累累，黑色其外，子实层灰色，应为热带菌。在连日淫雨下，小菇属和小皮伞属很多，大型的红菇属和厚鳞条孢牛肝菌均生于路边的断面土坡上，系由林下菌根延生在空旷和通气的地带。偶有稀疏间杂的思茅松，株高不及 3 米。偶见群生金钱菌，仍以潮湿条件和适应于潮湿的菌类为主，干性菌类在此区仍少见。

考虑到样方作法：定点，定 1 米 × 10 米的条带，采集菌类，分类定位，找出共生、腐生的定量分性，拟得出定性的结论。希望天早日转晴，如仍连雨绵绵，则难以完成。

在荔枝园海拔 1 400 米，始种荔枝，株高始 2 米上下。不知果实结后质量如何。但天气积温的条件是够了。此地种茶也可，但茶园很少。林下，木荷的大花习见，但巨树少见。

夜无电，一切工作均停。时睡时醒至天明，7 时半起身。不知何故，蝉鸣鸟语均停，万籁俱静，估计又是一天大雨。食用木荷树之芽尖可食，为此地的野菜之一。

2000 年 6 月 23 日　周五　阴雨

烘烤和登记标本。下午整理名录。据陈云红同志讲，此自然保护区，在"大跃进"时，因交通不便，森林巨树未蒙砍伐。故本区中心一带未被破坏，尚有不少合抱之树，到山顶瞭望台可全览概貌。但 10 天来，沿山路观看，并未见巨树。有些合抱的树，树根下有白蚁窝藏，造成风来雨侵后的倒树现象。

白蚁与鸡枞菌之共生关系，形成林下沟巢纵横，土上鸡枞成丛，且按季节而不同。6月份是华鸡枞产出盛期，而9月份是橙黄鸡枞菌的盛期。按时而异，依序排来，应有一顺序，这与温度、白蚁等有关。

2000年6月24日　周六　天转晴

中午，陈云红同志到罗罗新寨大山海拔1 680米之林下，广为采集。又采到粉孢牛肝菌、猩红牛肝菌，并有多种虫草和其无性世代类似于棒束孢属类，并有暗金钱菌。

夜雨芭蕉图
山雨连日终不停，窗前芭蕉夜雨声。

瞭望台与群山峰峦

　　十万峰峦脚底青。群山拥翠晴方好，飞珠落滴雨亦奇。

　　连日来昼夜连雨，少见煦日。6月24日，由居处北行7公里，至瞭望台（海拔1 590米）。台4层，旱季有人居此，楼栏铁杆均被人窃去，破坏不堪。时由阴变晴，环视周围群山，满目苍翠。左景洪，正中远方为思茅，右侧远方为江城。近山朱红色为桦木林幼叶初放，不是秋色，颇似秋色，装点此群山，今朝更好看。台周有稀疏的思茅松林，所行山路几无合抱大树，均为次生林，如能保护好，可望10年后大树形成，兽类成群，组成另一种景象。所行一天，未见到任何兽类和大鸟。传昔有犀鸟常居此，今似绝迹。林下路边以紫茎泽兰为主，杂草丛生的现象到处可见。至山顶时为下午2时半，少见的煦日夕照远山，满目青山夕照明。

2000年6月25日　周日

　　由武辉同志驾车，与邓永红、宋普球至思茅，购照相机电池、书和茶树邮票2枚。夜无灯火。

2000年6月26日　周一

　　一天阴雨，夜雨犹大。一天在家读书，偶忆黄山山景，似在玉屏楼至北海途中，天梯向上，行人后行之首几近前行之踵。雨中因无电，故标本不能干燥。年轻人人睡，余则无此习惯，只有读书作画为乐。此图非云南山水，唯有黄山存此佳景，忆之，颇近吴冠中笔意，并自嘲。

忆黄山

2000年6月27日　周二

略有小晴。至天壁东侧采集。见洋红牛肝菌生于壳斗科树下，约为思茅锥，叶片极长，上缘全缘无齿。

2000年6月28日　周三

晨起每天如此，打针（胰岛素）、洗漱、阅读、打太极拳，写生偶尔为之。书带得似太少，翻来覆去读诗词鉴赏，亦是不觉寂寞。晨在饭前，偶写屋前蕉叶瓜藤，颇有农村乐趣，偶忆李苦禅写瓜藤，白石翁在画中题及"此真大写意也"。今见由南美引种的韩丝瓜，亦称佛手瓜，在云南落户生长良好，在此地亦为主要蔬菜。此周围有藤竹，其学名约为梨藤竹或为流苏梨藤竹，为薛继如（发表）的种，高可达30余米，呈下垂状。此藤状竹为北方温带地区所无，郑板桥画竹所未见者。此山区有电视天线，但来此已有4天无电，烤标本亦有困难。雨中山雾起，时而晴方好，蝉鸣远而近，度日不知年。

屋前蕉叶瓜藤

夜，荷兰人来访，谈中荷合作的云南省森林保护与社区发展项目中的工作，谈及应用卫星测的地图以理解植被。威廉姆·奎思特先生是森林保护与综合公园管理高级顾问，与其同行者是荷兰人珍妮特·范·莱索特、亨利·巴奇。13日来的2位荷兰人是社会学家胡布·盖曼，女官员阿斯特丽德·索利维尔德。奎思特个儿极高，约2.2米，学过社会学，到过印度、斯里兰卡、巴基斯坦、尼泊尔、印度尼西亚、法国、德国、瑞士、奥地利，还到过美国（明尼苏达州）和非洲多国，几乎跑遍世界。

　　下午采到拟大团囊虫草，菌柄纤细，子座淡红色，单一或分叉，生大团囊虫草上，子座非淡紫色，为褐色至淡褐色，菌柄不粗壮，落叶成为腐殖质，长3厘米或更长。

　　自然保护区之黑龙潭畔，海拔约1 540米，为本区邮电局之度假村，环水筑屋，围潭皆林，时木荷，或红木荷，大树合抱，叶柄红色，时花遍落满地，与果成环状脱落，颇似棉属的落果方式。大树五六棵，为此地的代表植物。林下落叶层厚4～6厘米。在林下离此潭的斜坡上，有团囊虫草，量大较易发现，在半小时不到的时间里，竟采到4枚。待今后仍可再补充。子囊淡粉红色，似有褪色之状。

　　来此难得一晴天，黑龙潭畔无人来往，空楼依依。白云碧空。夜间复雨。

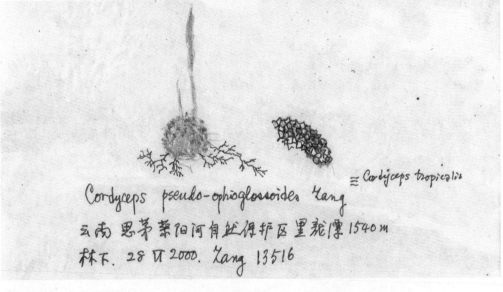

Cordyceps pseudo-ophioglossoides Zang

≡ *Cordyceps tropicalis*

云南 思茅景阳河自然保护区黑龙潭 1540 m

林下. 28 Ⅵ 2000. Zang 13516

黑龙潭斜坡所采集之虫草

2001 年该种正式发表为思茅虫草 *Cordyceps szemaoensis* Zang。

黑龙潭即景

林下萌生大屯，這区是 Schima wallichii Choisg，伊谁未分 Ternstroemia gymnanthera (Wight et Ar.) Sprague，程度若分灌木。思茅黄肉楠 Actinodaphne henryi Gamble 为此地的常绿材。林下落叶层厚约 2~6 cm。我们沿山脊行走，约四个小时，树干附生兰科组成了主要景观。设若如：石豆兰多种，Bulbophyllum affine Lindl.，线瓣石豆兰 B. gymnopus Hook.f. 狭叶安兰 Ania angustifolia Lindl.，Dendrobium dixanthum Rchb.f. Dendrobium fimbriatum Hook. 又有肿节石斛 Dendrobium pendulum Roxb. 呈竹节状，极其景观。

此林下落叶层下又采到团囊虫草。无大量虫草而无性阶段，上周为扇子山。

2000年6月29日　周四

　　上午至扇子山，沿山脊下午返"树上人家"。同行者有威廉姆·奎思特、珍妮特·范·莱索特和翻译李江屏（思茅林校教师）。沿山，今日又采到思茅虫草。

　　关于样方的做法，应择天气晴朗时在近处做，不可能每到一处都去细做，工作量太大，不现实。

　　夜又大雨，难得的一个晴天之后，又有大雨。外宾住了一夜，今日返思茅。一天路行爬山，颇感饥饿。闻雨声不断。牖外风雨到天明，点滴紧密不断声。时梦时醒无系痕，寂寞独坐盼日红。其实又遇大雨难启行。

　　林下落花大片，谅还是红木荷，传说或为厚皮香，但后者为灌木。思茅黄肉楠为此地的常绿材。林下落叶层厚2～6厘米。我们沿山脊行走，约4个小时，树干附生兰科组成了主要景观。可识者如：石豆兰属多种、线瓣石豆兰、狭叶安兰、黄花石斛、流苏石斛。又见肿节石斛，呈竹节状，极美观。此林下落叶层下又采得团囊虫草和大量虫草的无性阶段。

→思茅野外样方调查记录

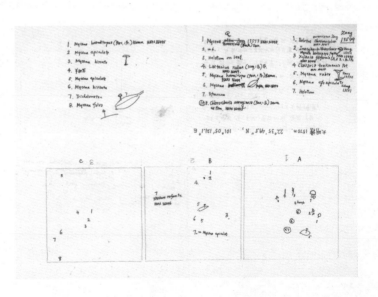

←肿节石斛

2000年7月1日　周六

7月1日，（为）建党79周年（纪念日）。忆1955—1960年，每年此时，都会去庐山进行植物学实习。而每遇"七一"，总是党员开会，余作为积极分子被邀请与会。极感痛苦失落——忙得积极，而在门外。记得政工组和马列教研室的一些先生，失落的哀感则更为强烈。到了1960年6月26日，正式入了党，从内心决心为了共产主义和完成党的工作，一定尽自己最大的努力，甚至生命也甘作牺牲。一过又是几十年。一些人尽量护着其得到的，再无限地索取，他们似乎是优胜者，自己则有幸于淡泊系之。是否做到明志，则要看今后的努力和结果。

上午与李忠文、邓永红、宋普球攀登至红乡树梁子，海拔1 600米，为山脊一平面。落叶遍地，仍采到虫草的2种世代。何以此地思茅虫草如此之多，可见昆明虫多和潮湿度之大。藤本植物的出现，显示出亚热带和热带的景观。林下的落叶层虽不厚，但盖满了地表。倒腐木没有直径越30厘米者。看来此林的封闭期未超过5年，其原貌已不复存在。

这是一个海拔1 510～1 590米的山脊，脊阔7～15米，狭长而平整。两侧坡50°，地被均由落叶覆盖，树冠有藤本植物缠绕，如龙蛇腾空，弯扭成势。林下多有蘘荷科植物，在林下呈翠绿色，晶莹欲滴。山路或平或滑，同行者有威廉姆·奎思特、珍妮特·范·莱索特，实为深入检查工作来此。

红乡树梁子

2000年7月2日　周日

晴天。上午乘车至天壁方向，在天壁大门对面，攀一山坡至梁脊，择一平地，宽约20米，海拔1590米，较"树上人家"住处高出100米，地名为大明槽梁子。其坡向由样方A至J，为0.7米，所采标本以A~J袋装，待归后鉴定。幸有虫草2~3种，颇为这一带的代表。

2000年7月3日　周一

晨起，陈云红同志在附近采到鸡枞花，即小果鸡枞，云：蚁巢在鼎盛时产鸡枞或华鸡枞后，再生此种，而后以炭角菌取代，再告终。此菌可能生在蚁巢上、腐木上、土上。

小果鸡枞

上午10时乘张全民的吉普车，一行4人由住驿南行至玉生田，约40公里。山路颠簸，弯度较大。路经黄竹林箐，山背弯道，再南下，林木苍翠，巨树丛丛可见，并见有麂子一双，遁入林中。路经大围子，为巨木集中地，有高达30米以上者，居山溪两坡。诃子属约有10余棵，已成林中孤立群落。有板状根大树，或为四数木，粗者一棵约四人合抱，树皮光滑，少生苔藓。林冠藤本除豆科植物外，有四数木属，葡萄科，俗名扁担藤。林下有成片的芭蕉和蕨类植物。山涧流水清澈，潺潺细流，益显深林中清幽。虽蝉鸣和飞鸟偶啼，但鸟鸣山更幽，在林荫树影摇曳中，偶透阳光数条，由林冠射入，清奇以极，跳石择步，虽林外略有暑意，而林中却格外幽静，凉暗宜人。

天晴，至玉生田。蔡阳河，或太阳河，今菜阳河，源头是梅罕坡，再下为螺司塘。至麻（毛）栗树塘，海拔 1 000 米，为河滩地，上行 100 米为荔枝营（园）场部，与市政府荔枝园不同坡向，对面山东北方为普文（属景洪市）。

菜阳河畔，沿河水 20 ～ 40 米处为农垦地，有水稻、咖啡、龙眼、荔枝，仅为初植，株高不及 1 米。沿河谷，气候炎热，人多着单衫短裤，有热带感觉。稻田为早稻，沿河滩地，有河岸梯田，山坡林木多已被砍伐，无林相。近山有农家数户，颇似"白云生处有人家"的风光。最远山为景洪市的普文镇，由此绕山行约 60 公里，即到山之彼岸。

菜阳河河面宽约 35 米，可卷裤脚越河。三人行此，我亦下河濯足，水温微寒，但阳光强烈，晒皮肤犹感烫人之适。余拾河石一枚，总算来此一行。慎山度水，不意来此实地，所谓菜阳河自然保护区，今日始睹此河。此河面海拔 1 000 米上下，河绕地曲行，水清山幽。

菜阳河畔

2000年7月4日　周三

上午晴。一夜雨声。未出，整理标本、日记。

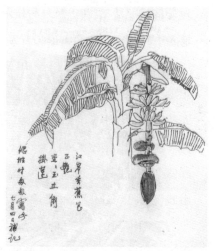

江岸香蕉花正艳，垂垂玉
立倒挂莲。
爬坡时匆匆写此。

大围子

大围子，海拔约 1 200～1 300 米，有巨型板状根，高树有使君子科诃子属，胸径为双人合抱，树冠有藤本缠绕，树干有王冠蕨呈团块生长。清溪沿林谷而下，水清可饮，明澈沿石隙而下，水声潺潺，蝉鸣相依。

2000 年 7 月 5 日　周三
上午至 50 号路碑处采菌根样品。采到刀镰状虫草，原见于西藏，今在此采到。

中午至外地工作。下午在整理标本时，看到一车来，见曾孝濂和中国台湾的鸟类摄影家陈加盛先生等由青海来摄影。夜宿此。陈加盛赠《野鸟》影集一书。

2000 年 7 月 6 日　周四　晴
上午至天壁门前路两侧的山脊。在树干藓丛中采到藓瓣菌。另有大量虫草，思茅虫草有 12 棵，均见于林下落叶层下。

正当我们在野外工作时，曾孝濂等人中午离此。

2000 年 7 月 7 日　周五　雨
在宿舍整理标本登记，谈菌根的识别。

2000 年 7 月 8 日　周六　雨
整理笔记、读书，拟明天离菜阳河。

编者按

9月3日中日云南隐花植物联合科考开始，臧穆为项目主持者。此次科考分为两段，一是9月上旬有4位日本学者参加的为期一周的考察，一是9月下旬由另外4位日本学者参加的为期近一个月的考察。

1 出自宋代苏轼《楚颂帖》。
2 南涧：南涧彝族自治县，隶属于大理白族自治州，位于该州南端。
3 灵宝山：属云岭山脉无量山系，为澜沧江与把边江的分水岭。现为灵宝山国家森林公园。
4 景东：景东彝族自治县，隶属于云南省普洱市。
5 哀牢山：位于云南省中部，北起楚雄，南抵绿春，是云贵高原和横断山脉的分界线。

2000年9月3日　雨

晨10时半由昆明乘快速旅行车去下关，价105元。下午3时许抵下关。另花30元坐出租车到大理的红山茶宾馆，遇到大茂、大宝，与樋口、前川、萩原诸先生。夜岩科购石拓片4张，价3万多元（日元）。

"吾来阳羡，船入荆溪，意思豁然，如惬平生之欲，逝将归老，殆是前缘。王逸少云，我卒当以乐死，殆非虚言。吾性好种植，能手自接果木，犹好栽橘。阳羡在洞庭上，柑橘栽至易得。当买一小园，种柑橘三百本。屈原作《橘颂》，吾园若成，当作一亭，名之曰楚颂。元丰七年十月二日，东坡居士轼书。"[1] 东坡居士此书袁雨琴司马锄于渝以墨。

南涧[2]灵宝山[3]，由南涧桥头处分叉，左行至景东[4]至哀牢山[5]一线。因塌方交通中断两天。故临时改行至右行线，即214国道至云县，故4日夜宿214路线路旁的天外天食宿店。夜外宾4人，樋口、萩原、前川、岩科，我与前川同室。夜无电，蜡烛两枝，夜谈及香合，有趣欲购，但不知何物。

夜明月半轮当空。

2000年9月5日　周二

晨起沿山俯览，群山如掌，有村落数丛，集于山脊。晨见路边栽培有檀香科米面蓊属，苗不甚佳。过安招站进曼湾，仍为景东区。群众生活益感困难：罗汉担着柴来卖，神仙背着苦来走。

山神古庙，已遭破坏。在此荒凉之地，亦有石雕，其形古朴雅作，甚为难得，较之人烟密集的香火胜地所见的红绿塑像为佳多矣。且石柱上的题联更颇饶趣味。

←灵宝山景区示意图
→灵宝山瞭望台

烈性冲霄，至刚至勇窥宇宙。
慈心济世，曰仁曰义锁乾坤。

号三五雷君，未曾诛忠戮孝。
统百万神将，专打悖礼逆伦。

灵宝山古庙残迹

　　无量山系灵宝山，位于南涧城西南60公里，有宋代石建群，彝族名"阿鲁腊"殿，山顶为瞭望台，台下有些零散的石雕塑像，其人物的形象，很近似昆明西山龙门石雕的形象。人物不太大，小于实际人体，但形象不失生动，传为宋代石刻。庙宇尽遭破坏，已无正中的山门。现存的灵宝山庵，园内已破烂不堪。有6位年老妇女守山，正在烧饭，与之对话，语音我不太懂。

石洞寺

中午 1 时返住处，即行车返南涧，至景东的车仍未通，待明日一试，还是应去塌方的现场一行。归时至南涧之南有石洞寺，凿石壁上，土黄色一片，陡峭而清奇。河水已平缓而分流。在车上观，忆此记之。涧水原在南涧之前，水由北而南，而至桥头，有石洞寺，一片黄色，水流分散，涓涓而弯曲，有北方风味和景观。

2000 年 9 月 6 日　周三

晨由南涧去景东，途中遇险难渡。樋口亦怕出事，言：可否返大理而不去哀牢？此语甚恳，立即北上，并联系大理师专苏鸿雁女士。

石洞寺有上下三座，大者位于河滩地，余二者位于山腰，远观险奇，通路不名。水势缓慢。

在灵宝山下之路边天外天宿店，与前川二太郎博士同房间，忆去年在黄龙寺时，亦同室而眠。次日窗外大雪，如画似玉，美景依然在目。此次又有缘相聚，亦颇为不易。其言及香合，为茶道之用，吾当尽力而觅。6 日夜宿金光宾馆。

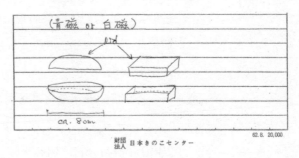

香合
"香合" 是日本一种存放熏香的容器。在日本茶道中，瓷制带盖朱砂印泥墨盒有时也被用作 "香合"。

2000 年 9 月 7 日　周四

晨 9 时，候大理师专的三位老师苏鸿雁、李明、杨晓霞，同乘车过大理石采石场，上山至电视台方向，到杉飕亭，又到冷杉亭。找到两枚有趣的真菌：前川华牛肝菌、网盖粉末牛肝菌。

远观飞瀑如练，细长贯天，时天雨初敛，山风颇凉，高处不胜寒。亭名杉飔亭，周围 Abies 环绕，白云忽上忽下，如纱似罗，背后群山时隐时现，静坐观山，听雨听风。忆两年前谒此，今又登此，不知天年是否颐人，如能每年多跑山林，人生大幸也。摄成数帧观峰，惜正亭很久不用，不设藏山真面目，摄身在于山中。茶方之水浪，遍改策帘，低饮而雨而已。

3225 m. alt. Abies
forest. + Rhododendron
+ Lithocarpus xylocar-
pus.

←苍山杉飔亭
→中和寺与点苍山群峰

远观飞瀑如练，细长贯天，时天雨初敛，山风颇凉，高处不胜寒。亭名杉飔亭，周围冷杉环绕，白云忽上忽下，如纱似罗，背后群山时隐时现，静坐观山，听雨听风。忆两年前谒此，今又登此，不知天年是否颐人，如能每年多跑山林，人生大幸也。

海拔 3 225 米处有冷杉树，间有杜鹃花及木果柯。

2000 年 9 月 8 日　周五

晨雨狂滴至巨。电询是否按计划登山，与外宾商议，仍按计划登中和寺。此寺久思而未谒。曾闻刘慎锷先生于 1940 年到此采集，当时的标识均由王汉臣书写，用毛边纸，毛笔上下直线书写，字甚工整，今已无此文物了。雨至 10 时渐停，故欲行须以志，志须以坚，做则成，不做则殆。任何事情，意志是很重要的。毛泽东之为事，思则达，撼物不坚，巨人也。

点苍山如屏，今日始明了。群山十数峰横向，即南北向排列，一排如屏，东向洱海。由大理乘缆车达中和寺。此寺，抗战期间有刘慎锷、王汉臣等来此，其旧殿已不存而新筑已无旧意，佛道混杂，没有传统性，更无古风。晨大雨，决定登山后，天放晴。下午万里彩云，阳光普照。夜整理标本。前川华牛肝菌和网盖粉末牛肝菌初整理好，由前川博士代烤干。

由中和寺向上，沿石路蜿缓而上，路依山势，山沿溪转，树林以华山松为主。群峰直立云中，或云或雾，峰尖不清。顺路上行，或流或瀑，均在右侧。深流足下，水流白色如银练，水声如雷鸣。沿路亦见蛹虫草，胶角属，群藓层中广布白色的藓瓣菌，或为蕈菌科。

同行者今日有苏鸿雁和杨晓霞两位女老师。一位有趣于菌，一位有趣于园艺植物，均有志于科研。余助其采集当地菌、植物，如到昆明拟鉴定疑难，可到我所短期进修。

由山路到海拔 3 200 米处，有石桥分路。右路则通往昨日行次，而沿桥左，有石阶向上。即至枯溪，有飞瀑，呈弯折形，如 S 形，而上有 25 米的飞瀑，水泻流急，奔声如雷。石阶狭窄而险峻，周有竹林，此竹：咬定青山不放松，此根立在悬崖中。千磨万击还坚劲，任尔东西南北风。上下石阶，有的地方，在一侧为峭壁直下，深壑千尺，若有失足，即粉身碎骨矣。凡险境，尚未被开发，不知慎锷老是否来此，当时无路，必更困难百倍了。我怕失足，用蟹行侧势，一步一上，侧步一一而下。

（下页）图为沿枯溪的黄龙洞小瀑布。枯溪是中和峰和应乐峰之间的溪流。峰间多有流水流至洱海，故洱源之水注入洱海，而苍山之水，也是注入洱海。

在黄龙洞之上观瀑时，偶见野竹，枝叶稀疏有致，纤细秀隽，才知道文与可（文同）画竹之奥秘。所谓画理，均出于自然也。

由中和寺内上沿石路蜿缘而上。路依山势，从沿溪行，树林以 Pinus armandii 为主。峰峦耸立主峰中，有云来霞，峰尖不露。顺路上行，来谷来瀑均作布例。深涧足下，水底白色为银素，水声如雷鸣。沿路采已 Cordyceps militarius, Calocera, 在群藓居中，广饰白色，(6) Mniopitalum musicola 采当苔藓科植物。同行者今只由苏鸣雁和扬晓霞两位女老师。一位有趣于菌，一位有趣于园艺植物，均旦趣于科研，余最以其采集当地苔、藓、植物为到品以利鉴定疑难，可到我历短期进修。由山路到 3200 米处，有石搭分路，布跨别面径峡日行次，而沿搭左，有石阶向

←苍山溪流 →黄龙洞小瀑布

上。即至桃溪，有瀑布，呈弯折形，如 S 形，奔流直下，而上
有高约 2.5 m 的瀑布，水湾流急，奔腾如雷。不惟官狭而
险峻，间有竹林，千竹：咬住青山不放松，立根原在乱崖中，
千磨万击还坚劲，任尔东西南北风。上下石阶，有的地方，在
一侧为峭壁直下，洋溢千尺，若有失足，即粉身碎骨矣。凡险
境，尚未被开发，不知此等老是否未尝，如时世移，少更困
难而危了。我如失足，用蟹行侧势，一步一上，侧步一而下。
下图为沿桃溪的黄龙洞的小瀑布。桃溪是中和峰和应乐峰

之间的溪流。峰间多有流水注至洱海，故
洱源之水多入洱海，而苍山之水，也是注入洱海。

一笑皆春

感通寺，朱元璋赐名。担
当写此。百尺高楼千古胜，
万里江山一担当。

1 担当（1593—1673）：原姓唐，
名泰，字大来，法名普荷，又名
通荷，担当则是他的号。云南晋
宁人，明末清初云南著名诗人、
书画家，有《橇园集》《橛庵草》
《拈花颂》等著作传世。后兵败
出家，晚年定居点苍山感通寺。
2 茶毗：梵语发音，意为焚烧，
尤指僧人死后火葬。

2000年9月9日　周六　晨微雨转晴

　　普荷号担当[1]，云南晋宁州唐氏子，其先浙之岩州人，
明初徙滇，上春官不第，遂弃去，专研精古文辞。其父终临洮，
母郭氏，梦白鹤入怀，明万历二十一年（1593）三月十二日生。
中原寇盗蜂起，知明祚将尽，复修出世之志，在鸡足静养
10年，撰《拈花颂》百首。序曰：吾自六十至七十不能作此，
七十至八十不能作此，幸而天假以一日能作数颂，未数日既
得若干。19日晨起端坐辞众书偈曰："天也破，地也破，认
作担当便错过，舌头已断谁敢坐。"掷笔而去。身顶执一日
入龛。又二日，四众迎送班山堂中供养5日。茶毗[2]毕，拣
骨时，得坚固子数粒。后一僧来，建此感通寺，传为朱元璋
所赐，原为有感遂通故名。匾"一笑皆春"，传为担当所写，
数百年沧桑，几经折磨，尚有此遗墨，即属赝品，亦属可嘉。
万历年间，担当为一脱俗的书法家。他活到80岁，始有著作。

　　塔："始焉儒，终焉佛。一而二，二而一。洱海秋涛，
点苍雪壁，迦叶之区，担当之室。"此墓冢为担当之遗骨，
传有舍利数枚，或为衣冠冢。前后有松树百余棵，虽无巨树，
但树影摇曳，清风徐来，颇有脱俗如佛之感。

感通寺担当墓冢

中日云南隐花植物联合考察日程表

（2000 年 9 月 21 日—10 月 18 日）

9 月 21 日—22 日　昆明

9 月 23 日　昆明—大理

9 月 24 日　大理—剑川，老君山

9 月 25 日—26 日　老君山

9 月 27 日　老君山—剑川

9 月 28 日　剑川—虎跳峡

9 月 29 日　虎跳峡

9 月 30 日　虎跳峡—丽江

9 月 30 日—10 月 2 日　丽江

10 月 3 日　丽江—泸沽湖

10 月 4 日—5 日　泸沽湖

10 月 6 日　泸沽湖—宾川县，鸡足山

10 月 7 日—9 日　宾川县，鸡足山

10 月 10 日　宾川县，鸡足山—大理

10 月 11 日　点苍山，中和寺

10 月 12 日　杉飏亭

10 月 13 日　大理—楚雄，紫溪山

10 月 14 日—15 日　楚雄，紫溪山

10 月 16 日　楚雄—昆明

10 月 17 日　昆明

10 月 18 日　返回日本

2000年9月23日　周六

晨9时半由昆启程，下午4时至大理。此行日本真菌学者有秋田大学井上正铁、埼玉博物馆吉田考造、高知大学枯井透、神奈川博物馆出川评介。

2000年9月24日　周日

上午由大理启程，150余里，至剑川吃中饭。到大宝遗失钱包的饭店。下午从剑川至老君山，路不平。夜宿老君山的群龙山庄，海拔3 350米，较寒冷，周围为冷杉林。

滇金丝猴的学名待考。在群龙山庄，有滇金丝猴一只，系公猴，曾为王猴，一度"挂帅"于此，领衔30余猴。今有年轻的公猴战胜它而新统猴群。此猴孤落至此，孤然零只，不入山中，依人喂养，孑然独影，如人之已老，孑然一身。20世纪70年代，动物研究所彭鸿寿先在滇西北发现一农民身背一猴皮背袋，系此猴之皮，其后深入调查，知此猴群尚在，为我国特有种，并为一级濒危动物，其演化地位为灵长类的最高级者，颇有演化系统的价值。彭老一生未被重视，颇为坎坷，曾为四川大学副教授，1982年在中甸因高山反应而逝世，人极为和善，工作认真，一生追求入党。人已去世18年有余，追思其生前音容笑貌，如在眼前，思之凄然。

2000年9月25日　周一

晨起，绕龙潭一周。杜鹃林枝丫交叉，弯曲有致。一种灌木杜鹃，半浸水潭，丛丛团团，画入秋色。近山入水，侧影艳丽，水光漪波，广寒清影。群鸟远鸣，天晴无雨，是谓万幸。月前樋口等来此，三天大雨，颇为困难。

龙潭半匝绕此群龙山庄，山庄方形庭院，四面环屋，正房南向，两厢对称相依。庭园中有一巨石，为自然存在，未加雕凿，甚为自然。周围环山，一侧伴水，不失自然。唯夜间气候较冷，俨然高原气候。群山本无庙宇寺院，也无观阁道庵，原属原始荒凉之地，故有此原始林界。此地属丽江界，临剑川，佛教尚无人拓此，而南下大理、剑川，则佛事沸盛。山水之隔，文化之别，虽相邻仅百余里，亦多有分化。

在南天门下较陡斜的石砾滩，向东南观，最高的三角处为太上老君峰，海拔 4 274 米，为老君山系的最高峰。山顶草地产虫草，或为冬虫夏草，传产于 4 月。从石砾滩下俯，主要为长苞冷杉和大叶杜鹃林。天时已冷，昨夜在群龙山庄，夜寒颇似西藏的天气，高处不胜寒。

南天门，为两峰近交，门约 20 米距离。从九龙潭攀至南天门，海拔从 3 866 米至 4 100 米，在山脊西望，山势蜿蜒，白云如丝絮，时来时往，而群山如碧玉栉比，由河流间隔，颇似张大千的石绿山水。右侧为南天门主峰，山势险直，沿山步石块而下，险峻以极，余 70 岁的步伐，已觉困难，手足和屁股并用，心数石块，约 400 步，才脱离险境。下午 4 时返住所，因无电，故标本要用火烤，好在采得不多，仅牛肝菌 2 种。登记完毕，待 6 时半夜餐。

2000 年 9 月 26 日 周二 晴

昨夜酒醉，和衣而卧，11 时醒来，迷迷再睡，辗转思裘维蕃先生生平，再思吴征镒先生，长辈在世者已渐渐减少。在大普集昔日诸贤均渐凋零，在世不多矣。一年前，裘老来昆，一年后已乘鹤归去，享年米寿。思之飘浮来去，使人凄凄然。其《菌物漫游》为锁笔之作。余珍藏之，有其题名讫记，余宝之。

昨夜入梦，迷忽中，有一巨凤入室，吾与之同行，似为兴江，但染黄发，迷迷中天已既白。晨起练太极。一轮明日，

←圣母峰双龙潭
→圣母潭毗连双龙潭

普照山庄。

登山，下览，前为潜龙潭（低处），后为卧龙潭（高处），远眺雪山为哈巴雪山和玉龙山遥遥相望。沿此再向上攀登约100米，站岩岗上，最高山为圣母峰，远看高山时隐时显，极为壮观。中午观圣母峰，圣母潭毗连双龙潭，已是秋色。

从群龙山庄登山而上，至圣母峰下，有巨石散于杜鹃林中。坐石上俯览，有圣母潭，径约30米。向下，有双龙潭，中有脊梁相隔，两潭分布。潭周围为杜鹃林，高达20余米，间有冷杉，有松萝呈纱罗状下垂。潭水随日光照射和云彩来去，而呈现出不同色泽，忽深忽浅，淡淡相依。冬12月，潭结冰可过人。潭之顶端为最高峰太上峰。

在杜鹃花枝干上，有黑色须状地衣，为树发衣属，而石面上有黄色成片状地衣，为假网衣，原为 Zahlbruckner 发表，首见于云南。

1 出自唐代白居易《新丰折臂翁》。

2000 年 9 月 27 日　周三

晨由老君山群龙山庄"飞流直下",平安达剑川。夜宿阿鹏宾馆。

2000 年 9 月 28 日　周四

剑川西南 25 里有石宝山,周围有茂盛的云南松林。石宝山,也称石钟山。所谓石钟,由近半米圆形龟甲状石,堆积呈钟状,高有 30 米,位于由诸多石窟组成的石窟寺,此寺沿山而筑,有悬空之感。石窟有 16 窟,开凿始于晚唐即南诏国王劝丰祐天启十一年(850),经五代十国、两宋,止于大理国王段智兴盛德四年(1179),历 300 余年凿成。此与重庆大足遥相对,也为相应的西南瑰宝。由剑川约 25 里至石钟山,中午到山顶,下午 2 时许返剑川。

在山顶之佛龛堆积的石壁上,有一窟,极特别地雕一女性生殖器官,其阴唇高约 80 厘米,两侧有佛像站立,此意奇特,寓意佛亦人,人由母生,故佛立的高度约低于中央。记得美国某地的市区,有阳器的崇拜雕塑。此为母系的极开放式雕塑,且见于极落寞的庙宇中,亦为西南的一值得理解的特别历史景点。其塑像之风,间唐、西藏(吐蕃)的风格。下午 5 时许至虎跳峡宾馆,(该地)也变成小镇了。

南诏国,在唐玄宗时,唐和南诏有过两次战争,唐军败,战士的遗骨葬于今大理城之天宝街(或在下关)。此战之后,接着(发生了)安史之乱,唐朝国事不振。天宝之治仅 15 年,玄宗纳子媳而以美人乱社稷,使唐之盛世告衰。南诏国国王阁罗凤(748—779 年在位)是明君,其联合吐蕃抗唐而胜,又注意与唐缓和矛盾,故有万人冢之修缮。对唐征滇之诗,白居易有:无何天宝大征兵,户有三丁点一丁。点得驱将何处去,五月万里云南行。[1]民族的矛盾,家族的矛盾,是客观存在的。

异牟寻（779—808年在位）是南诏明君，用西昌人郑回为清平官，治国缓和民族矛盾，"每事皆咨之，秉政用事"。

南诏（国王名）用父名之后一字，延续如：1、细奴逻；2、逻盛；3、盛逻皮；4、皮逻阁；5、阁罗凤—凤伽异；6、异牟寻；7、寻阁劝。

2000年9月29日　周五　晴

10时乘车由虎跳峡的玉龙旅馆至虎跳峡，已有路通去。沿路购得天柱草，蛇菰属，200元，太贵。购得詹姆斯·希尔顿的《消失的地平线》，始阅。从桥头始有公路直达虎跳峡，民工正在修路，谅可在2年后修竣一通。原桥头镇，现已成虎跳峡镇，新建设栉比兴起，变化很快。夜观电视，看2000年悉尼奥运会，我国健儿金牌已达26枚。美国遥领第一，中国暂居第二。

石钟山女性生殖器石窟雕塑

2000年9月30日　周六

宿虎跳峡玉龙旅馆。由中甸流下的通天河，流声悦耳，昼夜不息，大于潺潺，小于怒吼，似有节制，似有琴声。忆1976年与吴征镒先生夜宿昌都时，同室内夜枕澜沧江江声，彼时他61岁，精力甚旺，日间采集，夜作笔记。

天正雨，随雨滴而谒红军纪念碑。雨点透纸，故满天秋雨忆红军。

9月18日，裘公维蕃师乘鹤归去，享年88岁，是谓米寿初渡，不幸早去。一年前他与陈贵琴师母来昆，两年前，裘先生在医院时，她天天守在家中门后的电话旁，听消息，茕茕孑立，今日可谓老来可怜了。常思此凄然。

石鼓镇红军长征纪念碑

2000 年 10 月 1 日　周日

天阴雨。上午至玉龙雪山黑白水之牦牛坪，海拔 3 530 米。天雨凄凄。在顶端的草原地，请人到冷杉林、柳树林的斜坡地进行采集，在雨中颇冷。下午在黑水处又采集片刻，约 40 分钟。饭后到四方街，见荷花灯顺水流畅，极为美丽。原四方街已成旅游街、古董店、酒店，已无原来农民小城镇的韵味。

以 80 元购得郑板桥字之刻竹两枚：操存正固称完璞，陶铸含弘若浑金。亦算今年我集的精品！

丽江古城，路似是老的，而旧筑几不复存在。新盖的房子貌似古典，但均为新的木材所建，浪费极大。纵观全城，已为消费城市，（街道两边）几乎全是饭店。各式各样的宾馆、食品店，当中夹杂着录音带商店和宣传减价的多种衣着商品。书店几乎是没有高档科技书，小说和杂书占主要货架。艺术商店很多，刻木盘的、写东巴文的，旧瓷器、假字画，不像样的临品，怪里怪形的木刻，见了也就看了，没有很深的印象。这样的社会看来很兴旺，但很令人深思，今后怎么办？夜景和红的灯笼，清清的水，未黄的垂柳，在清溪中漂浮的红色莲花灯，实在是美。雨在下，灯在明，夜色在加深。

2000 年 10 月 2 日　周一　雨

晨，原拟去云杉坪，但井上提出去雪山顶冰川地带。余同意。乘缆车由海拔 3 000 米至 4 200 米，由此沿木梯冒雨"之"形上登，至海拔 4 680 米，为现在最高的人工平台，均为木筑。在雨中，在寒冷中，均独立向上，虽高处不胜寒，但尚可奋力向上。冰峰成片状栉比林立，头上为乌云满天，到处的标语牌是"禁止采集花朵、植物，违者将被罚款 500 元"，因此无法采集，而且地衣也实在很少。雪呈污白色，在琼宇寒宫的环境中，有污染感。人群接踵不断，这一（昔日）如晶的环境，今已受到破坏。

N 27°06′06S′
E 100°11′Z39″ 468om

玉龙雪山顶观景台

泸沽湖畔的摩梭人村寨

2000年10月3日　周二　雨

晨9时，由丽江开车，经永胜至宁蒗，山路弯曲，时又遇雨，见有丰田车与客车相撞，为了旅游结果好事变坏事，车陈路旁，人去车毁，故陈宝宏同志愈加谨慎，车稳而慢。至泸沽湖的摩梭族村寨时，天已夜8时许。被介绍住在一姓达巴的私人旅馆中。木楼两层，窗外即泸沽湖（海拔2 711米），由窗至水不足10米，下俯瞰清水潺潺，柳树沿湖也成行。夜食苏丽玛酒，有酸味，近似威士忌。夜雨，来旅游者遍街都是，人群熙熙攘攘，食烤羊肉者成群成簇，围火谈笑，一片升平景象。这条街约百米，（房屋）均面湖水，张灯结彩，庆祝国庆，虽在雨中，但歌舞笙弦，不绝于耳。夜寐，与松井、出川和老陈同室。

2000年10月4日　周三　晴

上午晴。请达巴领路，顺湖向上，在临摩梭寨最近的一处高峰采集。湖面海拔2 711米，登山至海拔2 911米，即200米登高距离，主要为云南松和多种栎树组成的较单纯的云南高原混交林。远眺，湖面在望，平坦如镜，天高云淡，一片清净景色。山青水秀神仙地，和平安静摩梭家。

摩梭人不称族，共三万多人。男的嫁到女家，不管事，母女在一起，舅舅管姊妹的孩子，是我国仅保留下来的母系社会。寨子中的宾馆招牌都是"摩梭女儿国""女儿食堂""泸沽湖女儿国"等。唐僧至此，亦必惊奇矣。

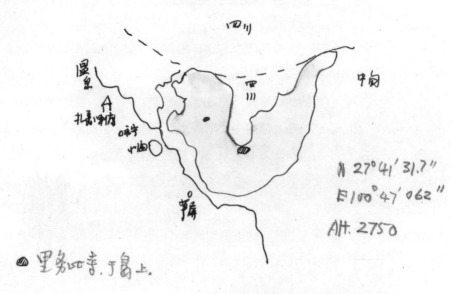

N 27°41'31.7"
E100°47'062"
Alt. 2750

里务四寺.于岛上.

下周名蛇岛
(   )
面对摩梭寨.
后为狮子山.
晨有云遮.夜
또有雨.

↑泸沽湖的地理位置   ↓蛇岛

蛇岛面对摩梭寨，后为狮子山。晨有云遮，夜或有雨。岛上有里务比寺。

从远山顶上俯览，泸沽湖平展如翡翠，微波荡漾。远山属四川境，湖心有两个小岛，上似有庙宇亭立，远观如入仙境，真是"清泉石上流，明月松间照"。湖水近岸处，有些海菜花，花白色，似因秋至而凋谢。3时下山，再入摩梭寨时，远见村落稀密兼集，临水岸处有人家。传12月天冷时，有野鸭和天鹅由北方飞来。物种待查，井上先生的朋友有兴趣于此。下午6时许，天又阴霾，雨点由小而大，幸由山中归来。

　　傍水依山居，秋波环林，一年又秋至。夜数寒星待次晨，卧床细听湖水拍岸声。湖边忆西湖，三潭印月千古名；今谒泸沽湖，安静清凉胜西湖。鸟鸣夜已息，唯有游鱼吹泡声。

　　此处好像世外桃源，夜闻雨声滴天明。夜读詹姆斯·希尔顿的《消失的地平线》。

远眺泸沽湖

泸沽湖湖景

2000 年 10 月 5 日　周四

晨天晴，由摩梭寨乘车跨湖至里务比岛，上有喇嘛寺，即里务比寺。寺为新筑，有唐卡式的门神和壁画，有班禅额尔德尼的挂像。并有约瑟夫·洛克所摄的幼时活佛像，名罗桑益世活佛，今已去世。庙后有一白塔，为近代的一活佛骨塔。从山顶向四川方向攀登约 20 余米，沿山脊而下，奇景随碧水而镶嵌得琼宇干净，水碧蓝而澈绿，如翠似玉，与九寨沟几相同景色，而宽阔舒展，美于前者。观之有天宇合一、万籁俱寂之感。和风煦日，天上人间。

坐在山脊下俯碧海，天上的白云时聚时散，湖中的浮影时明时暗。鸟鸣、风声相间相断。文人墨客至此，必有名句，而我们研究菌学的人，心有百感但无半句佳句以酬此景。天水一色，数片扁舟，穿来穿去，不是浪遏飞舟，而是扁舟缓行，时停时进，荡漾轻泛，即使陶朱公范蠡与西施泛太湖，也未必有此佳景。空、灵、清、静，浑然一体，忙中有此偷闲，工作中得此幽情，也是人间难得的乐趣。陶令、苏子未能游此，失落多少奇文佳句，实是可惜。此湖不亚西子湖，晴方好，雨亦奇，有风舒，无风和。

池水砍断两山峰，一折属滇，一折属川。扁舟竞渡，山鸟齐鸣，不知陶令何去，只遗秋风。

明月半轮，悬空如钩，无言高居木楼，待天未明，起走宾川。

2000 年 10 月 6 日　周五

晨 6 时 15 分启车离泸沽湖摩梭寨，中午至永胜，为一干河谷，越金沙江，下午 6 时许至宾川。全长 342 公里。

扁舟竞渡泸沽湖

2000年10月7日　周六

　　由宾川，35公里至鸡足山。下午在祝圣寺下之大空树栎树下石阶坡上两侧采集，海拔200米，为一阔叶林地，有茶树，尚未放香启蕊。

　　祝圣寺，建于明嘉靖年间，（清）光绪三十二年，灵云重建。灵云数年不修边幅，故塑像为髯发兼蓄，不似佛而似道。下午谒祝圣寺，右孙中山题匾额"饮光俨然"，梁启超题"灵岳重辉"，并有蔡锷题词，其字笔力均苍健有力，赵朴初字则清秀端正，观之令人舒展。与山色相供，与日月同辉。周孝王年间，释迦牟尼大弟子饮光迦叶守衣入此山。注意两处要看：一为华首门，为二僧无缘见迦叶自焚处；二为徐霞客来此，葬静闻处，有塔为静闻塔。

五步树茎基部空心树，有 5 米有余，似为栎树。树龄700 多年，树洞可容 20 余人避风遮雨。夜宿鸡足山宾馆。

五步树

2000 年 10 月 8 日　周日

上午 10 时骑马，绕山路"之"字形上行，约 7 公里，骑行一小时半，闻得水流潺潺，时隐时现，而马蹄声碎。有一白族 19 岁青年牵马随蹬，健步如飞，自云一天生意好时可以 5 个来回，夜间亦可行走（游客观日出者，喜欢夜间登山）。并云今年国庆天雨，生意不够理想，最怕宾川来客，因为来的都是地方官，土地老爷欠账不给钱，一欠数年，过后也就算了，最好是外地来客，随骑随付。

中午到金顶。1992 年来此，由祝圣寺一天攀上，现在是骑马一段，再花 40 元钱坐缆车直上，几达金顶塔下。此塔为龙云所修建，当时由人工一砖一瓦从山脚背上山，真不知花多少人力。建长城、筑寺院，皆尽人力，诚是肩担手脚力，伟也哉。如在教育、科技上多花人力，岂不更好。

中午，井上、吉田等在金顶塔后的山脊上采集。约好下午2时半集中下山。我在12时半遇一小姑娘指路云，顺塔后的石阶路，沿阶而下，即可达迦叶石门。余行之，从山后绕至山前，下阶若3 000余级，但石路极好，每一方石，约30厘米见方，每一石阶，皆宽约20厘米，故固而平，脚力尚适。约有4公里达路尽处，有太子阁，后有30米高的巨岩，呈半圆的石门状，传为迦叶讲经处。山势陡峭，石门侧有一石洞，内为泉眼，水清，有币数枚，投于潭底，潭径约3米，在洞中，人不可入。旁有一简陋的黄色木筑庙台，内设两释迦牟尼画像，原像已毁，今存者为现代的粗陋画像，不工整。

由石门向上攀，因正在修石路，筑路人说，由此向上，路虽险，但可攀石向上，很快即至塔之前门。路为老路，余花了一个半小时，于1时40分到顶，并再行至此山顶约好的相会处。时正下午2时5分。

华首门，因迦叶守衣入定，后石门高60米，宽20米，称迦叶门。世尊在灵山会上拈花示众，迦叶破颜微笑，世尊即将正法眼藏、涅槃妙心付之，嘱曰：尊者结集既毕，说法渡人，无量。故命阿难曰：昔如来涅槃，预以正法眼，嘱于我。偈曰：法法本来法，无法无非法，何于一法中，有法有非法。遂以周考王之世，窅入其山，席草而坐，持佛伽梨（袈裟）经五十七俱胝（一俱胝为万万年），当时百鸟来，香花放，水现五色莲，"若有人诚心，在华首门礼拜，七世转贤人身。拈花一笑衣钵继承，守衣入定待佛降生"。Kasyapa为迦叶之印度原名译音。饮光塔为当时不能见迦叶的自焚处。

下午由金殿徒步而下，过祝圣寺，见夕阳无限好，庙门上列两联：退后一步想，能有几回来。

夜宿鸡足山宾馆。

鸡足山顶

鸡足山静闻禅师骨塔

1 徐霞客《哭静闻禅侣》诗共6首。作者摘录的为其中第一首和第四首的部分诗句。

2000 年 10 月 9 日　周一

晨由鸡足山宾馆下山，至静闻禅寺，有白塔立于山顶。沿山路而下，有静闻禅师的骨塔，系徐霞客背来的骨灰（安放处），当时静闻生前写的血书法华经，今已不复存在，传为"文化大革命"时被烧毁。忆 1993 年来时，未曾找到此骨塔，今维修竣工，虽蓬草没膝，但碑塔前一野生梨树生长茂盛，有果正熟，朱褐色，小如樱桃，在秋色中，红果下垂。我站在碑前，静宁长思，对徐霞客由江阴来滇考察，跋涉辛苦，颇为羡慕，记之以酬我多年访古的心愿。夜志于宾川。

静闻禅师，南京迎福寺僧，刺血写《法华经》。明崇祯九年（1636）与徐霞客结游，经浙、赣、鄂，至湘江，遇盗橐堕滩水，经存。霞客怜其"我志不得达，死愿归骨鸡足山"，故步行 5 000 里，经供悉檀寺，在文华山葬其骨，徐于崇祯十一年十一月抵此山，有《哭静闻禅侣》诗六首[1]。

故乡只道登高少，魂断天涯只独看。（其一）

黄菊泪分千里道，白茅魂断五花烟。（其四）

白骨堆前红果树，片片青石静闻禅。我亦远从南京来，敬仰霞客千古传。

宾川县城建筑已初具规模。这是一个近金沙江的河谷上沿。仍较热。10 月初来此，中午和下午，温度似近 30℃，在有阳光的房间，仍较热。购得荷叶离褶伞，为本地鸡足山名产食菌，曰冷菌。

2000年10月10日　周二

上午由宾川至大理。

2000年10月11日　周三

攀登点苍山之路，今日是我登此径的第三次。前两次每次只到杉飔亭（海拔2 900米上下），今日努力登到杉飔亭对面的烟雨亭。海拔高达3 100米为箭竹冷杉林。远眺群山和山下洱海，由高而下，由险而舒。时飞鸟争鸣，云聚云散，虽腿力感累，眼皮微肿，但70逞强，亦算一天中的努力。仍未登电视台顶峰（海拔4 092米）。烟雨亭海拔3 500米。

苍山烟雨亭

2000年10月12日　周四

上午约10时，乘缆车由中和峰下，即昨天登杉飀亭和烟雨亭之南峰，上至太和寺，顺平整的石路再至桃溪，见一巨石，上撰"桃溪"二字，有石桥通向应乐峰。山势百看不厌。由中和寺之后，转数折，仰观应乐峰之后，有高山立于白云中，顶有杉飀亭，居高临下，蔚然盖顶，其下寺院，白墙黑瓦，远远望去，明亮如珠。如李可染临此，必有名画存世。石涛说搜尽天下奇石打草稿，何知天下奇石千千万万，草稿仅其中一二，难以概括。

上午10时至桃溪石涧，在桥边石上静坐待井上，余3人望桃溪上之瀑布。

静坐桃溪涧石上，细听山下流水声。叮咚潺潺无尽时，犹恋身在此山中。晴方好，雨亦奇。苏子佳句，今至此，更有体会。

古诗佳，韵味足，只是难写。词藻薄，思路贫，近代很少有好诗。毛泽东的词佳，磅礴气势。李杜把好句都写尽了，东坡的词意都达顶峰，但毛（诗词）之奇雄也是划时代的。

坐在桥旁写桃溪，泉水清澈，瀑声震谷。越桃溪桥，有一块岩石，筑成一半面岩洞，高约30米，长约25米，上书有"观音峰"，杨锡元书，字甚工整，非现在人手笔。在山青水秀之地，颇缺书法家手笔，有失景点装饰。故禅、寺、山、水，风花雪月，可使人陶冶心情，有益人生。

今日再登中和峰，遥看高耸杉飀亭。苍山多少亭台寺，尽在白云烟雨中。

2000年10月13日　周五

上午至感通寺，缆车已通车。在感通寺上，在缆车顶处，有石门，较鸡足山逊色，但周围山势险峻。有飞瀑下泻，顿转溪流，峡谷急湍，极佳。登山时，有微雨，顷刻转晴。松林成片，清净以极。石工们正在进行补阶铺路，锵锵之声不绝于耳。

下午1时半，抵大理师专。下午的报告会，井上正铁报告内容包括地衣简介、分类及化学研究与地图衣分布；吉田考造谈了地茶地衣；松井透谈苔藓采集与地理定位系统；出川洋介谈黏菌与真菌分类。

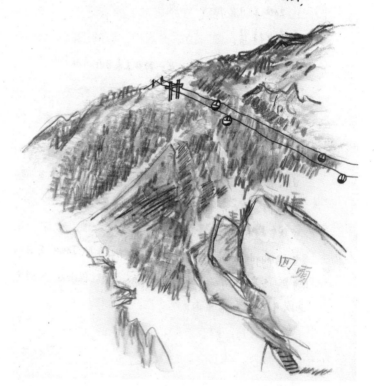

1 此联为大理苍山中和寺聚仙楼两侧邑人周仁所题书的石刻对联。臧穆所录与原联略有出入。原联为：巍巍十九峰前，蒙颠段蹶，依旧河山，最难忘郑回残碑，阿南烈炬，状元写韵，侍御游踪，世变几兴亡，往事都随流水去；遥遥百二里内，关锁塔标，无边风月，况更有苍岭积雪，洱海奔涛，玉带晴云，金梭烟岛，楼高一眺览，此身疑在画图中。

巍，十九峰前蒙颠断蹶，河山依旧，最难忘；郑和残碑，阿南爇焰，状元写韵，侍御游踪，世界几兴亡，往事都随流水去。遥，百二里内，关锁塔摽，无边风月，现更有：苍山积雪，洱海奔涛，玉带晴云，金梭烟岛，高楼空眺望，此身疑在画图中。

↑中和寺对联[1]
↓大理苍山中和索道

这朵蓝花 拾自泸沽，湖水天色

蓝呈一片 自然之美 大可陶冶身心

美事流形 都可一笑付之

臧穆的世界

黎兴江 [1]

1 黎兴江(1932—2020):臧穆夫人,著名苔藓植物学家,中国科学院昆明植物研究所研究员。重庆涪陵人,抗日烈士黎纯一之女。1954年毕业于四川大学生物系,师从方文培教授。1973—2007年任《中国孢子植物志》编委,1992—1998年任中国植物学会苔藓专业委员会副主任,曾任《中国苔藓植物志》(英文版)中方编委。在其就职中国科学院植物研究所期间,曾前往南京师范学院(今南京师范大学),跟随我国"苔藓植物学之父"陈邦杰教授专门学习苔藓植物学,结识任教于生物系的臧穆,并结为伉俪,成为志同道合、相伴一生的事业与生活伴侣。本文写作于2013年,是黎兴江在臧穆去世之后为《穆翁纪念册》(未正式出版)撰写的前言,后收入"基金版"《山川纪行》作为序之一,并由编者重拟了标题,收入本书时又略有删节和改动。

回首 56 年来,我与臧穆度过"金婚",向"钻石婚"迈步,风雨同舟,相依为命。我们在青年时代相依相恋。中年时代,为了共同的事业,我们分别从南京、北京调来地处西南边疆的植物王国——云南。我们经历了数不清的艰难险阻,披荆斩棘,一同攀爬过无数的山山水水,一同考察和采集孢子植物标本,直到建立起中国科学院昆明植物研究所隐花植物标本馆,我们才得以正式开展孢子植物的研究,并逐渐具备条件与国内外同行交换标本和资料,进行国际科技合作研究。进入老年,我们仍然相伴相守。退休以后,我们还共同完成了一项项科研任务,发表了一篇篇论文,出版了一本又一本专著。

臧穆自幼就酷爱中国传统书法和绘画。高中毕业时,臧穆曾萌发过报考艺术院校的念头,但是他的父亲坚决不同意,并说:"自古习文艺、书画者众多,但能成'大家'者极少。

臧穆与黎兴江的结婚照

臧穆与黎兴江

在旧社会，若专习书画，恐怕连'找碗饭吃'都困难！"父亲让他学习自然科学。于是，他报考了苏州东吴大学生物系。一旦他跨入了生物世界，他发现，大自然和各类生物是那样的千变万化、丰富多彩。从此，他深深地爱上了植物世界，千奇百怪的菌物世界，更叫他着迷。

臧穆亲手所作的书画，不只是一幅幅书画，也是臧穆不同时期的人生轨迹和心声，是臧穆对文艺、对书画、对多姿多彩的大自然无比热爱的真情写照。他未曾拜师学艺，只是搜集了不少名家的书画集。他先后临摹过郑板桥、齐白石、傅抱石、张大千、潘天寿等名家的大作。他尤为推崇郑板桥的诗、书、画，崇拜郑板桥高尚的人品。

臧穆一生喜爱收藏。他的藏品有书籍、杂志、字画、印章、邮票、钱币、砚台、茶壶、花瓶、佛像、石头，还有各种小手工艺品。当然，还有各种专业资料、卡片。至今，我家搜集到的书籍已装满了 28 个书柜，摆放于 2 间书房及大客厅的周围，初步统计约有 2 万余册。其中，以有关我们工作需用的真菌及苔藓方面的书籍、杂志为主。早年在国内购买的科技专业书籍，多为影印本。近 30 年来，因出国参加学术会议，与国外同行进行合作研究的机会较多，省下的生活费多用于在国外购买原版科技书。另外，有关专

臧穆（右）扮演薛平贵　　　　臧穆扮演杨延辉

业的散篇原始文献资料，按字母顺序排列，分别装盒，排了 2 个书柜；真菌及苔藓分类卡片，装了 3 个柜子。我家先后订阅的杂志，多达 28 种。

　　臧穆自幼就是一个集邮爱好者。他早年所集邮票，仅限于我国每年出版印行的一般邮票及纪念邮票。他在苏州上了东吴大学生物系以后，就开始重点搜集植物专题邮票。继后，又专门搜集蘑菇邮票，并尽可能通过一些网站和专题世界邮票社，代为搜集全世界的大型真菌（蘑菇）邮票。自从他退休以后，对集邮更为投入，又增加了搜集全世界的名画邮票。后期，他更着重于名画邮票的专题搜集。他将不同国家的名画邮票，分别收藏于不同的集邮册。他的各种各类集邮册：中国的，按年代排列；世界各国的，按字母顺序排列。他收藏的法国名画邮票以及全世界的菌蕈邮票甚多。他搜集到的每套邮票，在入册之后，还要逐一考证它的出处及年代；对每张菌类及植物邮票都要鉴定出它的拉丁学名及中文名称，有的还要考证出它的分布和特征。如果是名画邮票，他既要考证出其作者、国家、此画的历史背景等，还会为一张邮票写出一大篇考证。有时，他又会在邮票旁边绘出一幅相关的绘画，或写一首诗或感想之类。总之，他对每套邮票都会非常投入地去进行研究，他会从他的邮票收藏中获得极大的乐趣和愉快！

夫妇二人在梵净山采集

　　他还痴迷于我国的国粹——京剧艺术。早年，他只是哼哼戏，喜欢京剧的老生唱腔，特别喜欢须生名家余叔岩、马连良、言菊朋等几位大师的唱腔。臧穆在南京师院教书时，参加了该校的业余京剧团活动。20 世纪 50 年代，他们业余京剧团请了江苏省京剧院的几位专业演员，到他们学校教唱京剧，还从省京剧院请来一个小乐队（有京胡、二胡、小鼓、锣、镲等）。那些年，他们学会了好多戏；每逢新年、春节、国庆，他们都要登台演唱（跟京剧票友一样，是完全正规的彩唱）。那时，我正在南京，师从"中国苔藓之父"、南京师院生物系主任陈邦杰教授进修苔藓植物学。我曾亲眼看见过臧穆登台扮演《平贵别窑》中的薛平贵、《四郎探母》中的杨延辉、《空城计》中的诸葛亮、《甘露寺》中的刘备等角色。在演出前，他非常紧张地背诵有关的唱词，在睡梦中都在哼唱。

　　臧穆年轻时，身体很棒。无论是当学生、当老师时，他都是学校篮球代表队的成员。除了篮球打得好以外，他还是当年江苏省运动会的铁饼冠军。他最擅长的体育运动是游泳。各种泳姿（仰泳、蛙泳、自由泳、混合泳），他都游得既快又好。他曾 3 次在南京参加横渡长江的游泳比赛。每逢暑期，他总是学校游泳池的救生员。

　　臧穆平生喜好广交朋友，以文会友。他最为敬重的、与之志趣最为相投的朋友，莫

一九九〇年八月在
法國雷根斯
堡尼斯展有
竹荀張六年
来到審頁步
而未果一九九六
年十月八日畫
膝比郵混慶
縣姚雪峰
靈澤来極為
高興
穆菊誅于
昆往王龔
潭

臧穆所收藏的真菌邮票

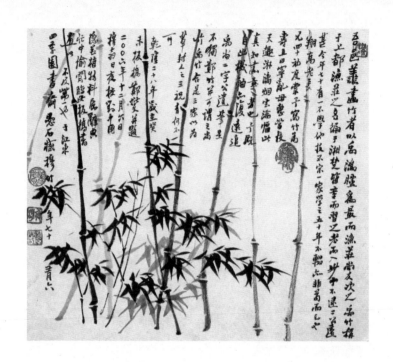

臧穆临郑板桥

过于我的四叔魏宇平（原名"黎航"，曾任重庆市诗词学会会长、重庆市书法家协会副主席）。每当四叔与臧穆有机会相遇时，二人往往整日整夜地谈古论今、海阔天空。更多的是，臧穆作画，四叔在画上配诗、题词。他们合作的诗、书、画作品，不下 20 余幅。我印象最深的是，臧穆曾于 1960 年和 1993 年两次登上黄山，做野外考察，后来绘有《黄山人字瀑布》山水画一幅。1997 年，四叔来昆，见到此画，说早年他也曾去过黄山，见此景颇有感触。四叔遂即兴在画上题诗，诗云："静坐观飞瀑，隗寄一大人。淡泊明其志，倾泻竭其诚。流向人间去，尽力洗污腥。蒸而作时雨，润土保耕耘。凝而为瑞雪，报喜兆丰登。永不辞劳瘁，涓滴为苍生。人字如何写，森然惕我心。"臧穆的知心朋友、植物工笔画家、邮票设计家曾孝濂，曾在为悼念他逝世而绘制的《松柏常青图》上题词："率真无遮拦，执着任平生。"也许，这些最能恰如其分地记述臧穆的人品和为人处世，概括臧穆的一生。

图书在版编目（CIP）数据

山川纪行——臧穆野外日记 / 臧穆著.—南京: 江苏
凤凰科学技术出版社, 2021.10（2022.1重印）

ISBN 978-7-5713-1538-2

Ⅰ.①山… Ⅱ.①臧… Ⅲ.①青藏高原 - 科学考察 -
日记 Ⅳ.①N82

中国版本图书馆CIP数据核字（2020）第216554号

山川纪行 —— 臧穆野外日记

著　　　者	臧　穆
策　　　划	傅　梅　左晓红
责 任 编 辑	周远政
责 任 校 对	仲　敏
责 任 监 制	刘文洋
书 籍 设 计	KJ Studio

出 版 发 行	江苏凤凰科学技术出版社
出版社地址	南京市湖南路1号A楼，邮编：210009
出版社网址	http://www.pspress.cn
照　　　排	江苏凤凰制版有限公司
印　　　刷	南京新世纪联盟印务有限公司

开　　　本	740 mm×955 mm　1 / 16
印　　　张	31
插　　　页	2
字　　　数	530 000
版　　　次	2021 年 10 月第 1 版
印　　　次	2022 年 1 月第 2 次印刷

标 准 书 号	ISBN 978-7-5713-1538-2
定　　　价	198.00 元

图书如有印装质量问题，可随时与我社印务部联系。